Heinrich Conrad Weinkauff

Die Gattungen Rissoina und Rissoa

Heinrich Conrad Weinkauff

Die Gattungen Rissoina und Rissoa

ISBN/EAN: 9783744637442

Hergestellt in Europa, USA, Kanada, Australien, Japan

Cover: Foto ©berggeist007 / pixelio.de

Weitere Bücher finden Sie auf **www.hansebooks.com**

Systematisches

Conchylien-Cabinet

von

Martini und Chemnitz.

In Verbindung mit

Dr. Philippi, Dr. Pfeiffer, Dr. Dunker, Dr. Römer, Clessin, Dr. Brot und Dr. v. Martens

neu herausgegeben und vervollständigt

von

Dr. H. C. Küster,

nach dessen Tode fortgesetzt von

Dr. W. Kobelt und H. C. Weinkauff.

Ersten Bandes zweiundzwanzigste Abtheilung.

Nürnberg, 1885.

Verlag von Bauer & Raspe.

(Emil Küster).

Die

Gattungen

Rissoina und Rissoa.

Bearbeitet

von

H. C. Weinkauff

in Creuznach.

Nürnberg, 1885.
Verlag von Bauer & Raspe.
(Emil Küster.)

Vorwort
zu der Familie Rissoidae.

Die in neuerer Zeit nach dem Vorgang der Herren Forbes et Hanley zu einer besondern Familie zusammengefassten Genera Rissoa Freminville und Rissoina D'Orbigny stehen in diesem Werk in Folge der Annahme und Festhaltens des Lamarck'schen Systems im Band I Abth. 20 in der Familie der Phytophageae zwischen Paludina und Truncatella-Paludinella. Nach der neuern Auffassung müsste die Familie in den Band II neben oder unter die Litorinidae zu stehen kommen. Es ist dies aber jetzt nicht mehr thunlich, da bereits 6 Tafeln mit der Bezeichnung I, 22 ausgegeben sind und dazu nur der Text fehlt, der hier nachgeliefert werden soll. Dieser Text liegt, soweit es sich auf die Tafeln 1—6 von I, 22 bezieht, noch von Dr. Küsters Hand geschrieben, im MS. vor und zwar in einer den Einrichtungen dieser Ausgabe entsprechenden Umschreibung eines von Schwarz von Mohrenstern zur Verfügung gestellten Manuscripts. Die Gesundheitsverhältnisse Dr. Küster's und andere Umstände verzögerten den Druck des Textes, während schon im Jahr 1855 die Tafeln 1—4 mit der Lieferung 142 und im Jahr 1857 die 5. und 6. mit der 160. Lieferung in die Hände der Herren Abonnenten gelangt sind. Ich werde den Text, so wie er vorliegt, mit den Zusätzen, die nöthig sind, um auf den heutigen Stand der Kenntnisse zu kommen, zum Druck geben, bei den Rissoinen wird dies sehr wenig sein, bei den Rissoen dagegen manches, selbst Aenderungen in der Auffassung. Der Herr Schwarz von Mohrenstern, dessen Manuscript hier eigentlich reproduzirt wird, das selbst in vielen Punkten mit seiner spätern Schrift „Ueber die Familie der Rissoiden, Wien 1860 wörtlich übereinstimmt, wird wohl gestatten, dass ich auch in diesem Vorwort bei dem kurzen Abriss der Geschichte dieser Gattungen im Wesentlichen seinen Aufzeichnungen folge und abgekürzt wiedergebe.

Das Genus Rissoa wurde von Freminville im Jahr 1813 zu Ehren Risso's, des bekannten Naturforschers in Nizza, benannt und im Nouveau Bulletin de la Société Philomatique de Paris erwähnt, nachdem er erkannt hatte, dass diese Formen bei Turbo nicht verbleiben könnten, wohin sie von einzelnen Autoren gestellt waren. Aber erst Desmarest stellte 1 Jahr später in derselben Zeitschrift die Gattung fest, indem er sie charakterisirte. Es wurden dann nach und nach viele fossile und recente Arten beschrieben und auch schon gleich der Versuch gemacht, da man schon vielerlei Dinge, besonders aus den ältern geologischen Formationen hierher gestellt, das neue Genus in Gruppen zu bringen, so von Blainville in 4 und von Risso in 3, die ich nicht weiter verfolgen will, dann folgt die Gruppenzusammenstellung von Deshayes in der neuen Ausgabe von Lamarcks hist. nat. Eine wirkliche nothwendige Zerspaltung des Genus trat erst 1842 ein als D'Orbigny von seinen süddmerikanischen Reisen zurückkehrte; er stellte, nachdem er an der Schale und dem Deckel charakteristische Merkmale gefunden hatte, der Gruppe 3 bei Deshayes entsprechend, den Subgenus Rissoina auf (Voy. dans l'Amerique meridionale 1842). Bei dieser Ausscheidung verblieb es lange, sie wurde sogar von einigen Seiten als unnöthige Abtrennung angesehen, dafür kamen aber eine Anzahl dünnschaliger Litorinellaartiger, besonders die Brackwasser bewohnenden Schneckchen hinzu, die die Schärfe der Charakteristik des Genus stark beeinträchtigten. So nahte die Zeit der Gebrüder Adams, die in ihrem Werk Genera of Recent Mollusca das Mögliche in Zerspaltung geleistet.

Sie bildeten eine eigene Familie **Rissoidae**.

Diese Familie zerfällt bei ihnen in 10 Genera und 2 Subgenera und zwar

1. Genus Rissoina D'Orb. mit dem type R. Cumingi Reeve und 46 Arten.

    Subg. *Zebina* H. et A. Adams, mit 9 Arten.

2. Genus Rissoa Fréminville type R. monodonta Phil. mit 44 Arten.

    Subg. *Acme* Hartmann (Zippora Leach) mit 3 Arten.

3. Genus Alvania Risso type A. abyssicola Forbes mit 18 Arten.

4. Genus O n o b a H. et A. Adams type O. striata Mtg. mit 6 Arten.

5. Genus B a r l e e i a Clark type B. rubra mit 1 Art.

6. Genus C e r a t i a H. et A. Adams type C. proxima Alder mit 1 Art.

7. Genus S e t i a H. et A. Adams type S. pulcherrima Jeffr. mit 3 Arten.

8. Genus C i n g u l a Flemming type C. cingulus Mtg. mit 23 Arten.

9. Genus S k e n e a Flemming type Sc. planorbis mit 1 Art.

10. Genus H y d r o b i a Hartmann type H. ulvae Penn. mit 30 Arten.

11. Genus A m n i c o l a Gould type A. porata Say mit 10 Arten.

In neuerer Zeit stellte A. A d a m s in Folge seiner Forschungsreise nach Japan und aus anderer Veranlassung noch folgende Genera in der Familie R i s s o i d a e auf: P u p i l l a, M i c r o s t e l m a, S t e n o t u s, H y a l a, C o r e n a und F e n e l l a, die kaum grösseres Anrecht auf Erhaltung haben werden, als die meisten der oben genannten. Von D e s h a y e s wurde D i a s t o m a aufgestellt, das Eingang finden wird, sich aber auf fossile eocäne Arten beschränkt, daher hier ausser Betracht bleiben kann. Dr. P a u l F i s c h e r schied aus dem Subg. Cingula eine eigenthümliche Form unter dem Namen P l a c h i o s t y l e aus, das ich noch nicht gesehen habe. J e f f r e y s handelte in Brit. Conch. die Arten unser Familie in seiner Familie **Littorinidae** ab, hielt als Genus nur R i s s o i n a, R i s s o a und H y d r o b i a aufrecht, unter Ausscheidung von B a r l e e i a; für diese und J e f f r e y s i a hat er eine besondere Familie H e t e r o p h r o s y n i d a e gegründet.

Ich selbst hatte in einer kleinen Schrift „Catalog der im Europäischen Faunengebiet lebenden Mollusken" die Familie **Rissoidae** angenommen, und darin als Genera R i s s o i n a, R i s s o a mit Subg. *Alvania* und *Cingula*, H y d r o b i a, B a r l e e i a und J e f f r e y s i a aufgenommen. H y d r o b i a unter Beschränkung auf die der H. ulvae verwandten Arten, alles sonst zu diesem Genus gerechnete zu B i t h y n i a und A m n i c o l a verweisend, die zu den P a l u d i n i d e e n gehören. S k e n e a an sich ein gutes Genus hat keine Beziehung zu unserer Familie, die übrigen Adams'schen Genera acceptire ich nicht, die meisten nicht einmal als Subgenera.

S c h w a r z v o n M o h r e n s t e r n rechnet 1860 aus den verschiedenen Schriften 587 Arten dieser Familie zusammen, meint jedoch, man könne 92 Arten ohne

Weiteres als andern Geschlechtern angehörig, abziehen, blieben immer noch die grosse Zahl 495 bestehen, wovon 128 Rissoina und 367 Rissoa-Arten; man müsse aber einer Anzahl doppelter Namen und solcher für blosse Varietäten abrechnen und die Zahl auf 86 Rissoinen und 204 Rissoen feststellen. Seit dieser Zeit (1860) sind aber wieder eine ganze Menge neuer Arten dazu gekommen und haben die Zahl so vermehrt, dass 100 Rissoinen und 300 Rissoen gewiss die heutige Ziffer sein wird.

Was nun den gegenwärtigen Zweck, zu den bereits ausgegebenen Tafeln den Text nachzuliefern, betrifft, so werde ich nur Rissoina und Rissoa festhalten. Was auf den Tafeln von Hydrobia und Barleeia enthalten ist, ebenso von den Subg. *Alvania* und *Cingula*, werde ich als Rissoa mit den andern Namen in ( ) aufführen. Das ganze zu veröffentlichende Material rührt, wie erwähnt, von Schwarz von Mohrenstern her, Dr. Küster hatte es nur in die für dieses Werk angenommene Form umgeschrieben, es soll daher stets am Schlusse einer jeden Artbeschreibung des Erstern Name in Klammer zugesetzt werden. Ich selbst habe nur das Litteraturverzeichniss so weit vervollständigt, als etwa seit 1860 zuzusetzen war. Andere Zusätze tragen stets meine Chiffer Wk. Es ist dies eigentlich selbstverständig und war in der Küster'schen Umschrift des Schwarz'schen MS. schon so gehalten, ich glaubte jedoch es noch besonders erwähnen zu müssen aus Pietät gegen den Mann, der der natürliche Bearbeiter der so schwierigen Familie für das Conchylien-Cabinet gewesen sein würde, setzte ihn nicht ein schweres körperliches Leiden ausser Stand, unser Mitarbeiter zu werden.

Creuznach im December 1876.

H. C. Weinkauff.

Rissoina d'Orbigny.

Turbo et Helix ex parte Montagu; Mangelia pars Risso; Pyramis Brown; Melania
Lamarck; Cingula et Eulima Thorpe; Phasianella Fleming; Rissoa Aut. reliq.;
Rissoina d'Orbigny, Schwartz. (Dr. Küster).

Gehäuse thurmförmig, gestreckt, bald mehr konisch und ziemlich gleichseitig, bald
fast stockwerkartig abgesetzt, ohne Nabel oder Nabelritze, glatt oder längsgerippt, häufig
zwischen den Rippen oder über die Fläche concentrisch gestreift, meist weiss, selten
gelblich, noch seltner mit farbigen Binden geziert. Mündung schief gegen die Axe,
halbmondförmig, ganzrandig, oben zugespitzt, unten mit einem rinnenartigen Ausguss oder
kanalartig erweitert; die Aussenlippe durch eine oft sehr starke Wulst verdickt, nach
unten zu ohrförmig nach vorn gezogen; Spindel glatt, mit anliegender, oft ziemlich dicker
Innenlippe; die Basis der Spindel durch den Ausguss abgestumpft oder verkürzt.
Deckel nach der Mündungsform bald halbmondförmig bald mehr länglich eiförmig, hornartig, dick, bei manchen Arten selbst kalkartig, besonders gegen den Kern und an diesem
selbst; der Rand ist ringsum aufgebogen, diese Aufbiegung nimmt gegen den Spindelrand
an Breite zu und wendet sich an der unteren Hälfte dieser Seite rasch kreisförmig nach
innen, den Centralpunkt der sehr feinen ziemlich geraden Spirallinien einschliessend und
zugleich den Stützpunkt für den auf der unteren Seite befindlichen zahnartigen Fortsatz
zu bilden. Dieser senkrecht aufsitzende Fortsatz ist gebogen, und auf der einen Seite
rinnen-, bald löffelförmig ausgehöhlt.

Die Thiere zeigen einen Kopf mit vorgezogener Schnautze, fadenförmige unbehaarte
Fühler, die auswärts an der Basis die Augen tragen. Kiefer und Zungen sind wie bei
der Gattung Rissoa gebildet mit nur geringen Abänderungen in der Form der Zähne
und der Anzahl der Sägezähne an den einzelnen Zähnen; ebenso ist der Mantel wie die
Stellung der kammartigen Kiemen diesen Theilen der Rissoen vollkommen gleich.

Die Rissoinen sind ziemlich zahlreich, jedoch in ihrem Vorkommen weit beschränkter,
wie die Rissoen. Während letztere bis in das nördliche Eismeer nordwärts, südlich bis
zum Cap der guten Hoffnung geben, finden sich die Rissoinen fast ausschliesslich in den
tropischen Meeren, besonders an den Philippinen und in Westindien, nur drei Arten kommen noch im mittelländischen Meere vor. Sie kommen nur im Meer und zwar in den
obern Regionen vor und nähren sich wie die Rissoen von Seegräsern.

1. Rissoina striata Quoy sp.

Taf. 4. Fig. 17. nat. Gr. 2. 8. vergr.

Testa magna, solida, lactea vel eburneo-alba, turrita; spira acuminata, interdum decollata; anfractibus 9—10 convexiusculis, sutura parum profunda junctis, superioribus clathratis, costis longitudinalibus exilibus, striis transversis elevatis, ultimo anfractu non costato; striis transversis elevatis, interdum striis elevatioribus intermixtis; apertura semilunata, magna, subobliqua, superne acuta, inferne subeffusa; labro obtuso, antice subproducto, dilatato, extus incrassato; columella obliqua, canali paulum abbreviata.

Long. 17,6, diam. maj. 7.

Rissoa striata Quoy et Gaimard Voyag. d'Astr. Zool. p. 493 t. 33.
— — Deshayes in Lamarck Anim. s. Vent. 8 p. 479.
Rissoina grandis Philippi Zeitschr. f. Malakoz. 1847 p. 127.
— caelata Adams Proc. Zool. Soc. 1851. p. 267.
— — A. Adams Ann. and Mag. N. H..1854. p. 68.
Rissoina striata Schwarz von Mohrenstern d. Gattung Rissoina p. 93 nr. 58 t. 8 f. 57.

Gehäuse gross, kräftig, gethürmt, fast glanzlos oder nur sehr wenig glänzend, bald milchweiss, bald elfenbeinweiss, mit kaum dunklerer Spitze. Das Gewinde ist lang kegelförmig, zugespitzt, oder auch die ersten Windungen abgebrochen, bei vollständigen Exemplaren 9 bis 10 wenig gewölbte, durch eine schwach eingezogene Naht verbundene Windungen, die Naht läuft regelmässig bis zur letzten Windung, wo sie stärker herabgesenkt ist, so dass die vorletzte Windung höher wird, als sie der Richtung der übrigen nach werden sollte. Die oberen Windungen, meist auch noch die vorletzte, sind längsfaltig und durch feine erhobene Spirallinien gegittert, letztere setzen sich bis zur Basis der letzten Windung herab fort, und zeigen meist mehrere entfernter stärker erhobene Spiralstreifen zwischen den feinen. Mündung wenig schief, ziemlich gross, halbmondförmig, oben zugespitzt, im unteren Winkel schwach erweitert und ausgussartig flach ausgebuchtet; die Aussenlippe zugerundet, etwas nach aussen umgebogen, kaum geschweift, unten rundlich vorgezogen, aussen mit einem schwachen, nach hinten allmählig verfliessenden Wulst; Innenlippe anliegend, schmal, oben neben dem Mündungswinkel stark schwielig verdickt, unten etwas breiter werdend; die Spindel durch die ausgussförmige Ausbuchtung kaum abgestumpft.

Höhe 7—8''', Breite 3—3½'''.

Aufenthalt: an den Philippinischen Inseln und an der Insel Vanikoro im australischen Ocean. (Schwarz).

Schwarz von Mohrenstern setzt in seiner Monographie der Gattung Rissoina l. c. p. 94 noch hinzu:

„Die Abbildung ist nach dem Original-Exemplar von Quoy und Gaimard aus dem Pariser Museum; sie stimmen mit den mir zugesendeten Original-Exemplaren der Rissoina caelata Adams und der Beschreibung der Rissoina grandis Philippi vollkommen überein." Wk.

2. Rissoina gigantea Deshayes.

Tafel 4. Fig. 3. 4.

Testa magna, solida, nitidula, alba, turrita, spira elongata, saepius decollata, conico-acuta; anfractibus 9 convexis, primis longitudinaliter costatis, striis transversis tenuibus inaequaliter distributis costae longitudinales superantibus, tribus ultimis anfractibus non costatis striis transversis tenuissimis, tenuioribus etiam striis transversis intermixtis; ultimo anfractu inflato-globoso, striis transversis paene evanescentibus; sutura recta, profunda; apertura obliqua, semiovata, superne acuta, inferne effusa; labro obtuso, subsinuato, ad basim producto, extus subincrassato; labio reflexo, adnato, superne incrassato; columella obliqua, canali abbreviata.

Long. 28, lata 9 Mm.

Rissoa gigantea Deshayes Traité élém. de Conch. p. 77 f. 18. 20.

Rissoina Cumingi Reeve. II. et A. Adams Gen. rec. Moll. I. p. 327 t. 35 f. 1.

— gigantea Schwarz v. Mohrenstern Gatt. Rissoina p. 98 t. 8 f. 62.

Die grösste bekannte Art. Das Gehäuse solide, schwach glänzend, weiss, lang gethürmt, die Seiten gerade verlaufend, in die öfters abgebrochene Spitze übergehend. Die Windungen sind gewölbt, durch eine gerade, ziemlich tiefe Naht verbunden, welche zwischen vorletzter und letzter Windung etwas stärker herabsinkt, vorn aber wieder ansteigt; sämmtliche Windungen sind fein spiralstreifig, die fünf ersten mit flachen Längsrippen besetzt, welche weiter herab sich verflachen und dann ganz verschwinden, die letzte kugelartig aufgetrieben, fast glatt oder nur verloschen gestreift. Mündung schief, halbeiförmig, oben zugespitzt, unten mit scharf abgerundetem Winkel, unten ausgussartig ausgebuchtet. Aussenlippe etwas geschweift, unten vorgezogen, wenig nach aussen umgebogen, aussen mit einem mässig starken, glatten, hinterwärts allmählig verflachten Wulst belegt. Innenlippe oben schmal und schwielig verdickt, nach unten wenig breiter; Spindelrand in der Mitte sehr schwach concav, die Spindel durch den Ausguss abgekürzt.

Aufenthalt: die Insel Ticao, eine der Philippinen. (Schwarz v. Mohrenstern).

3. Rissoina Orbignyi A. Adams.

Taf. 4. Fig. 5. nat. Gr. 6. vergr.

Testa subulato-turrita, subpellucida, alba, vix nitidula; spira elongato-conica, anfractibus 10 convexiusculis, ad suturam obscure incrassato-marginatis, supremis costellatis, lineolis elevatis transversis et longitudinalibus decussatis; apertura lata, semiovali, superne acuta, inferne subcanaliculata, labro dilatato, subreflexo, subacuto; labio antice subcalloso.

Long. 16,7, lata 5 Mm.

Rissoina d'Orbigny A. Adams Proc. Zool. Soc. 1851. p. 265.

— — A. Adams Ann. and Mag. Nat. Hist. 13 p. 66.

— — Schwarz v. Mohrenstern Gattung Rissoina p. 100 t. 8 f. 64.

— — Mac Andrew. Rep. Glf. Suez.

Den beiden vorigen Arten ähnlich, aber kleiner und schlanker, die Mündung anders. Gehäuse schlank, fast ahlenförmig, wenig solide, schwachglänzend oder matt, beinweiss, wenig durchscheinend. Das Gewinde fast kegelförmig, stumpfspitzig, die Windungen schwach gewölbt, durch eine wenig vertiefte Naht verbunden, der Oberrand neben der Naht etwas verdickt, so dass sie kaum merklich abgesetzt erscheinen, unter der Verdickung eine wenig merkliche Einschnürung; die oberen Windungen sind mit etwas schrägen, wenig erhobenen und abgerundeten Längsfalten besetzt, welche etwas über den Oberrand vorstehen und die Naht kerbenartig uneben erscheinen lassen; über diese Rippen laufen feine erhabene Spiralstreifen, welche nach unten schwächer aber häufiger werden, auf den letzten Windungen aber zwischen der nur durch Vergrösserung sichtbaren Querstreifung kaum mehr zu unterscheiden sind. Die Mündung gross, halbeiförmig, oben in einen spitzigen Winkel zugespitzt, unten erweitert und nur undeutlich kanalartig ausgebuchtet. Aussenlippe abgerundet, in einen weiten Bogen heraustretend, unten vorgezogen und wenig verdickt, ohne Aussenwulst; Spindelrand wenig schief, in der Mitte schwach concav, unten durch den Ausguss undeutlich abgestumpft. (Schwarz).

Aufenthalt: an der Insel Luzon. (Schwarz). Golf v. Suez (M'Andrew). (Wk.).

4. Rissoina clathrata A. Adams.

Taf. 4. Fig. 12. nat. Gr. 13 vergr.

Testa conico-turrita, solida, alba, nitidiuscula; spira acuminata; anfractibus 9—10 convexiusculis, lineis elevatis longitudinalibus et transversim decussatis, valde clathrata; anfractu ultimo antice sulco transverso instructo; apertura semiovali, antice subcanaliculata, labro flexuoso antice producto, margine extus varicoso.

Long. 12, lata 4,5.

Rissoina clathrata Adams Proc. Zool. Soc. 1851. p. 265.
 — — Adams Ann. and Mag. Nat. Hist. 13 p. 66.
 — — Schwarz v. Mohrenstern Gattung Rissoina p. 86 t. 6 f. 49.

Eine ziemlich ansehnliche Art, besonders an der Basalwulst und der Sculptur kenntlich. Das Gehäuse ist solide, weiss, schwachglänzend, kaum durchscheinend, langkegelförmig, zugespitzt, mit fast geradlinigen Seiten. Die Windungen niedrig, schwach gewölbt, vor dem Oberrand und nahe dem Unterrand mit einem eckigen Absatz, die Naht tief eingezogen, die Oberfläche mit fast geraden, ziemlich starken Längsrippen, welche mit den erhobenen Querstreifen ein Gitter bilden, die Streifen bilden auf den Rippen gerundete Erhöhungen, bei gut erhaltenen Exemplaren zeigen sich zwischen den Streifen zahlreiche sehr feine Querlinien. Die letzte Windung ist kurz, bauchig gewölbt, unten schnell eingezogen und zeigt an der Basis eine schräge, dem Rand entlang verlaufende, ziemlich starke Wulst. Mündung gross, schief, fast halbeiförmig, im oberen Winkel fast rinnenförmig zugespitzt, im unteren ausgussartig breit ausgebuchtet; Aussenlippe geschweift, unten vorgezogen, aussen mit einer grob querstreifigen Wulst; Innenlippe oben

schwielig verdickt, durchaus schmal; die Spindel durch den Ausguss etwas abgestumpft. (Schwarz).

Aufenthalt: an der Philippinischen Insel Bohol. (Schwarz v. Mohrenstern). Zeite
Point (M'Andr.) Massaua (Jick.) im rothen Meer; Australien (Mus. Paris) (Wk.).

5. Rissoina decussata Montagu.

Taf. 4. Fig. 9. nat. Gr. 10. 11. vergr.

Testa solida, vix pellucida, nitidula, albida; spira elongata conico-acuminata; anfractibus 8—9
planiusculis, tenuiter costatis, costis 30—40 paulum sinuatis, inter costas striis transversis tenuissimis,
versus basim eminentioribus; apertura semiovali, superne acuta, inferne subcanaliculata, labro sinuoso,
ad basim valde producto, extus varice longitudinaliter striato incrassato, margine columellari obliquo,
medio concavo; inferne canali subobtusato.

Long. 7,3, lata 3 Mm.

    Helix decussata Montagu Test. brit. p. 399. Maton et Racket in Trans. Linn. Soc. VIII.
                  p. 109. Montagu Suppl. t. 15 f. 7. Dorset Cat. p. 58 t. 19 f. 17.
    Turbo decussatus Dillwyn Cat. II. p. 882.
    Phasianella decussata Fleming Brit. An. p. 302.
    Eulima decussata Thorpe Brit. Mar. Conch. p. 187. Macgillivray Moll. Aberd. p. 343.
    Rissoa decussata Forbes et Hanley Brit. Conch. III. p. 147.
    Rissoina decussata Schwarz von Mohrenstern Rissoina p. 81 t. 6 f. 44. 44a.
    Rissoa alata Menke Syn. II. p. 138.
       —   pyramidata Brown Ill. Conch. Gr. Britt. p. 11 ?
       —   striosa C. B. Adams Contr. to Conch. p. 116.
       —   Janus C. B. Adams Panama shells p. 538.
    Rissoina Janus Carpenter Report. West Coast. etc. p. 327.
       —   striato-costata D'Orbigny in Sagra Hist. Cuba t. 12 f. 30—32.
  Var. A. Testa longiore, minus conoidea, costis longitudinalibus exilibus creberrimis, ultimo
        anfractu distincto spiraliter striato; labro inferne minus producto.

Das Gehäuse ist glatt und glänzend, weiss, mit geraden Aussenlinien und verlängertem, konisch zugespitzten Gewinde; die 8—9 fast flachen niedrigen Windungen durch
eine einfache, flache Naht verbunden, mit 30—40 etwas geschweiften, feinen und flachen
Rippenstreifen, diese von feinen, meist nur zwischen den Rippen deutlicheren Querstreifen
durchkreuzt, welche manchmal kaum wahrnehmbar sind, bei Exemplaren mit sehr vielen
und feinen Rippen sind die Querstreifen auf der letzten Windung wieder deutlicher.
Mündung schief, halbeiförmig, oben zugespitzt, unten schwach ausgussförmig ausgebuchtet.
Aussenlippe geschweift, zuweilen etwas nach aussen umgeschlagen, unten vorgezogen,
aussen mit einer flachen fein längsgestreiften Wulst belegt; Innenlippe schmal, oben
etwas schwielig verdickt; Spindelrand schief in der Mitte schwach concav, unten wenig
abgestutzt.

    Höhe 3—3$^{1}/_{2}'''$, Breite 1$^{1}/_{3}$—1$^{1}/_{2}'''$.

Aufenthalt: in den westindischen und nordamericanischen Meeren, subfossil und fossil in Griechenland, Sicilien, Italien, Frankreich und sehr häufig im Wiener Becken als R. cochlearella und subcochlearella.   (Schwarz v. Mohrenstern).

6. Rissoina Bruguièrei Payraudeau.

Taf. 4. Fig. 14. 17. nat. Gr. 15. 16. 18. vergr.

Testa turrita, solida, lactea, interdum eburnea, opaca; spira convexiuscula, anfractibus 7—8 convexiusculis, costis longitudinalibus flexuosis striisque transversis tenuibus costas longitudinalibus superantibus et ad basim prominentibus; sutura paulum undulata; apertura oblongo-ovata, semilunata, superne acuta, inferne subeffusa; labro obtuso, subsinuato, ad basim producto, extus valde incrassato, varice striis transversis ornato; columella concaviuscula, canali subabbreviato.

Long. 7,6, lata 3 Mm.

Rissoa Bruguieri Payraudeau Moll. de Corse p. 113 t. 5 f. 17. 18. Deshayes Moll. de Morée III. p. 151. Philippi En. Moll. Sic. I. p. 125 II. p. 130. Potiez et Michaud Gal. de Doué p. 266. Deshayes - Lamarck 2 ed. VIII. p. 483. Forbes et Hanley Brit. Moll. III. p. 146.

Rissoina Bruguieri Hoernes foss. Moll. Wiener Becken p. 558 t. 48 f. 5. Schwarz von Mohrenstern Rissoina p. 46 t. 1 f. 4. Weinkauff Mitt. Meer Conch. II. p. 316. Jeffreys Brit. Moll. p. 50. Petit Cat. p. 280. Monterosato nuove rivista p. 16.

Mangelia reticulata Risso Eur. mer. IV. p. 211 f. 102.

Strombus reticulatus Mühlfeld Verhandl. p. 207 t. 8 f. 1.

Rissoina reticulata Bronn Leth. geogn. p. 478.

Mangelia Poliana Risso Eur. mér. IV. p. 211 f. 103.

— Polii Delle Chiaja Mém. storia Nap. t. 83 f. 5. 6.

Rissoina decussata D'Orbigny Prodr. III. p. 30.

Cingula Bruguieri Thorpe Br. Mar. Conch. t. 41 f. 38.

Gehäuse etwas gedrungen, solide, glanzlos, weiss, seltner beingelb, gethürmt, mit etwas bauchigen Aussenlinien; das Gewinde rasch zugespitzt; die 7—8 Windungen schwach gewölbt, mit etwas schrägen, seicht geschweiften Längsrippen, welche die flache Naht etwas wellenförmig machen, zwischen den Rippen und bei einer häufigeren Form auch über dieselben laufen feine, scharfe Querstreifen, die gegen die Basis an Stärke zunehmen. Mündung schmal eiförmig oder halbmondförmig, oben zugespitzt, unten mit einem wenig ausgebildeten rinnenförmigen Ausguss. Mundsaum geschweift, unten vorgezogen, aussen mit sehr starker Wulst, auf welcher die Querstreifen der Windungen scharf vorstehen und sie gekerbt erscheinen lassen. Nicht selten zieht sich zwischen der Wulst und dem Mundrand eine Furche herab, die sich auch um den Ausguss fortsetzt. (Schwarz v. Mohrenstern).

Aufenthalt: im mittelländischen und adriatischen Meer, im atlantischen Ocean, der Küste Portugal, Spanien (Wk.).

7. Rissoina Chesneli Michaud.

Taf. 4. Fig. 19. nat. Gr. 20. 21. vergr.

Testa parvula, alba, nitida, semipellucida, turrita; spira elongata, acuta; anfr. 8 convexiusculis, simpliciter longitudinaliter costatis, costis 14 subsinuatis, interstitiis eadem latitudine; sutura subprofunda, paulum undulosa; apertura ovata, superne angulata, ad basim rotundata; labro sinuato, obtuso, ad basim valde producto, extus varice lato incrassato; labio infra dilatato, rotundato. Long. 3,6, lata 1,4 Mm.

Rissoa Chesneli Michaud Coq. nouv. p. 17. Potiez et Michaud Gal. de Douai p. 267.
Deshayes-Lamarck 2 ed. VIII. p. 483.
Rissoina Chesneli Schwarz von Mohrenstern Monogr. Rissoina p. 73 t. 5 f. 38. 39.
Rissoa scalarella C. B. Adams Proc. Bost. Soc. II. p. 6.
Rissoina Catesbyana D'Orbigny Sagra's Cuba t. 2 f. 1. 3.

Gehäuse klein, reinweiss, glänzend, halbdurchsichtig, gethürmt, wenig solide; die Aussenlinien etwas gerundet, das Gewinde oben rasch verschmälert und zugespitzt, Windungen wenig convex, mit abgerundeten, sanft geschweiften Längsrippen, welche so breit sind wie ihre Zwischenräume, die Naht etwas eingezogen und durch die Rippen schwach wellenförmig; die Zwischenräume durchaus glatt. Mündung etwas gross, eiförmig, im oberen Winkel wenig verengt, unten erweitert und gerundet, ohne Ausguss. Aussenlippe stark geschweift, unten weit vorgezogen, aussen mit breiter Wulst belegt, an der Innenseite der Lippe zeigt sich öfters oben ein kleines Knötchen; Innenlippe oben schmal, nach unten verbreitert und stark umgeschlagen; Spindelrand ziemlich concav, unten wegen des fehlenden Ausgusses ohne Abkürzung.

Aufenthalt: an den antillischen Inseln, soll auch im mittelländischen Meere vorkommen. — Nicht bestätigt. (Wk.). —

Durch die den Zwischenräumen gleichbreiten Rippen, besonders aber durch den Mangel der Ausgussrinne im Untertheil der Mündung und die unten breitere geschwungene Innenlippe unterscheidet sich diese Art sehr gut von allen Verwandten mit glatten Zwischenräumen.

(Schwarz v. Mohrenstern).

8. Rissoina Inca d'Orbigny.

Taf. 5. Fig. 1. nat. Gr. 2. 3. vergr. 4. Deckel.

Testa solida, albo-rosea, turrita, subventricosa, anfractibus 7—8 prope planis, costis elevatis crassis 17 subobliquis, striis transversis tenuissimis versus basin prominentibus ornatis; sutura crenulata; peristomate continuo; apertura semiovata, superne subacuta, inferne subcanaliculata (effusa); labro obliquo ad basim producto, extus varice incrassato, labio adnato basim versus paulum libro; margine columellari obliquato in medio subexcavato, columella canali abbreviato. Long. 8,2, lata 3,3 Mm.

Rissoina Inca D'Orbigny Voyag. de l'Am. mer. p. 52 f. 11—16.
— — Schwarz v. Mohrenstern, die Gatt. Rissoina p. 40 t. 1 f. 1.

2 *

Die Schale ist sehr stark, matt, gelblichweiss, etwas ins Rosenrothe spielend. Das Gewinde ist thurmförmig mit ziemlich bauchigen Aussenlinien. Die 7—8 fast flachen Windungen sind mit 17 etwas schiefstehenden erhabenen starken Längsrippen besetzt, die vertieften Zwischenräume der Rippen sind fein quergestreift, nehmen aber am untern Theil der letzten Windung an Stärke zu; die Naht ist deutlich und nach den Rippen etwas wellenförmig gebogen. Die Mündung ist schief, ganzrandig, halbmondförmig, im oberen Winkel zugespitzt, im unteren ausgussartig gebildet; der äussere Mundsaum ist etwas geschweift, nach unten zu vorgezogen, etwas ausgeschlagen und aussen mit einem Wulste verdickt, welcher Spuren einer Längsstreifung zeigt. Innenlippe aufliegend, nur unten etwas weniges freistehend. Spindelrand schiefliegend, in der Mitte durch die Mündung etwas eingedrückt; die Spindel selbst durch den kanalartigen Ausguss etwas abgekürzt.

Länge 4''', Breite 1¹/₄'''.

Fundort: Bolivia, Peru.

Diese interessante Schnecke war die Veranlassung, dass Herr D'Orbigny für alle verlängerten Formen der Gattung Rissoa, welche dieselben Eigenthümlichkeiten der Schale und des Deckels zeigten, das Subgenus Rissoina aufstellte, welches in der Folge von den meisten Conchyliologen als selbstständiges Genus aufgenommen wurde. Besonders die eigenthümliche Beschaffenheit des hornigen Deckels, der an seiner untern (innern) Seite einen Zahn zeigt, welcher mit dem deckeltragenden Lappen eng verwachsen ist, rechtfertigt die Trennung von der Gattung Rissoa.

Diese Species ist also als Typus der Gattung Rissoina zu betrachten.

Die Thiere dieser Art, wie überhaupt aller Rissoinen, sind nur unvollständig bekannt und bis jetzt nur an getrockneten Exemplaren untersucht worden.

Sie zeigen nach dem Baue des Kopfes mit vorgestreckter Schnautze, den fadenförmigen Fühlern, an deren unterem Ende die Augen auf ihrer äusseren Seite auf kleinen Erhöhungen sitzen, den Kiefern und der Form der Zähne, welche auf der bandförmigen Zunge stehen, keine wesentlichen Unterschiede von den Thieren der Rissoen, daher sie jedenfalls in ihrer unmittelbaren Nähe zu verbleiben haben.

Die Abbildung ist nach Original-Exemplaren von D'Orbigny entworfen.

(Schwarz v. Mohrenstern).

9. Rissoina distans Anton.

Taf. 5. Fig. 5. nat. Gr. 6. 7. vergr.

Testa solida, laevi, splendida et alba, turrita; anfractibus 7 convexiusculis, costis 12 incrassatis prominentibus dorsato-rotundatis, nonnunquam leviter transversim striatis, anfractu ultimo antice callo circumdato; sutura distincta costas versus undulata; apertura semilunata superne subacuta, inferne canaliculata (effusa); labro sinuato ad basim producto, extus varice incrassato; labio adnato margine columellari obliqua; columella canali abbreviata.

Long. 9,1, lata 3,5 Mm.

Rissoina distans Anton Verz. p. 62.

—　　—　　Schwarz v. Mohrenstern Gatt. Rissoina p. 122 t. 2 f. 17.

Schale stark, glatt, sehr glänzend, weiss, thurmförmig mit fast geraden Aussenlinien und 7 wenig convexen Windungen, auf welchen 12 weit entferntstehende starke platte Längsrippen stehen, die Rippen selbst sind wenig geschweift, und ihr Rücken ist gerundet, an der letzten Windung ziehen sie sich nach unten zusammen und endigen unmittelbar vor einer glatten Halswulst, welche die Mündung umgiebt; die Naht ist deutlich und nach den Längsrippen wellenförmig gebogen. Die Mündung ist zusammenhängend halbmondförmig, im oberen Winkel mässig zugespitzt, im untern einen starken Ausguss bildend; Aussenlippe geschweift, unten vorgezogen und aussen mit einem glatten Mundwulst stark verdickt, der sich um den Ausguss fortsetzt und vorne bis zum Spindelrand hinzieht. Innenlippe wenig umgeschlagen, Spindelrand sehr schief, nur wenig in der Mitte eingedrückt, Spindel selbst durch den Ausguss verkürzt und abgestumpft.

Fundort: die Philippinen.

Eine Varietät derselben Species von der Insel Burias beschreibt Arthur Adams in den Annal. and Mag. of Nat. Hist. Bd. 13 p. 96. Anno 1854 unter dem Namen Rissoina scalariana, sie gleicht im Habitus, der Anzahl der Windungen und den Rippen vollkommen der von Anton benannten Art, nur ist sie deutlich quergestreift.

Nach Original-Exemplaren aus der Sammlung des Herrn Anton in Halle abgebildet.

(Schwarz v. Mohrenstern).

10. Rissoina Antoni Schwarz.

Taf. 5. Fig. 8. nat. Gr. 9. 10. vergr.

Testa solida, minus splendida, alba, conico turrita, anfractibus 7—8, superioribus prope gradatis, striis 3 transversalibus plicisque longitudinalibus obtectis, inferioribus convexiusculis sublaevibus, ultimo plerumque laevi et subgloboso; sutura depressa canaliculata; apertura obliqua, semilunata, superne coarctata, inferne effusa; labro sinuato infra valde producto et incrassato nec vero toroso; labio superne angustato; inferne dilatato, margine columellari perobliquo in medio non impresso, columella canali abbreviata et obtusa.

Long. 7,8, lata 3 Mm.

Rissoina Antoni Schwarz v. Mohrenstern Gatt. Rissoina p. 167 t. 8 f. 63.

Das Gehäuse dieser Schnecke ist stark, wenig glänzend und weiss; ihr Gewinde konisch thurmförmig mit geraden Aussenlinien und 7—8 ziemlich bauchigen Windungen, welche durch eine gerade rinnenförmige tiefe Naht getrennt sind. Die oberen mehr ebenen fast treppenförmig abgesetzten Windungen tragen 3 Querleisten, welche durch Längsfalten durchschnitten werden und ihnen ein perlschnurähnliches Ansehen verleiht, welches jedoch auf den folgenden mehr zugerundeten Windungen immer schwächer wird, so dass man kaum mehr die 3 kielartigen Querleisten erkennt, endlich die letzte mehr kugelige Windung erscheint zuweilen auch ganz glatt. Die Mündung ist sehr schief, halbmondförmig, im obern Winkel wenig zugespitzt, im untern kanalartig erweitert; Aussenlippe sehr geschweift, unten sehr stark vorgezogen und stark verdickt, ohne jedoch einen deutlichen Wulst zu bilden; die Verdickung ist am Rande des Mundsaums am stärksten, rundet ihn ab und verliert sich allmählig in den Körper des Gehäuses; Innenlippe oben schmal, nach unten zu sich verbreiternd; Spindelrand sehr schief und in der Mitte schwach eingedrückt; die Spindel durch den Ausguss abgekürzt und stark abgestumpft.

Vaterland: Java.

Ein einzelnes Exemplar dieser äusserst schönen Rissoine ist mir zuerst in der Sammlung des Herrn Anton in Halle aufgefallen; später erhielt ich durch Herrn Michaud mehrere Exemplare von Java, welche zwar etwas kleiner und schmächtiger waren, aber unverkennbar dieselbe Art sind. Sie ist sehr selten und bis jetzt nur von diesem einzigen Fundort bekannt.

Die Abbildung ist nach dem Exemplar des Herrn Anton in Halle entworfen.   (Schwarz).

11. Rissoina Hanleyi Schwarz.

Taf. 5. Fig. 11. nat. Gr. 12. 13. vergr.

Testa solida, minus splendida, lactea, lutea colore bifasciata; spira turrita, anfractibus 7 convexiusculis; costis planis subsinuatis 22—24 dense et subtiliter transversim striatis, costis striisque in parte inferiore anfractus ultimi evanescentibus; sutura non depressa; apertura semilunata obliqua, superne subacuta, inferne effusa; labro vix sinuato, infra paulum producto et incrassato nec vero varicoso; labro tenui, margine columellari in medio subimpresso, columella canali subabbreviata.

Long. 7,3 lata 2,3 Mm.

Rissoina Hanleyi Schwarz v. Mohrenstern Gatt. Rissoina p. 132 t. 4 f. 28.

Schale stark, wenig glänzend, milchweiss mit zwei orangegelben starken Binden auf jeder Windung, die obere schmälere Binde läuft nahe unter der Naht, die zweite breitere, welche zuweilen noch einen dunkleren Streifen in sich aufnimmt, etwas unter der Hälfte der Windung. Das Gewinde ist thurmförmig mit etwas bauchigen Aussenlinien und 7 mässig gewölbten Windungen; alle Windungen sind der Länge nach mit flachen etwas geschweiften Rippen versehen, von welchen man auf der letzten Windung, auf deren untern Hälfte sie verschwinden, 22—24 zählen kann. Die Zwischenräume der Rippen sind mit dichtgedrängten feinen Querstreifen versehen; die Naht ist deutlich aber nicht tief. Die Mündung ist schief, halbmondförmig, im oberen Winkel zugespitzt, im unteren ein wenig ausgegossen; Aussenlippe fast geradestehend, unmerklich geschweift, unten nur wenig über die Mittellinie der Schale vorgezogen und mässig verdickt, ohne jedoch einen wirklichen Wulst zu bilden; Innenlippe schmal und fast aufliegend, Spindelrand schief, in der Mitte nur wenig eingedrückt; Spindel durch den schwachen Ausguss nur wenig abgestumpft.

Länge 3$^{1}/_{2}$''', Breite 1$^{1}/_{3}$'''.

Diese Art unterscheidet sich von der Rissoina fasciata A. Adams (Annal. and Mag. of Nat. Hist. Bd. 13 p. 66), welche ebenfalls bei Sidney gefunden wird, durch die orangegelben Binden, während die fasciata braun gefärbt ist und auf der Mitte der Windungen eine weisse Binde trägt, ferner durch die grössere Zahl aber geringere Erhabenheit der Längsrippen, von welchen man auf der Species von Adams nur 12—14 zählt. Dass sie keine Varietät dieser Art ist, zeigt der Umstand, dass beide an denselben Fundorten unter gleichen klimatischen Verhältnissen aufgefunden werden, und die Anzahl der Rippen, bei der einen 22—24, bei der andern 12—14 constant bleibt.

Ich habe sie durch die freundliche Theilnahme des Herrn Hanley erhalten, dessen wohlwollenden Mittheilungen ich so vieles zu verdanken habe. (Schwarz).

---

12. Risssoina pyramidalis A. Adams*).

Taf. 7. Fig. 1. 2.

»Testa turrito-pyramidali, sordide alba, solida, anfractibus octo planiusculis, transversim tenuiter striata, longitudinaliter plicata, plicis obliquis, confertis, subelevatis, interstitiis transversim striatis, apertura antice subcanaliculata, labio antice callo desinente, labro subdilatato, incrassato.« (A. Adams).

Long. 8,5, diam. maj. 3,3 Mm.

Rissoina pyramidalis A. Adams Proc. zool. Soc. 1851 p. 264 idem Ann. et Mag. N. H.
p. 66. Schwarz v. Mohrenstern Fam. der Rissoiden p. 108 t. 1 f. 2.

Schale thurmförmig mit meist sehr augenfällig bauchigen Aussenlinien, matt, längsgerippt und spiral mit Leistchen umzogen, schmutzig weiss; Spira ausgezogen, besteht aus 7—8 wenig convexen Windungen, die 15—16 schiefe, engstehende, wenig erhabene Längsrippen tragen, in deren Zwischenräumen die Spiralleistchen stehen. Die Mündung ist schief, ganzrandig unten ausgussartig gebildet, oben spitz zulaufend; Mundrand leicht geschweift, nach unten etwas vorgezogen und ausgeschlagen, innen gelippt und aussen varixartig verdickt. Der Wulst trägt Spuren der Spiralstreifung; Spindel schief, in der Mitte etwas eingedrückt, unten durch den Ausguss verkürzt.

Vaterland: Inseln Baclayon und Camaguing-Philippinen (Cuming).

Diese Art gleicht in allen Detail's der R. Inca, nur ist sie schlanker, als diese. Nach Schwarz wäre man bei Betrachtung der Originalexemplare in Cuming's Sammlung und directem Vergleich mit sichern Exemplaren der D'Orbigny'schen Art leicht geneigt, beide für eine Art zu halten, doch spricht die geographische Verbreitung hiergegen.

---

*) Bis hierher reichte das Küster'sche Manuscript, das, wie im Eingang gesagt ist, nur eine Umarbeitung der ihm von Schwarz von Mohrenstern übergebene Beschreibungen war, die ich nun zum Druck beförderte. Da der Bogen nicht voll wurde, und ich wegen der angefangenen andern Monographien noch nicht an eine selbstständige Bearbeitung des Genus, als Fortsetzung kommen konnte, so erlaubte ich mir noch einige weitere Arten aus dem Schwarz'schen Werk zu copiren, um zu einem vorläufigen Abschluss zu kommen. Hoffentlich ist die Zeit nicht fern, die erlaubt, die Genera kleiner Arten für dieses Werk zu bearbeiten. Weinkauff.

13. Rissoina fasciata A. Adams.

Taf. 7. Fig. 3. 4.

»Testa subulato-turrita, solida alborufo-fusco fasciata, anfractibus octo. convexiusculis, transversim striata, longitudinaliter plicata, plicis obliquis aequalibus, subdistantibus; apertura semiovata, antice subcanaliculata; labro subdilatato.« (A. Adams).

Long. 6,8, diam. maj. 2,6 Mm.

Rissoina fasciata A. Adams Proc. zool. Soc. 1851 p. 264 idem Ann. et Mag. N. H. XIII p. 66. Schwarz v. Mohrenstern, Fam. der Rissoiden p. 199 t. 1 f. 3.

Schale thurmförmig, stark, längsgerippt und spiral mit Leistchen umzogen, schmutzig gelb mit 2 braunen Binden, die eine weisse Zone zwischen sich lassen; Spira lang ausgezogen, besteht aus 6 wenig convexen Umgängen, welche mit 12—14 leicht geschwungenen, etwas schiefen und flachen aber gekielten Längsrippen bedeckt sind, an der untern Hälfte der letzten Windung verflachen sich diese Längsrippen bis zum Verschwinden, sodass nur die äusserst feine Spiralsculptur sichtbar bleibt, die im Uebrigen die seichten Zwischenräume der Rippen auf allen Windungen ausfüllen; die Naht ist deutlich und durch die Rippen etwas undulirt Mündung halbmondförmig, schief, im ebnen Winkel mässig zugespitzt, im untern mit einer ausgussartigen Erweiterung versehen; Mundrand wenig erweitert, ausgeschweift, unten mässig vorgezogen und verdickt, ohne einen eigentlichen Varix zu bilden. Spindel in der Mitte etwas eingedrückt, unten verkürzt.

Vaterland: Sydney (Cuming), Botanybai (Frauenfeld) in Neuholland.

Diese Art variirt dadurch, dass die braunen Binden so breit werden, dass sie die Grundfarbe zu bilden scheinen, mit einer hellen Binde dazwischen. Es gibt aber auch Exemplare, bei denen die Binden in mehrere fadenartige Striche aufgelöst sind. Die nächste Verwandte ist R. Hanleyi Schwarz aus derselben Gegend stammend, die vielleicht nur eine Farbenvarietät unsrer Art ist.

Mit Benutzung der Schwarz'schen Darstellung bearbeitet.   Wk.

14. Rissoina monilis A. Adams.

Taf. 7. Fig. 3.

„R. testa turrito-subulata, solida, fulva, anfractibus 7 planis, granulis moniliformibus ad suturas longitudinaliter plicata; plicis confertis, angustis, aequalibus; interstitiis punctato-clathratis; apertura semiovata, antice subcanaliculata; labio subineras-aio; labro extus valde varicoso, margine transver. sim striato." (A. Adams)

Long. 4,9, diam. 3 Mm.

Rissoina monilis A. Adams Proc. zool. Soc. London 1851 p. 264 idem in Ann. et Mag. Nat. hist. XIII p. 65. Schwarz von Mohrenstern Fam. der Rissoiden p. 114 t. 1 f. 7.

Schale thurmförmig ausgezogen, solid oder nur mässig stark, gelblich oder etwas dunkler braungelb; Spira ausgezogen, kegelförmig zugespitzt, besteht aus 7—8 flachen Windungen, die durch deutliche, etwas wellenförmig verlaufende Nähte getrennt sind, sie tragen viele dichtstehende, schmale Längsrippen, die gleichmässig, doch oben an den Nähten eingeschnürt sind und daselbst eine Reihe von Perlen bilden, die bis an das nicht sculpirte Embryonalende verfolgbar sind; die Zwischenräume tragen punktirte Spirallinien, Hauptumgang nur halbgerippt, die rippenlose untere Hälfte trägt mehrere starke Spirallinien, d. h. die punktirten Spirallinien verstärken sich zu Streifen. Mündung schief, halbeiförmig, ziemlich gross, oben spitz auslaufend, unten mit einer Art schwachen Ausguss versehen; Spindel wenig belegt, in der Mitte leicht concav, unten abgestumpft; Mundrand verdickt, wenig ausgeschweift, unten kaum vorgezogen, innen schwach gelippt, aussen mit dickem, stark gestreiftem Wulst versehen.

Vaterland: Insel Mindanao — Philippinen — (Cuming). Copie nach Schwarz.

15. Rissoina micans A. Adams.

Taf. 7. Fig. 4.

„R. testa turrito-subulata, alba, solida, anfractibus convexis novem, longitudinaliter plicata; plicis elevatis, subdistantibus, aequalibus, interstitiis transversim striatis; anfractu ultimo antice valde sulcato; apertura semiovata, antice subcanaliculata, labro flexuoso, antice subproducto, extus varicoso." (A. Adams).

Long. 4,7; diam. 1,7 Mm.

Rissoina micans A. Adams Proc. zool. Soc. London 1851 p. 265 idem in Ann. et Mag. Nat. hist. XIII p. 66. Schwarz von Mohrenstern Fam. der Rissoiden p. 115 t. 1 f. 8.

Schale gethürmt, stark, weiss oder schmutzig gelb, sehr glänzend, halbdurchscheinend; Spira pfriemenförmig ausgezogen, besteht aus 9 gewölbten Umgängen, die durch tiefe Nähte getrennt sind, sie tragen 16—18 entfernt stehende glatte und abgerundete

18

Rippen und vertiefte, fein quer gestreifte oder auch glatte Zwischenräume, der Hauptumgang trägt unten starke Streifen; Embryonalende glatt; Mündung schief, halbeiförmig, unten mit schwachem Ausguss versehen, oben stumpf ausgezogen; Spindel verkürzt und abgestutzt, weit kürzer als der Mundrand, leicht geschweift und schmal belegt, Mundrand geschweift, unten vorgezogen und länger als die Spindel, innen gelippt, aussen umgeschlagen und mit breitem, dickem Wulst, über den die Streifen laufen, versehen.

Vaterland: Insel Mindanao (Cuming).   Copie nach Schwarz.

16. Rissoina nivea A. Adams.
Taf. 7. Fig. 5.

„R. testa parvula, subulato-turrita, subpellucida, nivea, subnitida, anfractibus convexiusculis, longitudinaliter plicata; plicis obliquis, antice subobsoletis; apertura semiovata, antice subcanaliculata, labro subdilatato extus incrassato." (A. Adams).

Long. 3,7; diam. maj. 1,5 Mm.

Rissoina nivea A. Adams Proc. zool. Soc. London 1851 p. 265 idem in Ann. et Mag. Nat. Hist. 1854 p. 66. Schwarz von Mohrenstern Fam. der Rissoiden p. 115 t. 2 f. 10.

Schale ziemlich klein, gethürmt, fast durchscheinend, glatt, schneeweiss; Spira spitz ausgezogen, besteht aus 7—8 gewölbten durch feine Nähte getrennten Umgängen, die alle, ausser dem glatten Embryonalende flache, etwas gebogene Längsrippen tragen, auf der Hauptwindung stehen deren 14—16, die nach unten allmählig schwächer werden, um ganz unten zu verschwinden wogegen hier eine feine Querstreifung eintritt; Mündung schief, halbeiförmig, oben spitz endigend, unten verengt zu einer ausgussartigen Erweiterung; Spindel in der Mitte concav, unten abgestutzt; Mundrand gebogen, unten etwas vorgezogen, innen schmal gelippt, aussen mit quergestreiftem Varix versehen.

Fundort: Port Lincoln in Neuholland, Copie nach Schwarz.

17. Rissoina elegantissima D'Orbigny.
Taf. 7. Fig. 6.

„R. testa elongata, crassa, albido-lutescente, longitudinaliter costata, transversim tenuissime striata; spira elongata, subinflata, apice acuminata; anfractibus octonis, convexis, ultimo transversim, impresso; suturis excavatis, marginatis; apertura semilunari, antice posticeque canaliculata; labro crasso, sinuoso, externe longitudinaliter plicato." (Schwarz).

Long. 3,5, diam. 1 Mm.

Rissoina elegantissima D'Orbigny in Ramon de la Sagra's Hist. nat. de Cuba. t. 12 f. 27—29. Schwarz Fam. der Rissoiden p. 118 t. 2 f. 12. Mörch in Mal. Bl. 1876 p. 51

Schale gethürmt, stark weisslich ins gelbe; Spira verlängert mit spitz ausgezogenem Ende, mit zahlreichen, regelmässigen, etwas schiefen Längsrippen geziert, welche von feinen Spirallinien gekreuzt werden, besteht aus 8 gewölbten Umgängen, deren letzter mit einer vertieften Spiralfurche versehen ist, Nähte vertieft, schwach rinnenartig und von einem stumpfen Rand begränzt. Mündung halbeiförmig, an beiden Enden canalartig ausgezogen; Spindel abgestumpft; Mundrand verdickt, stark ausgeschweift, unten stark vorgezogen, aussen mit senkrecht gestreiftem Varix versehen, innen ebenso wie die Spindel schwach gelippt.

Vaterland: Antillen und zwar Haiti (D'Orbigny) Cuba (Deshayes) St. Thomas (Krebs) Copie nach Schwarz).

Nach Schwarz, der die D'Orbigny'schen Originale benutzte, stimmt die D'Orbigny'sche Abbildung schlecht zur Beschreibung, da sie die charakteristischen Merkmale, die Einschnürung an der Naht, die Halswulst am untern Theil der Hauptwindung und den längsgestreiften Varix nicht erkennen lasse, die in der Beschreibung hervorgehoben seien. Mörch citirt in Folge dieses Monitum's die D'Orbigny'schen Figuren 27—29? zu R. multicostata C. B. Adams.

18. Rissoina burdigalensis D'Orbigny.

Taf. 7. Fig. 7.

„M. testa elongato-turrita, gradata, anfractibus 8—9 planiusculis, subscalariformibus; costis longitudinaliter subobliquis; dorso acutis, superne ad suturam prominentibus; striis transversis inaequalibus, tenuissimis; ultimo anfractu antice sulco circumdato; sutura subundulata; apertura subobliqua, semilunata, superne acuta, ad basim effusa; labro obtuso, subsinuato, inferne subproducto, extus varice, striis longitudinalibus et transversis incrassato; columella paulum excavata, canali abbreviata." (Schwarz).

Long. 7,3, diam. 2,4 Mm.

Rissoina burdigalensis D'Orbigny Prodrome III p. 30. Hoernes Fossile Moll. des Wien. Beckens p. 559 t. 48 f. 6. Schwarz von Mohrenstern Fam. der Rissoiden p. 119 t. 2 f. 13.

Schale gethürmt, durchscheinend weiss, glänzend; Spira schlank, oben schnell ausgespitzt, beinahe treppenförmig abgesetzt, besteht aus 8—9 ebenen Umgängen, die durch undulirte Nähte getrennt sind, sie tragen alle mit Ausnahme des nicht sculpirten Embryonalendes schiefe, in der Mitte scharfe und an den Nähten am stärksten vortretende Längsrippen von fast lamellenartigem Ansehen, die von feinen Spirallinien in den Zwischenräumen deutlicher hervortretend geschnitten werden, der Hauptumgang trägt ausserdem unten noch eine vertiefte Spiralfurche; Mündung schief, halbeiförmig, oben spitz ausgezogen, unten ausgussartig verlängert, sonst wohl gerundet und wenig vorgezogen, Spindel wenig concav, unten abgestutzt mit schmaler Lippe; Mundrand innen und aussen verdickt, aussen mit einem decussirten breiten Varix versehen.

Vaterland: Insel Mauritius. Copie nach Schwarz.

Kommt auch Fossil vor.

3*

19. Rissoina obeliscus Recluz.

Taf. 7. Fig. 8.

„R. testa solida, alba, nitidula, semipellucida, turrita; spira scalariformi, elongata, conico-acuminata; anfractibus 8—9 convexiusculis, costatis, costis longitudinalibus 12—13 rectis, elevatis, ad basim ultimi anfractus profundo sulco transversali truncatis; striis transversalibus confertis, tenuissimis; ultimo anfractu antice callo nodoso circumdato; apertura-obliqua, angusta, semilunata, superne acuta, inferne effusa; labro sinuato, medio parte impresso, ad basim producto, extus varice latissima nodosa incrassato; labio angusto, sinuato; margine columellari subimpresso, canali abbreviata."

(Schwarz.)

Long. 4,5, diam. 2 Mm.

Rissoina obeliscus Recluz MS. Schwarz von Mohrenstern Fam. d. Rissoiden p. 121 t. 2
fig. 15. Deshayes Moll. Réun. p. 62. Mus. Godeffroy Cat. V p. 102.

— Schwarziana Dunker Mus. Godeffroy Cat. IV.

Schale gethürmt, stark, wenig glänzend, halbdurchsichtig, weiss; Spira länglich, kegelförmig ausgezogen mit eingedrücktem Ende, treppenartig abgesetzt, besteht aus 8—9 leicht gewölbten Umgängen die mit graden, vorstehenden Längsrippen geziert und durch feine Nähte getrennt sind, in den breiten furchenartigen Zwischenräumen verlaufen sehr feine Spirallinien, auf dem Hauptumgang steht unten eine Einschnürung, die die Rippenenden zusammendrückt und von einer Spiralschwiele, die die Mündung umgibt, trennt, deren Krausen von den Rippenenden gebildet zu sein scheinen; Mündung sehr schief und gedrückt-halbmondförmig, oben ausgespitzt, unten ausgussartig und vorgezogen, innen gelippt, aussen sehr stark varixartig verdickt und durch starke Spiralleisten höckerig gemacht; Spindel fast grade, schwach gelippt, unten am Ausguss abgestumpft.

Vaterland: Mauritius (Recluz), Réunion (Desh.), Upalu (Schmeltz). Copie nach Schwarz.

20. Rissoina costata A. Adams.

Taf. 8. Fig. 1.

„R. testa subulato-turrita, alba, opaca, solida, anfractibus septem, convexiusculis, longitudinaliter costatu; costis crassis, elevatis, postice subangulatis, anfractu ultimo antice sulco transverso valido instructa; apertura semiovata, antice subcanaliculata; labio antice tuberculo terminato, labro subdilatato; margine varicoso, flexuoso." (A. Adams.)

Long. 5,7; diam. maj. 1,8 Mm.

Rissoina costata A. Adams Proc. zool. Soc. London 1851 p. 266 idem Ann. et Mag.
Nat. Hist. 1854 p. 67. Schwarz von Mohrenstern Fam. d. Rissoiden
p. 121 t. 2 f. 16. Deshayes Moll. Reunion p. 62.

Schale gethürmt, ziemlich stark, matt weiss, halbdurchscheinend; Spira sehr spitz und lang ausgezogen, besteht aus 7 gewölbten längsgerippten Haupt- und 2 glatten Anfangswindungen, die Längsrippen sind stark, erhoben, oben winklig umgebogen, die Spiralsculptur derselben ist entweder ganz obsolet oder nur unter der Loupe als feine Streifchen sichtbar, der letzte Umgang mit 16 Längsrippen, besitzt unten eine deutliche Spiralfurche und einen spiralgestreiften schwachen Halswulst; Mündung schief, halbeiförmig, oben spitz unten durch einen Ausguss endigend; Mundrand seitlich vorgezogen, unten am Ausguss knopfförmig verdickt, innen sehr schwach gelippt, aussen umgeschlagen und wulstig verdickt; Spindel leicht gebogen, schmal gelippt, abgestutzt.

Vaterland: Philippinen (Cuming), Réunion (Desh.), Cobija in Peru (Schwarz). Copie nach Schwarz.

Es ist dies eine eigenthümliche geographische Verbreitung, die mehrere Male wiederkehrt und entweder in ungewöhnlichen Verhältnissen oder ungenügender Unterscheidung ihren Grund hat.

21. Rissoina canaliculata Schwarz.
Taf. 8. Fig. 2.

„R. testa solida, alba, semiplicata, opaca, turrita, spira elongata, acuminata; anfractibus 9, 10 subconvexis; costis longitudinalibus 16—18 elevatis, subrectis, dorso acutis, utrinque in angulum obtusatum desinentibus, ad basim ultimi anfractus sulco transverse valide truncatis; ultimo anfractu antice crasso, collari circumdato; apertura subovata, superne canaliculata, acuminata, inferne effusa; labro subsinuato, inferne producto, extus varice longitudinaliter striato, incrassato; margine columellari in medio subimpresso, inferne canali abbreviato." (Schwarz).

Long. 10,0; diam. maj. 4,1 Mm.

Rissoina canaliculata Schwarz von Mohrenstern Fam. d. Rissoiden p. 123 t. 2 f. 18.

Schale gethürmt, solid, halbdurchscheinend, matt weiss; Spira lang und spitz ausgezogen, besteht aus 9—10 etwas gewölbten Umgängen, die durch tiefe und wellenförmige Nähte getrennt sind, sie sind mit 16 bis 18 beinahe graden, in der Mitte scharfen, unten und oben gebogenen Längsrippen geziert, an der Hauptwindung sind sie durch die starke Einschnürung unten wie abgeschnitten, diese trägt ausserdem einen starken spiralen Halswulst, der die Mündung umfasst; Mündung etwas mehr als halbeiförmig, oben in einen spitzen Kanal, unten in einen Ausguss auslaufend; Spindel sehr verkürzt und kaum gelippt; Mundrand etwas winkelig unten vorgezogen, innen gelippt, aussen mit längsgestreiftem verdicktem Varix versehen.

Vaterland: Philippinen (Schwarz). Copie nach Schwarz.

Nächst verwandt mit R. distans Anton; doch auch der vorigen gleichend.

22. Rissoina scalariana A. Adams.
Taf. 8. Fig. 3.

„R. testa subulato-turrita, alba, solida, anfractibus octo, convexiusculis, transversim tenuissime striata, longitudinaliter costata, costis elevatis, aequalibus, subdistantibus, anfractu ultimo antice callo circumdato; apertura semiovali, antice subcanali:ulata; labio antice callo desinente; labro flexuoso, antice subproducto." (A. Adams).

Long. 8,5; diam. 3,2 Mm.

Rissoina scalariana A. Adams Proc. zool. Soc. London 1851 p. 265 idem Ann. et Mag. nat. hist. 1854 p. 66. Schwarz von Mohrenstern Fam. d. Rissoiden p. 124 t. 3 f. 19.

Schale gethürmt, stark, weiss, mässig glänzend, durchscheinend; Spira ausgezogen, kegelförmig mit stumpflichem Ende, besteht aus 8 etwas convexen Umgängen, die durch wellenförmige starke Nähte getrennt sind, sie tragen aufrecht stehende, gleichstarke geschweifte entfernt stehende Längsrippen, 11—12 an der Zahl, die breiten, ausgehöhlten Zwischenräume sind fein spiral gestreift. Hauptumgang unten eingeschnürt und mit Halswulst versehen; Mündung schief, halboval oben wenig ausgespitzt, unten mit flachem aber deutlichen Ausguss versehen; Spindel geschweift und abgestutzt, schmal gelippt; Mundrand aufrecht, wenig gebogen, unten vorgezogen und stark gegen die Spindel verlängert und ausgebreitet, innen gelippt, aussen mit längsgestreiftem Varix.

Vaterland: Insel Burias Philippinen (Cuming). Copie nach Schwarz.

23. Rissoina subangulata C. B. Adams.
Taf. 8. Fig. 4.

"R. testa solida, alba, nitidula, semipellucida, subturrita, spira scalariformi, conico-acuminata; anfractibus 7—8 convexiusculis, superne inferneque gradatis; sutura profunda, undulata; costis longitudinalibus 11—12 subdistantibus elevatis, acutis, transversim confertis, tenuissime striatis; ultimo anfractu magno; apertura magna, ovato-subobliqua, subdilatata, superne angustata, inferne rotundata; labro sinuato; inferne valde producto, extus incrassato; labio inferne valde reflexo; margine columellari non abbreviato." (Schwarz).

Long. 5,8; diam. maj 2.5 Mm.

Rissoa subangulata C. B. Adams Contr. to Conch p. 115.

Rissoina subangulata Schwarz von Mohrenstern Fam. der Rissoiden p. 124 t. 3 f. 20. Mörch in Mal. Bl. 1876 p. 49.

Schale breitgethürmt, stark, weiss, wenig glänzend, halbdurchscheinend; Spira ausgezogen kegelförmig mit stumpflichem Ende, besteht aus 7-8 abgesetzten wenig gewölbten Umgängen, die durch tiefe, wellenförmige Nähte getrennt sind, sie tragen 11—12 entfernt stehende, erhabene, in der Mitte geschärfte, gleichmässige an den Enden gekrümmte Rippen und dicht gedrängt stehende sehr feine, oft nur unter starker Vergrösserung sichtbare Spiralstreifchen; Hauptumgang gross und unten wenig eingeschnürt; Mündung gross, wenig schief-eiförmig, im obern Theil verengt, doch nicht ausgespitzt, im untern bogenförmig erweitert und etwas weniger ausgebuchtet; Spindel schief, wenig gebogen und unten nicht abgestutzt; Mundrand gebogen, unten stark vorgezogen und umgebogen, innen unten weit umgebogen, ziemlich stark gelippt, aussen varixartig doch nicht stark verdickt.

Vaterland: Antillen — Jamaica — (C. B. Adams) Terrafirma (Hornbeck) Mauritius (Schwarz). Copie nach Schwarz.

Dies ist wiederum eine schwer verständliche, geographische Verbreitung, die an einen Irrthum in der Bestimmung glauben lässt. Uebrigens bin ich der Meinung C. B. Adams, dass diese Art besser bei Rissoa als bei Rissoina untergebracht ist und zwar in der Gruppe, wozu die fossile R. Nyati D'Orb. aus den oliracünen Schichten gehört.

24. Rissoina plicata A. Adams.

Taf. 8. Fig. 5. 6.

„R. testa turrito-subulata, subpyramidali, alba, sordida, anfractibus octo, planis, longitudinaliter valde plicata, plicis elevatis, postice subangulatis; interstitiis transversim striatis; apertura semiovata, labro antice subdilatato, margine incrassato." (A. Adams).

Long. 5,0, diam. 2,5 Mm.

Rissoina plicata A. Adams Proc. zool. Soc. London 1851 p. 264, idem Ann. et Mag. Nat. hist. 1854 p. 65. Schwarz von Mohrenstern Fam. d. Rissoiden p. 125 t. 3 f. 21.

— denticulata Schwarz von Mohrenstern l. c. p. 126 t. 3 f. 23 non Turbo denticulatum Montagu.

Schale gethürmt, stark, weiss, wenig glänzend, halbdurchscheinend; Spira beinahe pyramidal, vergleichsweise ziemlich kurz, besteht ausser dem stumpflichen glatten Embryonalende aus 7 flachen, abgesetzten Umgängen, die von stark-undulirten Nähten umfasst sind, sie tragen 10 - 12 starke, erhobene in der Mitte abgerundete, oben nach den Nähten hin gekrümmte Rippen und in den breitausgehöhlten Zwischenräumen stehen sehr feine Spiralstreifchen; die Hauptwindung ist gross, unten eingeschnürt und mit breitem, gekörnelten Halswulst umzogen; Mündung ziemlich gross, schief, halbeiförmig, oben zugespitzt, unten kanalartig abgerundet; Spindel eingedrückt und unten abgestutzt; Mundrand oben fast grade, unten wenig vorgezogen, abgerundet, innen schmal gelippt, aussen durch einen längsgestreiften Wulst verdickt.

Vaterland: Insel Masbate — Philippinen — (Cuming). Ins. Java (Schwarz). Copie nach Schwarz.

Schwarz hat den Hanley'schen Missgriff den Montage'schen Turbo denticulatum auf eine Rissoina zu deuten, für richtig angesehen und schlecht erhaltene Exemplare von Java dafür zu nehmen gesucht, von den er dann sagte, sie schienen ihm gerollte Stücke der R. plicata zu sein, bei denen die Halsschwiele abgewittert seien, wie er auch glaube, dass die von Montagu erwähnten zwei Zähne auf der innern Mündungswand, Folge gleicher Umstände sein möchten. Er übersah aber, ebenso wie sein Vorgänger Hanley, dass Montagu von einer gezähnten Innenlippe spricht, auf der unten in der Nähe der Rippen (Varix) noch zwei Knötchen stünden; er spricht ausserdem davon, dass er diese Art mit der vorigen (Turbo coniformis) von Weymouth erhalten und für eine einfache Varietät des Turbo coniformis gehalten aber erst bei genauerem Vergleich gefunden habe, dass sie doch verschieden sei. Dieser Turbo coniformis ist aber nach Beschreibung und guter Abbildung eine Columbella und man kann doch von einen so feinen Beobachter, wie Colonell Montagu es war, nicht unterstellen, dass erst ein genauerer Vergleich für ihn nöthig war, eine Columbella von einer Rissoina zu unterscheiden, wenn er auch beide in sein ausgedehntes Genus Turbo gestellt hatte. Für mich ist der Turbo denticulatus ebenso wie der T. coniformis eine Columbella und darf trotz der Hanley'schen Angabe in keiner Synonymie einer Rissoina figuriren. Die Schwarz'sche R. denticulata ist aber nach seiner eigenen Angabe eine Verwitterungsform der R. plicata, darf daher nicht mehr als selbständig bestehen bleiben, muss vielmehr in der Synonymie derselben aufgehen.

25. Rissoina scalariformis C. B. Adams.

Taf. 8. Fig. 7.

„R. testa elongata, ovato-conica, albida; costis validis compressis, prominentibus, acutis, continuis, 11 ad singulos anfractus; striis spiralibus, exilissimis, costas ascendentibus, haut superantibus; apice acute; spira subconoidea; anfractibus 8 convexis, sutura impressa; apertura perobliqua, ovata, utrinque effusa; labro subincrassato, ad medium partem producto. Div. 33; long. 3,3. lata 1,27. Spirae longa. 2,03 Mm." (C. B. Adams).

Rissoina scalariformis C. B. Adams Panama Cat. p. 528. Carpenter Report p. 326. Deshayes Moll. Réun. p. 61. Mac Andrew Rep. Roth. Meer p. 14. Liénard Moll. Maur. p. 45.

Schale gethürmt, schmutzig weiss, matt, halbdurchscheinend; Spira kurz ausgezogen kegelförmig, mit einem etwas gebogenen, doch spitzen Ende, besteht aus 7—8 gewölbten, rasch zunehmenden Umgängen, die durch eingeritze Nähte verbunden sind, sie tragen circa 11 starke, aufrechtstehende, in der Mitte scharfe, etwas schiefe Längslinien, die so geordnet sind, dass die der vorhergehenden und folgenden Windungen eine continuirliche Linie bilden, deren Zusammenhang nur durch eine leichte Krümmung an der Naht unterbrochen erscheint, die Zwischenräume sind mit äusserst feinen Spiralstreifchen besetzt, die etwas an den Seiten der Rippen hinaufgehen, die Schärfe derselben aber freilassen. Mündung schief, oval, oben ausgespitzt, fast ausgegossen, unten abgerundet und schwach gebuchtet, kaum ausgegossen; Spindel schief, wenig eingedrückt und schwach abgestutzt; Mundrand gebogen, an der Seite vorgezogen, innen breit umgeschlagen und gelippt, aussen varixartig verdickt.

Vaterland: Panama (C. B. Adams, Carpenter), Mauritius (Liénard), Réunion (Deshayes), Rothes Meer (Schwarz), Zeite Point (MA). Copie nach Schwarz.

Diese Art zeigt wenig den Rissoinencharakter, sie wird von Deshayes unter Rissoa und von Carpenter fraglich zu diesem Genus gerechnet, ist also eine jener Uebergangsformen, die die scharfe Characterisirung der Genera erschweren. Hier kann nur die Untersuchung von Thier und Deckel entscheiden.

26. Rissoina fortis C. B. Adams.

Taf. 8. Fig. 8.

„R. testa elongata, ovato-conica, albida, costis robustis approximatis 22 ad singulos anfractus, ad inferam extremitatem minoribus productis; apice acuto; spira conoidea; anfractibus 10 subconvexis; anfr. ultimo ventricoso; apertura ovata, profunde effusa; labro infra producto, crassissimo; umbilico nullo. Div. 33, long. 7,4, lat. 3, spira long. 4,5 Mm." (C. B. Adams.)

Rissoina fortis C. B. Adams Panama shells Cat. p. 402. 538. Schwarz von Mohrenstern Rissoiden p. 130 t. 3 f. 25. Carpenter Report p. 327.

Schale verlängert, gethürmt, weiss; Spira conoidisch mit spitzem Ende, besteht aus 10 mässig gewölbten, etwas abgesetzten Umgängen, die durch eine eingedrückte Naht getrennt sind, sie tragen 20—25 stark hervortretende, nahe bei einander stehende Längsrippen, die am untern Ende zusammengedrückt und dünn sind; Hauptumgang bauchig; Mündung schief, eiförmig, oben eingezogen und unten tief ausgeschnitten; Mundrand unten vorgezogen, innen schmal gelippt, aussen sehr verdickt; Spindel kurz, dickgelippt, ohne Nabel.

Vaterland: Tabago in der Bai von Panama (Adams), Philippinen (Schwarz). Copie nach Schwarz.

Es ist ein leiser Zweifel gestattet, ob die von Schwarz abgebildeten Typen von den Philippinen, die richtige Adams'sche Art darstellen, Hauptwindung bauchig und labro crassissimo stimmen schlecht zu dem Schwarz'schen Bild.

27. Rissoina ambiqua Gould.

Taf. 9. Fig. 1.

„R. testa minuta, albida, inperforata, ovato-subulata, costis longitudinalibus exilibus ad viginti ornata, intervallis spiraliter striatis; spira acuta, anfractibus ad decem planulatis; apertura auriculata, antice subeffusa; columella callosa, gibbosa, antice sinuata, labro simplici, incrassato." (Gould). Long. 7,5, lata 2,6 Mm.

Rissoina ambiqua Gould Proc. Bost. Soc. nat. hist. 1879 p. 118 idem Unit. States Expl. shells p. 218. Schwarz von Mohrenstern Rissoiden p. 131 t. 3 f. 27. v. Martens Don. Bismarkianum p. 42.

Schale klein, gethürmt, undurchbohrt, weisslich oder schmutzig weiss, Spira lanzettförmig spitz ausgezogen, besteht aus 10 fast flachen Windungen, die durch eine deutliche Naht getrennt sind, sie tragen gegen zwanzig feine Längsrippchen und deren Zwischenräume sind sehr fein und dicht spiralgestreift; Mündung ohrförmig, kleiner als $\frac{1}{3}$ der Länge der Schale, oben ausgespitzt unten flach ausgeschnitten (kein eigentlicher Ausguss); Spindel verdickt, convex, unten winklig; Mundrand einfach, aussen verdickt.

Vaterland: Poumotus Insel (Gould), Neuholland (Schwarz). Copie nach Schwarz.

I. 22.

4

Pease versandte unter dem Namen R. ambiqua ein Schneckchen, das sich nur auf eine ungebänderte und dickschalige Form der R. myosoroides Recluz deuten lässt. Es scheint indess, dass v. Martens in Don. Bismarkianum ein anderes, der Schwarz'schen Darstellung entsprechenderes Exemplar vorgefunden hat, denn er citirt diese Species ohne Bemerkung.

28. Rissoina pusilla Brocchi Sp.

Taf. 9. Fig. 2.

„R. testa solida alba, nitida, semipellucida, turrita; spira subcylindracea, apice subobtusa, anfractibus 8—9 convexiusculis, simpliciter costatis; costis longitudinalibus circa 24—28 rectis, sutura distincta; apertura ovato-semilunari, utrinque attenuata, superne acutiuscula ad basim effusa; labro recto ad basim subprominente extus valde incrassato, varice longitudinaliter striato, labro inferne signato, dilatato; columella in medio excavata; infra canali interrupta " (Schwarz).

Long. 5,7; diam. maj. 2 Mm.

Turbo pusillus Brocchi Conch. Foss. subapp. t. 6 f. 5.
Rissoa pusilla Deshayes-Lamarck 2 Ed. VIII p. 479 ex parte.
Rissoina pusilla Hoernes Foss. Moll. des Wiener Beck. p. 557 t. 48 f. 4. Schwarz v. Mohrenstern Rissoid. p. 133 t. 4 f. 29. Schmeltz Mus. C. Godefroy Cat. Nr. 5.
— striolata Dunker Mus. Godeffroy Cat. Nr. 4.
— cincta — — —

Schale gethürmt, stark, schmutzig weiss, durchscheinend, glänzend; Spira cylindrisch ausgezogen, stumpflich, besteht aus 8—9 convexen, durch deutliche Nähte getrennten Umgängen, die einfach längsgerippt sind, die Rippen sind fast grade, abgerundet und ungefähr so breit als die Zwischenräume, es sind deren 20 bis 30 vorhanden, Spiralstreifung ist nur auf dem untern Theil der Hauptwindung und dies nur unter starker Vergrösserung vorhanden. Mündung schief, halbeiförmig, seitlich erweitert, oben ausgespitzt, unten mit deutlichem Ausguss versehen; Spindel ausgehöhlt, schwach gelippt, nur unten etwas stärker. Basis abgestumpft; Mundrand fast grade, wenig geschweift, unten wenig vorgezogen, aussen mit breitem, längsgestreiftem Wulst, innen mit dicker Lippe versehen, die sich in der Nähe des Ausgusses breit umlegt und etwas ausschweift.

Vorkommen: Insel Mauritius (Schwarz), Viti-Levu und Upolu (Schmeltz), Sandwich Inseln (Schwarz). Copie nach Schwarz. Fossil weit verbreitet in europäischen miocän. und pliocänen Bildungen.

Diese Art scheint nach Schwarz der Ausgangspunkt zahlreicher Arten zu sein von denen er glaubte, dass eine bessere Kenntniss sie als blosse Varietäten erkennen lassen würden, die Autoren bekundeten dagegen eine entgegengesetzte Meinung und machten noch ½ Dutzend Arten dazu.

29. Rissoina myosoroides Recluz.

Taf. 9. Fig. 3.

„R. testa subsolida, minus splendida, rufescenta vel alba, luteo unifasciata, semipellucida, ovato-turrita, apice elongato-muricata; anfractibus 9 convexiusculis, sex primis embryonalibus laevibus, tribus inferioribus simpliciter costatis; costis longitudinalibus circa 24—28 subrectis et subsinuatis; sutura distincta; apertura subovata, superne acutiuscula, inferne effusa, labro subsinuato, inferne subprominente, extus varice longitudinaliter striato valde incrassato, labio angusta, inferne sinuato; margine columellari obliquo in medio excavato, inferne canali abbreviato." (Schwarz).

Long. 4,9; diam. 1,9 Mm.

Rissoina myosoroides Recluz MS. Schwarz von Mohrenstern Rissoiden p. 134 t. 4 f. 30.

Deshayes Moll. Réun. p. 62.

Schale eiförmig gethürmt, mässig stark, röthlich oder weiss mit einer orangegelben Binde, mässig glänzend, durchscheinend; Spira eiförmig mit ausgespitztem Ende, oben rasch abnehmend; besteht aus 6 glatten (inclusive des Embryonalendes) und 4 einfach gerippten Umgängen, die leicht gewölbt von deutlichen Nähten umzogen sind; die Rippen sind — 20—24 an der Zahl — wenig geschweift, aufrecht stehend, abgerundet, die Zwischenräume, enger als die Rippen, sind mit Ausnahme des untern Theils der Hauptwindung, glatt, diese trägt wenige mikroscopische Streifchen. Mündung schief, mehr als halbeiförmig, im obern Winkel zugespitzt, im untern abgerundet und mit einen breiten Ausguss versehen; Mundrand wenig gebogen, von der Mitte nach unten vorgezogen, aussen mit einem starken der Länge nach gestreiften Wulst verdickt, innen schmal gelippt, unten ausgeschweift und umgeschlagen; Spindel in der Mitte eingedrückt, unten abgestutzt, schwach gelippt.

Vaterland: Mauritius (Recluz), Réunion (Deshayes).

Aus der Verwandtschaft der R. pusilla.

30. Rissoina dubiosa C. B. Adams.

Taf. 9. Fig. 4. 5.

„R. testa solida, sordide alba vel flavescente, semipellucida, turrita, spira conico-elongata subacuta, anfractibus 7—8 subconvexis; sutura impressa, undulata; costis longitudinalibus circa 18—20 rectis elevatis, apertura semiovata, superne angustata, inferne effusa; labro ad mediam et inferiorem partem prominente, extus varice longitudinaliter striato incrassato; labio angusto, inferne dilatato et sinuato; margine columellari obliquo, media parte impresso, inferne canali abbreviato." (Schwarz).

Long. 5, diam. maj. 2 Mm.

Rissoina dubiosa C. B. Adams Contr. to Conch. p. 114. Schwarz von Mohrenstern Rissoiden p. 125 t. 4 fig. 31. 31a. Mörch Mal. Bl. 1876 p. 49.

— Dunkeri Pfeiffer Coll.

Schale gethürmt, stark, durchscheinend, schmutzig weiss oder gelblich; Spira verlängert-kegelförmig, nicht sehr spitz; besteht aus 7—8 etwas gewölbten Umgängen, die durch eine eingedrückte, undulirte Naht getrennt sind, sie tragen — mit Ausnahme des glatten Embryonalendes — 18—20 gerade, erhobene Rippen. Mündung halbeiförmig, oben verengert, unten mit Ausguss versehen; Spindel schief, in der Mitte eingedrückt.

4*

schwach gelippt, unten abgestutzt; Mundrand in der Mitte und unten vorgezogen, innen schmal gelippt, nur unten erweitert und winckelig, aussen stark verdickt zu breitem, längsgestreiften Varix.

Vaterland: Antillen-Jamaica (Adams)? Cuba (Pfeiffer), St. Thomas (Krebs).

Mörch l. c. citirt nur die Schwarz'sche Beschreibung Nr. 33 hierher, die Figuren aber? zu R. multicostata C. B. Adams, wohin er bereits die D'Orbigny'sche Figuren der R. elegantissime gestellt hatte. Für R. multicostata (Ad.) Schwarz Nr. 49 gibt er dann einen neuen Namen R. Krebsi. Dies ist ganz unzulässig, denn die Beschreibung von Schwarz ist doch nach den Originalen seiner selbst gezeichneten Figuren entworfen, stellten sie die Adams'sche R. dubiosa nicht vor, was ja möglich ist, so müsste auch die darnach gemachte Beschreibung diese nicht vorstellen und Beschreibung wie Figuren müssten gleicher Weise falsch sein. Ich habe nach dieser Inconsequenz keine Veranlassung dem Mörch'schen Vorgang, auch die Darstellung der R multicostata bei Schwarz für unrichtig zu halten und seinen neuen Namen R. Krebsi zu acceptiren.

31. Rissoina Montagui Weinkauff.
Taf. 9. Fig. 6.

„R. testa subsolida, alba, subpellucida, turrita; spira conico-elongata, apice obtuso; anfractibus 6—7 convexiusculis, supremis paulum contabulatis, costatis; costis longitudinalibus 12—14 subrectis, dorso rotundatis, superne ad suturam anfractibus supereminentibus; interstitiis infra tenuissime confertis, transversim striatis; sutura flexuoso-crenata; apertura suobliqua, semiovata, superne angustata, inferne effusa; labro sinuato ad basim producto, extus varice longitudinaliter strinto valde incrassato; labio angusto; margine columellari in medio subimpresso, inferne canali subobtusato." (Schwarz).

Long. 5,4; diam. 1,9 Mm.

Rissoina Montagui Weinkauff.
— coniformis Schwarz von Mohrenstern Rissoiden p. 136 t. 4 f. 33 non Turbo coniformis Montagu.

Schale gethürmt, mässig stark, weiss, wenig glänzend, durchscheinend; Spira verlängert-kegelförmig, mit stumpfen Apex, besteht aus 6—7 leicht gewölbten Umgängen, wovon die obersten etwas treppenförmig abgesetzt sind, sie sind durch eine undulirte Naht getrennt und tragen 12 bis 14 oben leicht gebogene, hier etwas überstehende, sonst grade, abgerundete Rippen; die Zwischenräume sind besonders deutlich, doch fein spiralgestreift. Mündung wenig schief, mehr als halb-oval oben mässig zugespitzt, unten weit aber schwach ausgerandet; Spindel eingebogen und abgestutzt, schmal gelippt; Mundrand gebogen, unten vorgezogen, innen schmal gelippt, unten wenig geschweift und undeutlich von dem Ausschnitt geschieden, aussen durch eine längsgestreifte Wulst stark verdickt.

Vaterland: Mauritius (Schwarz). Copie nach Schwarz.

Die Beziehung dieser Art auf Turbo coniformis Montagu durch die englischen Autoren einschliesslich Forbes u. Hanley ist durchaus irrthümlich. Diese Montagu'sche Art ist nach der Abbildung eine deutliche Columbella und dem widerspricht auch nicht die Beschreibung. Selbst Jeffreys macht keine Ausnahme, er folgt dem älteren Usus. Nun wollte Cantraine gar die vorliegende Art von Montagu selbst empfangen haben und diese Exemplare wurden von Schwarz als Originale verwendet. Ich verstehe aber nicht, wie letzterer sagen konnte, Montagu habe die schmale Lippe und den Ausguss besonders hervorgehoben, während er nur sagt, die Innenlippe sei nicht umgeschlagen. So ist es auch mit der übrigen Beschreibung, von der man höchstens sagen kann, sie passe zur Noth, nicht aber wie Schwarz sagt, sie stimme in Allem vollkommen. Man könnte also höchstens die Art Rissoina coniformis (Mont.) Auct. angl. von Montagu nennen, dies widerstrebt aber meinem Sinn für ernsthafte Nomenclatur, darum taufe ich sie lieber um. Die einzige Reserve, die ich mache ist die, dass ich das Montagu'sche Original nicht benutzt habe, sondern die Uebersetzung von Chenu. Hier müsste also, wären die englischen Autoren im Recht, der Uebersetzer einen colossalen Bock geschossen und der Abbildung einer Rissoina diejenige einer Columbella untergeschoben haben, was mir undenkbar erscheint.

32. Rissoina Bryerea Montagu.
Taf. 9. Fig. 8.

„L. testa solida, lactea, nitida, subpellucida, turrita; spira ovata-conica, subacuta; anfractibus 7 convexiusculis, simpliciter costatis, costis rectis longitudinalibus, subsinuosis circa 18—22; interstitiis eadem latitudine, ad inferam extremitatem productis; sutura paulum undulosa; apertura ovata, superne angulata, inferne rotundata, subdilatata, non effusa; labro ad mediam partem producto, extus varice longitudinaliter striato valde incrassato; labio valde reflexo, inferne rotundato; columella non abbreviata." (Schwarz).

Long. 5,5; diam. maj. 2,3 Mm.

Turbo Bryereus Montagu Test. brit. p. 313 t. 15 f. 8. (Ed. Chenu p. 150 t. 6 f. 3 idem. Suppl. p. 124. Dillwyn Cat. p. 853. Wood Ind. test. t. 31 f. 102.
Cingula Bryerea Flemming Brit. An. p. 307. Thorpe Brit. mar. Conch. p. 173.
Rissoa — Macgillivray Moll. Aberd. p. 341. Brown Ill. Conch. p. 11 t. 9 f. 73. Forbes et Hanley brit. Moll. III p. 149 para. Jeffreys brit. Conch. IV p.
— scalaroides C. B. Adams Contr. to Conch. p. 113.
— lactea Brown Ill. Conch. p. 11 t. 8 f. 77 para.
Rissoina scalaroides Philippi Zeitschr. für Mal. 1848 p. 13.
— Bryerea Schwarz von Mohrenstern Rissoiden p. 139 t. 5 f. 36. 36a. Mörch Mal. Bl. 1876 p. 49.

Schale gethürmt, stark, weiss, glänzend, durchscheinend; Spira kegelförmig, nicht sehr spitz ausgezogen, besteht aus 7 leicht convexen durch schwach undulirte Naht getrennten Umgängen, die 18—22 Längsrippen tragen, die einfach, grade nur an den Nähten gekrümmt sind; Zwischenräume gleich breit. Mündung nicht schief, eiförmig im obern Winkel kantig zugespitzt, im untern abgerundet, ohne Ausguss, doch hier verbreitert; Spindel schief, kaum gebogen, unten nicht abgestutzt; Mundrand in der Mitte ausgebreitet, innen weit umgeschlagen-gelippt, unten ausgedehnt-gebogen, aussen durch einen breiten langsgestreiften Wulst verdickt.

Vaterland: Antillen: St. Thomas (Riise, Krebs), Bahama (Riise). Copie nach Schwarz.

33. Rissoina firmata C. B. Adams.

Taf. 10. Fig. 1.

„R. testa elongata, ovato-conica; sordide alba; costis robustis, prominentibus, 12 ad singulos anfractus, ad inferam extremitatem productis; apice acuta, spira conoidea; anfractibus 7 convexis, sutura impressa: apertura subovata, utrinque offusa; labro ad mediam partem producto, a varice crasso firmato; umbilico nullo. Div. 30°, long. 4,7, lat. 1,9, spirae long. 3,3 Mm." (Adams).

Rissoina firmata C. B. Adams Panama Cat. p. 401, 537. Carpenter Report p. 327 ...
Museum Godeffroy Cat. V p. 103. Schwarz von Mohrenstern Rissoiden p. 140 t. 5 f. 37. Mörch Mal. Bl. 1876 p. 50.

Schale gethürmt, schmutzig-weiss, glänzend, halbdurchscheinend; Spira verlängert, kegelförmig mit spitzem Ende, besteht aus 7 convexen mit starken, vortrotenden, am Ende etwas verschärften Rippen gezierten Umgängen, die Rippen des Hauptumgangs setzen bis unmittelbar an die Mundränder fort, die Naht ist eingeschnitten und stark. Mündung schief, beinahe voll oval an beiden Enden, oben spitz, unten stumpf und flach ausgegossen; Mundrand gebogen, in der Mitte vorgezogen, innen ziemlich gleichmässig gelippt, aussen mit breitem, dickem längsgestreiftem Randwulst verstärkt; Spindel schief, eingedrückt, wenig abgestutzt, ohne Nabel.

Vaterland: Panama (C. B. Adams). Viti-Levu (Schmeltz), das abgebildete Exemplar angeblich von Cuba. Matansas (Pugg). Nach Schwarz.

Auch hier ist Zweifel erlaubt, ob Schwarz die Adam'sche Art richtig gedeutet hat. Er selbst hält die Art für eine Varietät der vorigen und ist nicht sicher, ob er die Adams'sche richtig habe. Es wird wohl besser sein diese Darstellung auf eine Var. der R. Bryerea Mtz. zu deuten und M. firmata besonders zu behandeln.

34. Rissoina reticulata Sowerby sp.

Fig. 10. Taf. 2.

„R. testa subsolida, nitidula, albida, conico-turrita; spira subulato-acuta; anfractibus 10—12 planiusculis, contiguis, tenuissimis striis transversis et longitudinalibus aequaliter dense reticulatis sutura subplana; apertura obliqua, semilunari angulo superiori acuta, inferiori subcanaliculata, labro sinuato, ad basim producto, extus subincrassato; labio angusto, adnato; margine columellari haud impresso, inferne canali parum obtusato." (Schwarz).

Long. 14, diam. 5 Mm.

Rissoa reticulata Sowerby Genera of shells t. 208 f. 1. Reeve Conch. Syst. p. 152.
Rissoina — Schwarz von Mohrenstern Rissoiden p. 142 t. 5 f. 40
Rissoa princeps C. B. Adams Contr. to Conch. p. 116.
Rissoina — Mörch Mal. Bl. 1876 p. 47.

Schale gethürmt-kegelförmig, mässig stark, wenig glänzend, weisslich; Spira spitz ausgezogen, besteht aus 10—12 fast ebenen, zusammenschliessenden Umgängen, die durch eine fast flache Naht getrennt sind, sie sind mit äusserst feinen Längsleistchen (nahe zu 70 auf der vorletzten Windung) und noch feineren Spiralstreifchen gegittert; Mündung schief, halbmondförmig, im obern Winkel zugespitzt im untern zu einer unbedeutenden ausgussartigen Bucht erweitert; Spindel leicht eingedrückt, schwach gelippt, kaum sichtbar abgestutzt, vielmehr unmerklich in die Bucht übergehend; Mundrand abgerundet, ziemlich geschweift und unten vorgezogen innen schmal gelippt, aussen mässig verdickt in einen flachen längsgestreiften Wulst.

Vaterland: Antillen — Ins. Cuba — (Riisse), Jamaica (Ad.), St. Thomas (Krebs u. A.), Neu Providence (Krebs), Philippinen (Cuming), Mauritius (Recluz) Copie nach Schwarz. Eine geographische Verbreitung die vielen Zweifeln Raum lässt.

Mörch führt diese Art unter dem Namen R. princeps C. B. Adams auf und behauptet R. reticulata Sowerby sei R. striata Q. et G., was zu bezweifeln ist. Ich würde eher geneigt sein, den Namen R. princeps auf die Antillen und R. reticulata auf die ostindische Form zu beschränken, also die erste ganz neu zu bearbeiten, da die Beschreibung und Abbildung nach Cuming'schen Exemplaren von den Philippinen genommen ist, also schwerlich die richtige R. princeps sein kann. Hierüber ist Mörch die Auskunft schuldig geblieben, die jedenfals mehr Werth gehabt hätte, als das erwähnte.

35. Rissoina concinna A. Adams.
Taf. 10. Fig. 3.

„R. testa subulato-turrita, alba, solida, nitida, anfractibus septem, planiusculis, longitudinaliter plicata plicis antice evanidis, transversim striata, striis creberrimis, confertis; apertura semiovata, antice subcanaliculata; labio calloso, labro margine valde incrassato et rotundato." (A. Adams).

Long. 5, 3; diam. maj. 2 Mm.

Rissoina concinna A. Adams Proc. zool. Soc. London 1851 p. 266 idem Ann. et Mag. Nat. Hist. 1854 p. 67. Schwarz von Mohrenstern Rissoiden p. 153 t. 6 f. 47.

Schale gethürmt, stark oder mässig stark, weiss, glänzend, durchscheinend; Spira lang ausgezogen mit etwas gewölbten Aussenlinien, oben schnell abnehmend, besteht aus 7—8 wenig gewölbten Umgängen durch schwach eingedrückte, etwas gekerbte Naht getrennt, die mit feinen, gedrängt stehenden, wenig schiefen und abgerundeten Längsrippchen, von noch feinern, dichtern Spiralstreifchen durchschnitten, geziert sind, am untern Theil des Hauptumgangs verschwächt sich meistens die Sculptur und hier lässt sich die Anzahl der Längsrippchen auf 24 bis 28 zählen; Mündung gross, halbeiförmig, oben ausgespitzt, unten bogenförmig erweitert und ausgussartig abgeschlossen; Spindel sanft eingedrückt, schwach gelippt, unten durch den Ausguss abgestutzt oder abgebogen; Mundrand stark gebogen, innen gebogen und verdickt gelippt, aussen weit umgeschlagen, verdickt, der Varix ist längsgestreift und nach unten stark vorgezogen.

Vaterland: Inseln Burias und Cagayan — Philippinen — (Cuming).

36. Rissoina multicostata C. B. Adams.
Taf. 10. Fig. 4.

„R. testa alba, semipellucida, turrita, spira ovato-conica, acuta, anfractibus 7 convexis, costis longitudinalibus, tenuibus, regularibus, subsinuatis, circa 28, transversim striis creberrimis confertis decussata; apertura semiovata, angulo superiori acuto, inferiori effuso, labro sinuato, subdilatato, ad mediam partem et basim producto, extus varice incrassato; labio angusto; margine columellari obliquo, inferne canali subobtusato." (Schwarz).

Long. 3,5; diam. maj. 1,5.

Rissoa multicostata C. B. Adams Contr. to Conch p. 114.

Rissoina — Schwarz von Mohrenstern Rissoiden p. 154 t. 5 f. 48.

— Krebsi Mörch Mall. Bl. 1876 p. 50.

Schale gethürmt, schmutzig-weiss, wenig glänzend, durchscheinend; Spira eiförmig-konisch oben schnell abnehmend und spitz, besteht aus 7 convexen, unten und oben kantigen durch eine tiefe Naht geschiedenen Umgängen, die durch Längsrippen und Querstreifen decussirt sind, die Längsrippen 28—32 an der Zahl sind dünn und scharf, etwas schief, regelmässig, die Spiralstreifen sind dünner und durchsetzen auch die Kanten der Rippen, Letztere verfeinern sich auf der untern Hälfte der Hauptwindung, wogegen die Spiralsculptur hier gröber wird und schärfer hervortritt; Mündung schief, halbeiförmig, oben verengt, unten zu einem Ausguss zusammengezogen, seitlich erweitert; Spindel schief, schwach eingebogen, unten durch die Bucht verkürzt und abgebogen; Mundrand stumpf, gebogen, unten vorgezogen, innen schwach und schmal gelippt, aussen durch einen quer gestreiften Wulst verdickt.

Vaterland: Antillen: Cuba (Schwarz), Jamaica (Adams), St. Thomas (Krebs). Copie nach Schwarz.

Steht der vorigen Art ungemein nahe und ist wohl nur eine Varietät derselben. Siehe das bei R. dubiosa gesagte.

37. Rissoina bicollaris Schwarz.
Taf. 10. Fig. 5.

„R. testa crassa, alba, subsplendida, semipellucida, turrita; spira elongata, conico-acuminata; primi anfractus embryonales desunt, ceteris 6 subplanis, longitudinalibus et transversis decussatis valde clathratis; anfractu ultimo antice collaribus duobus transverse instructo; apertura obliqua, subovata, margine obtusata, angulo superiori subangustato, inferiori rotundato, effuso; labro subsinuato, subrecto, inferne subproducto, extus varice elevato, transverse striato valde incrassato; labio angusto inferne sinuato, margine columellari excavato, inferne canali abbreviato et obtusato.

Long. 7,3, lata 2,9 Mm.

Rissoina bicollaris Schwarz von Mohrenstern Rissoiden p. 155 t. 7 f. 50. Mörch Mal. Bl. 1876 p. 52.

Schale stark, gethürmt, weiss, mässig glänzend, halbdurchsichtig; Spira lang, kegelförmig mit fehlenden Embryonalwindungen, besteht aus 6 fast ebenen Windungen, die durch vertiefte, canalartige Nähte getrennt sind, sie sind durch Längs- und Spiralleisten grob gegittert, nahe am untern Ende der Hauptwindung verengert sich diese ziemlich rasch und bildet zwei durch eine Rinne getrennte Halswülste, von welchen der obere stark hervortritt und durch Uebersetzen der Längsleisten rauh gemacht wird; während der untere schwächer bleibt, den Ausguss umgibt und sich in dem Mundwulst verliert. Mündung halbeiförmig, schief gestellt, oben spitz auslaufend, unten vorgezogen und ausgerandet; Spindel oben eingedrückt, schwach gelippt, unten abgestutzt; Mundrand von oben grade, dann winkelig umgebogen und vorgezogen, innen gelippt, aussen mit verdicktem, erhobenem spiralgeleistetem Varix versehen.

Vaterland: Insel Cuba, woher sie Schwarz direct erhielt. Copie nach demselben.

Der folgenden Art sehr verwandt.

38. Rissoina fenestrata Schwarz.
Taf. 10. Fig. 6.

„R. testa solida, alba, semipellucida, subsplendida, turrita, spira elongata, conico-acuminata, anfractibus convexis 7, sutura profunda divisis, striis longitudinalibus transversisque robustis valde fenestrata; anfractu ultimo antice callo noduloso circumdato; apertura semiovata, angustata, angulo superiori acuto, inferiori elargato-effusa; labro sinuato, inferne valde producto, extus varice longitudinali exili et transverso crasse striato valde incrassato; labio angusto inferne subsinuato; margine columellari subobliquo, in medio impresso, infra canali abbreviato et obtusato." (Schwarz).

Long. 4,3; diam. 1,7 Mm.

Rissoina fenestrata Schwarz von Mohrenstern Rissoiden t. 7 f. 51. Mörch Mal. Bl. 1876 p. 52.

Schale gethürmt, stark, weiss, halbdurchsichtig, ziemlich glänzend; Spira schlank-kegelförmig mit fehlender Spitze, besteht aus 7 gewölbten durch tiefe Nähte getrennten Umgängen, die durch grobe Längs- und Spiralleistchen gegittert sind und fensterartige Räume zwischen sich lassen, oben sind 2, unten sind 5 Spiralleisten und 12—14 Längsleisten zu zählen, die Hauptwindung ist unten von einem deutlichen Halswulst umgeben, der durch die Rippen knotig gemacht wird; Mündung nicht sehr schief, schmal, halbeiförmig, im obern Winkel zugespitzt, im untern breit ausgerandet; Mundrand geschweift, unten stark vorgezogen, innen schmal gelippt, aussen verdickt und umgeschlagen, der Varix ist spiral geleistet und fein längsgestreift; Spindel mässig schief, in der Mitte leicht eingedrückt schmal gelippt, unten abgestutzt.

Vaterland: Insel Cuba (Deshayes). Copie nach Schwarz.

39. Rissoina pulchra C. B. Adams.

Taf. 10. Fig. 7.

Testa turrita, subsolida, nitidula, translucida, alba; spira acuminata, apice acutiusculo, sutura profunde divisa, anfractibus 10 convexis, lirulis longitudinalibus spiralibusque cancellatis, anfractu ultimo basi sulcato et cingulis tribus nodulosis circumdato; apertura subovata, superne acutiuscula, inferne late emarginata; columella medio concava, sublabiata, inferne abbreviata; labrum arcuatum, inferne productum, intus vix labiatum, extus varicosum, varice spiraliter crasse lirato et longitudinaliter exiliter lineato.

Rissoina pulchra C. B. Adams Contr. to Conch. p. 14. Mörch Mal. Bl. 1876 p. 51.
— cancellata Schwarz von Mohrenstern Rissoiden p. 157 pars t 7 f. 52a. Mörch Mal. Bl. 1876 p. 52.

Schale gethürmt, ziemlich solid, etwas glänzend, weiss und durchscheinend; Spira lang, spitz ausgezogen und mit spitzlichem Ende, besteht aus 10 convexen durch tiefe Nähte getheilten Umgängen, die durch Längs- und Spiralleistchen gegittert sind, Hauptumgang scheidet sich unten durch eine tiefe und breite Rinne und unter derselben durch einen aus drei geknoteten Spiralringen zusammengesetzten Halswulst von der Mündung ab; Mündung gross, wenig schief, über halbeiförmig, oben spitz ausgezogen, unten breit und flach ausgeschnitten; Spindel leicht einwärts gebogen, sehr schwach gelippt, unten durch den Ausschnitt abgestumpft; Mundrand stark gebogen, unten stark vorgezogen, innen kaum gelippt, aussen verdickt, der breite Varix ist grob spiral geleistet und fein längsgestreift.

Vaterland: Cuba und Jaimaica (Pfeiffer und Adams), St. Thomas (Krebs), Vieques u. Bahama (Riise). Copie nach Schwarz).

Ich bin hier nicht der Meinung Schwarzens gefolgt und habe die westindischen Exemplare von den Philippinischen getrennt, wenngleich die Unterschiede unerheblich sind. Bei solcher geographischen Verbreitung thut man wohl, auf die kleinsten Unterschiede Werth zu legen und so ganz klein sind sie hier doch nicht. Die Furche sowohl als die 3 Ringe des Halswulstes sind doch bedeutend mehr bei unsrer Art entwickelt als die der R. cancellata. Ausserdem ist diese Letzte noch mit sehr deutlichen Querbinden gezeichnet. Dies genügt vollkommen bei solcher geographischen Verbreitung die Arten zu scheiden. Diese Art hatte Schwarz unter dem Namen R. Philippiana Pfeiffer Ms.

40. Rissoina cancellata Philippi.

Taf. 10. Fig. 8.

„R. testa subsolida, subsplendida, semipellucida, lactea, colore luteo bifasciata, turrita; spira elongata acuta, lineis elevatis longitudinalibus transversisque cancellata; anfractibus 10 convexis, sutura profunda divisa; lineis longitudinalibus circa 16—18, transversis 4—5 in anfractibus superioribus, 7—8 in ultimo, anfractu ultimo inferne sulco transverso profundo et cingulis tribus confertis nodulosis torum formantibus circumdato; apertura subobliqua, subovata, angulo superiori acuminata, inferiori effusa, labro valde sinuato, inferne producto, extus varice transversaliter crasso et longitudinaliter exile striato, incrassato, margine columellari in medio impresso, inferne canali abbreviato et obsusato". (Schwarz).

Long. 6,4, diam. 2. 3 Mm.

Rissoina cancellata Philippi Zeitschr. für Malacozoologie 1847 p. 127. Schwarz von Mohrenstern Rissoiden p. 157 t. 7 f. 52 excl. fig. 52a.

Schale gethürmt, mässig stark, schwach glänzend, durchscheinend, milchweiss mit zwei dottergelben Spiralbinden gezeichnet; Spira lang und spitz, besteht aus 10 convexen durch eine tiefe Naht getrennten Umgängen, die durch rechtwinklich sich kreuzende Längs- und Spiralleistchen deutlich gegittert sind, die Längsleisten 16—18, Spiralleisten der obern Windungen 4—5, der Hauptwindung 7—8 an Zahl sind ziemlich gleich stark, am Fusse der letzten Windung die Spindelparthie umfassend, verläuft unter der letzten Leiste eine tiefe Furche minder breit als bei voriger Art und unter dieser ein aus 3 gegliederten Reifen gebildeter Halswulst; Mündung gross mehr als halbeiförmig, oben spitz ausgezogen, unten mit abgerundetem Ausguss versehen; Spindel oben eingedrückt, schwach gelippt, unten durch den Ausguss abgestutzt; Mundrand geschweift, unten vorgezogen, innen schmal gelippt und unten geschweift, aussen durch einen Wulst verdickt, der quer geleistet und der Länge nach fein liniirt ist.

Vaterland: Philippinen (Cuming), Bolivia (Philippi).

41. Rissoina nitida A. Adams.
Tab. 11. Fig. 1.

„R. testa turrito-subulata, alba, solida, nitida, anfractibus novem, convexiusculis, longitudinaliter costata, transversim lirata, liris ad costas nodulosis; apertura semiovata, antice subcanaliculata labio antice callo desinente; labro extus incrassato, margine subacuto, antice diaphono producto." (A. Adams).

Long. 5,5, diam. 2,2 Mm.

Rissoina nitida A. Adams Proc. zool. Soc. London 1851 p. 266 idem in Ann. et Mag. nat. hist. 1854 p. 67. Schwarz von Mohrenstern Rissoiden p. 155 t. 7 fig. 53.

Schale gethürmt, mässig stark, weiss oder gelblich, glänzend; Spira lang ausgezogen mit stumpflichem Ende, besteht aus 8—9 wenig convexen Umgängen, die von einer vertieften und graden Naht begrenzt sind, sie sind durch Längsrippchen und Spiralleisten gegittert, bei stärkeren Hervortreten der Erstern und knopfförmiger Verdickung der Kreuzungspunkte; Hauptumgang mehr gewölbt und unten stark eingeschnürt, ist von einer breiten Furche und glattem Halswulst umgeben, er trägt neben 16—18 Rippen 5—6 Spiralleisten, gegen 3 beziehungsweise 2 auf den obern Windungen; Mündung schief, halbeiförmig, oben verengert und zugerundet — der hier gezeichnete Zahn ist ein Zeichnenfehler — unten einen starken Ausguss bildend; Spindel etwas eingedrückt,

5*

schwach gelippt, unten abgestumpft; Mundrand geschweift, unten vorgezogen, innen oben schmal, unten weit gelippt und gerandet, aussen umgeschlagen und mit stark gewölbtem Längswulst versehen, der stark spiral geleistet ist.

Vaterland: Insel Camaguing — Philippinen — (Cuming).

42. Rissoina Sagrayana D'Orbigny.
Taf. 11. Fig. 2.

„R. testa solida, alba, nitida, semipellucida, turrita; spira elongata conico-acuminata, anfractibus 8—9 convexis, sutura profunda divisa; primis anfractibus embryonalis laevibus, ceteris costis longitudinalibus rectis elevatis, rotundatis et striis transversis granulato-decussatis 6—7, ultimo ad basim callo granuloso circumdato; apertura subobliqua, angustata, subovata, angulo superiori acuto, inferiori effuso; labro sinuato, inferne subproducto extus varice transversim crasse et longitudinaliter exiliter striato valde incrassato; labio angusto, inferne sinuato; margine columellari ad mediam partem impresso, inferne canali abbreviato et valde obtusato." (Schwarz).

Long. 4,3; diam. 1,5 Mm.

Rissoina Sagrayana D'Orbigny in Ram. de la Sagra's Cuba t. 12 f. 4. 5. Schwarz von
Mohrenstern Rissoiden p. 158 t. 7 fig. 54. Mörch Mal. Bl. 1876
p. 51.

Schale gethürmt, stark, weiss, glänzend, durchscheinend; Spira lang und spitz ausgezogen, besteht aus 8—9 convexen, durch eine tiefe Naht geschiedenen Umgängen, wovon die obern, embryonalen glatt und die übrigen durch grade, erhabene, abgerundete Längs- und Spiralleisten gegittert sind mit Knöpfchen an den Kreuzpunkten, auf dem Hauptumgang sind 6—7 Spiralleisten und am Fuss ein granulirter Halswulst zu zählen; Mündung etwas schief, verengt, halbeiförmig, oben spitz auslaufend, unten ausgussartig ausgerandet; Spindel in der Mitte eingedrückt, gelippt, unten durch den Ausguss abgestutzt und stark verkürzt; Mundrand geschweift, unten vorgezogen, innen oben schmal- unten breit-gelippt, aussen umgeschlagen und zu gewölbtem, spiral stark- der Länge nach schwach-gestreiftem Wulst verdickt.

Vaterland: Martinique und St. Thomas — Westindien — (D'Orbigny). Copie nach Schwarz.

43. Rissoina Deshayesi Schwarz.
Taf. 11. Fig. 3.

„R. testa solida, lactea, splendida, semipellucida, turrita, spira conico-elongata, acuta, anfractibus 9—10 subconvexis, costis longitudinalibus et striis transversis eleganter clathrata; sutura impressa, subundulata; costis rectis elevatis 22—24, striis transversis non minus elevatis et aequalibus, nodulato-decussatis, ultimo anfractu inferne constricto et cingulo toroso circumdato; apertura obliqua, angustato-semiovata, angulo superiori contracta, inferiori valde effusa et incisa; labro sinuato inferne producto, extus varice transversim crasse et longitudinaliter exile striato, valde incrassato, intus sulcato; labio angusto versus basim elargato-dilatato, sinuato; margine columellari in medio impresso, inferne canali valde abbreviato et obtusato." (Schwarz).

Long. 9,4; diam. maj. 3,3 Mm.

Rissoina Deshayesi Schwarz von Mohrenstern Rissoiden p. 159 t. 7 f. 55.

Schale gethürmt, stark, milchweiss, glänzend, durchscheinend; Spira länglich-kegelförmig, spitz, besteht aus 9—10 leicht gewölbten durch eine tiefe etwas wellenförmig verlaufende Naht getrennten Umgängen, die regelmässig durch Länge und Spiralleisten gegittert sind, auf den Kreuzpunkten stehen schwache Knötchen, auf der letzten Windung sind 22—24 Längs- und 8—9 Spiralleisten zu zählen, der letzte Leisten ist etwas verstärkt und bildet an der Mündung den Halswulst, der durch eine starke Einschnürung von den übrigen getrennt ist; Mündung schief, schmal halbeiförmig im obern Winkel verengt und spitz, im untern mit einem stark eingeschnittenen Ausguss nach Art der Cerithien versehen; Spindel schief, in der Mitte eingedrückt, unten durch den Ausschnitt verkürzt und abgestumpft; Mundrand geschweift und unten vorgezogen, durch den Ausguss stark gebuchtet, innen gelippt, die Lippe oben eng unten erweitert, Mündungs-wand gefaltet, aussen gewölbt, durch einen, durch grobe Spiral und feine Längsculptur, gezeichneten Wulst verdickt. Die Faltung der innern Wand ist der Eindruck, den die groben Spiralrippen nach innen machen.

Vaterland: Insel Mindanao — Philippinen — (Cuming).

44. Rissoina labrosa Schwarz.
Taf. 11. Fig. 4.

„R. testa solida, lactea, subsplendida, semipellucida, turrita, spira elongata, conico-acuminata, anfractibus 9—10 subplanis, decussatis, sutura distincta, subcarinata divisis; costis longitudinalibus 24—26 rectis, elevatis, striis transversis 8—9 minus elevatis costis superantibus; apertura obliqua, semiovata, angulo superiori coarctata, inferiori valde effusa, fere sinuato-incisa; labro tumido, crasso, parum sinuata, versus basim subproducto, extus varice lato, longitudinaliter transversimque striato, eximie incrassato; labio angusto ad basim sinuato, margine columellari in medio impresso, infra canali abbreviato et obtusato." (Schwarz).

Long. 9,5 diam. maj. 3,7 Mm.

Rissoina labrosa Schwarz von Mohrenstern Rissoiden p. 162 t. 7 fig. 58. Mörch Mal. Bl. 1876 p. 51.

Schale gethürmt, stark, milchweiss, wenig glänzend, durchscheinend; Spira lang, konisch-langausgezogen, besteht aus 9—10 fast ebenen Umgänge, die durch eine deutliche etwas ausgehöhlte Naht getrennt sind, sie sind durch ungefähr 25—28 grade, erhobene Längsrippchen und circa 8—9 minder hohen Spiralleisten gegittert, doch ist die Gitterung durch das stärkere Hervortreten der Längsrippen nicht vollkommen; Mündung schief, halb-eiförmig, oben eng und ausgespitzt, unten erweitert und weit ausgeschnitten, Mundrand stark verdickt, fast grade, nach unten vorgezogen, innen oben schmal, unten ausgedehnt gelippt, aussen durch sehr breiten, gegitterten Wulst ungewöhnlich stark verdickt, trotzdem doch wenig abgesondert erscheinend; Spindel sehr verkürzt und abgestutzt, in der Mitte etwas eingedrückt, sehr schwach gelippt.

Vaterland: Cuba (Schwarz), St. Thomas (Krebs). Copie nach Schwarz.

45. Rissoina media Schwarz.
Taf. 11. Fig. 5.

„R. testa solida alba vel luteola, subsplendida, semipellucida, turrita; spira conico-ovata, apice acuto; anfractibus 8 subconvexis, primis duabus embryonalibus laevibus, ceteris striis longitudinalibus transversisque decussatis; sutura distincta sed angusta; ultimo anfractu costis circa 18—22 rectis, elevatis, paribus striis transversis 7—9 obtecta ad basim cingulis tenuibus tribus torum formantibus circumdato; apertura obliqua, angustato-semiovata, angulo superiori subacuto, inferiori valde effusa; labro sinuato, inferne producto, ertus varice transversim crasso et longitudinaliter dense striato incrassato; labio angusto versus basim sinuato; margine columellari in medio excavato, inferne canali abbreviato et valde obtusato." (Schwarz).

Rissoina media Schwarz von Mohrenstern Rissoiden p. 160 t. 7 f. 59.

Schale gethürmt, stark, weiss oder gelblich, etwas glänzend, durchscheinend; Spira breit-kegelförmig mit spitzem Ende, besteht aus 8 etwas gewölbten Umgängen, die durch eine feine aber deutliche Naht getrennt sind, davon sind die beiden obersten embryonal und ohne Sculptur, die übrigen tragen eine Gitterung aus Längs und Spiralleistchen bestehend, wovon 18—22 auf die ersten und 3—4 resp. 7—8 auf die letzten kommen, am untern Ende der bauchigen Hauptwindung stehen noch 3 erhabene Spiralleisten, welche nach Art eines Halsbandes die Mündung umgeben, doch vergleichsweise sehr schwach sind; Mündung schief-verschmälert, halbeiförmig, oben mässig verengt, unten weit ausgeschnitten; Spindel eingedrückt, verkürzt und unten abgerundet; Mundrand geschweift, unten mässig vorgezogen, innen gelippt, Lippe schmal, unten ausgebreitet, aussen mit einen stark quer gestreiften und dazwischen längsgefalteten breiten Wulst verdickt.

Vaterland: Ceylon, Jave, Nicobaren (Schwarz), dessen Bilder copirt sind.

2. Rissoina striata Quoy et Gaimard.
Taf. 11. Fig. 7.

Zur bessern Erkennung dieser auf Taf. 5 Fig. 7, 8 von Dr. Küster gegebenen Art, lasse ich hier noch eine Copie des schönen Schwarz'schen Bildes fig. 57 folgen.

46. Rissoina erythraea Philippi.

Taf. 11. Fig. 6.

„R. testa solida, subsplendida, semipellucida, alba, nonunquam colore luteo unifasciata, turrita; spira elongata, conico-acuminata; anfractibus 7—8 subplanis, sutura canaliculata divisis, longitudinaliter costatis et striis transversis decussatis; costellis circa 16—18 ad basim ultimi anfractus evanescentibus; cingulis transversis quatuor in anfractibus superioribus, septem in ultimo; apertura parva, vix tertiam longitudinis partem acquante, angulo superiori angustata, inferiori effusa; labro recto, extus varice longitudinaliter striato incrassato; margine columellari ad mediam parte impresso, inferne canali abbreviato et valde obtusato." (Schwarz).

Long. 3,3; diam. maj. 1,2.

Rissoina erythraea Philippi Zeitschr. für Mal. 1851 p. 93. Schwarz von Mohrenstern Rissoiden p. 163. Issel mar rosso p. 207. Schmeltz Mus. Godeffr. Cat. V p. 103.

— cerithiiformis Dunker in Mus. Godeffroy Cat. IV.

Schale gethürmt, solid, schwach glänzend, schmutzig weiss mit oder ohne eine dottergelbe Spiralbinde; Spira gestreckt, konisch-spitz ausgezogen, besteht aus 7—8 beinahe ebenen durch ausgehöhlte Naht geschiedenen Umgängen, die mit Längsrippchen und Querleistchen decussirt sind, die ersteren erreichen auf dem Hauptumgang die Zahl von 16 bis 18, die letztern auf den obern Windungen 4 und auf der letzten 7; zwei Embryonalumgänge ohne jede Sculptur sind noch hinzuzufügen; Mündung klein, kaum ¹/₃ der Länge einnehmend, oben verengt, unten mit deutlichem Ausguss; Spindel verkürzt und abgestumpft, in der Mitte eingedrückt und gelippt; Mundrand vorn scharf, grade unten umgebogen und nicht vorgezogen, innen schwach gelippt, aussen mit längsgestreiftem Wulst verdickt.

Vaterland: Rothes Meer — Suez (M'Andrew), Maksur (Ehrenberg), Djedda (Jickeli) Aden (Philippi), Mauritius (Schwarz), Sandwich Inseln (Schwarz); Upalu, Samoa (Schmeltz).

Durch den graden, unten etwas zurücktretenden Mundrand leicht erkennbar.

47. Rissoina bellula A. Adams.

Taf. 11. Fig. 8.

„R. testa subulato-turrita, alba, semipellucida; anfractibus octo, convexiusculis, cingulis transversis elevatis, granulosis, interstitiis longitudinaliter concinne clathratis ornata; anfractu ultimo sulco profundo instructo; apertura semiovata, antice subcanaliculata; labio antice callo terminato; labro flexuoso margine extus valde varicoso." (A. Adams).

Long. 5, diam. maj. 2 Mm.

Rissoina bellula A. Adams Proc. zool. Soc. London 1851 p. 266 idem Ann. and Mag. nat. hist. 1854 p. 68. Schwarz von Mohrenstern Rissoiden p. 164 t. 8 f. 60.

40

Schale gethürmt, mässig stark, durchscheinend, weiss, wenig glänzend; Spira gestreckt, ausgezogen-konisch, besteht aus 8—9 etwas gewölbten durch deutliche Naht getrennte Umgängen, die durch erhabene, gekörnelte Spiralgürtel geziert und durch lamellenartige Längsrippchen durchkreuzt sind, auf den oberen Windungen — ausser den glatten Embryonalenden — stehen 2, an den mittlern 3 und am Hauptumgang 5 solche Perlgürtel, am Ende des Letztern steht, durch eine tiefe Furche getrennt noch ein sechster, der gleichsam eine Halswulst bildet; Mündung schief, halbeiförmig, oben stumpf-ausgespitzt, unten canalartig ausgerandet; Spindel schief, wenig verkürzt, eingedrückt und gelippt, unten abgestumpft; Mundrand scharf, geschweift, etwas vorgezogen, innen oben schmal unten breiter gelippt, aussen durch gewölbten, spiral geleisteten und längsgestreiften, breiten Wulst verdickt.

Vaterland: Insel Calapan und Mindoro — Philippinen — (Cuming).

48. Rissoina nodicincta A. Adams.
Taf. 12. Fig. 1.

„R. testa subulata, turrita, alba, solida, anfractibus 10—12 convexis, longitudinaliter plicatis, plicis angustis, distantibus transversim tenuissime striata, in medium anfractum cingula elevata ad plicas nodosas ornata, sutura nodulis moniliformibus cincta; apertura semiovata, antice subcanaliculata; labio antice callo terminato; labro dilatato, extus incrassato, margine flexuoso." (A. Adams).

Long. 10,6 diam. maj. 4,2.

Rissoina nodicincta A. Adams Proc. zool. Soc. London 1851 p. 266 idem Ann. and Mag. nat. hist. 1854 p. 65. Schwarz von Mohrensteru Rissoiden p. 164 t. 8 f. 61.

Schale gethürmt, solid, durchscheinend, porzellanartig glänzend, weiss, Spira spitz ausgezogen-konisch; besteht aus 9—10 kantigen Umgängen, die durch eine deutliche aber nicht sehr tiefe Naht getrennt sind, sie tragen etwa 18 bis 20 schief nach links gerichtete, enge entfernt stehende von äusserst feinen Querlinien gekreuzte Längsrippchen und einen Hauptspiralgürtel in der Mitte und einen schwächeren an der Naht, die an den Kreuzungsstellen mit den Längsrippen knotige Verdickungen erzeugen, am Nahtgürtel zuweilen zu Perlen werden, auf den Hauptumgang stehen 4 Spiralgürtel, dieser ist unterhalb des letzten Gürtels stark eingeschnürt und mit schwachen Leisten unter der Rinne versehen. Mündung wenig schief, nicht ganz halbeiförmig, oben verengt und abgerundet, unten ausgussartig ausgerandet; Spindel abgekürzt eingebogen, schmal gelippt; Mundrand gerundet, stark geschweift, unten stark vorgezogen, aussen durch eine breite, sculpturlose Wulst verdickt, Lippe flach und aufliegend.

Vaterland: Philippinische Inseln allerwärts (Cuming). Copie nach Schwarz.

49. Rissoina deformis Sowerby.

Taf. 12. Fig. 2.

„R. testa solida, lactea laevi, subsplendida, semipellucida, elongato-turrita; anfractibus 7—8 subplanis laevibus; apertura subrecta, semiovata, angulo superiori acuta, inferiori parum effusa; labro obtuso, recto, ad basim parum producto, incrassato, sed non vere varicoso, labio reflexo, adnato inferne subsinuato, margine columellari subobliquo in medio subimpresso, inferne canali suboblusato." (Schwarz).

Long. 23 Mm., diam. 7 Mm.

Rissona deformis Sowerby Gen. of shells f. 20. Reeve Conch. Syst. p. 151.

Rissoina — Schwarz von Mohrenstern Rissoiden p. 108 t. 8 f. 75.

Schale gethürmt, stark, glatt und ziemlich glänzend, durchscheinend weiss; Spira ausgezogen, mit stumpfem Ende, besteht aus 7—8 fast ebenen durch eine deutliche aber flache Naht geschiedenen Windungen, wovon einzelne verschoben und missgestaltet sind; Mündung gross, wenig schief, oben spitz, unten schwach ausgerandet; Spindel nicht verkürzt, nur abgestumpft, gelippt und nicht sehr schief; Mundrand abgestumpft, doch ein wenig umgeschlagen, fast grade und etwas unten vorgezogen, Lippe umgeschlagen und aufliegend, aussen verdickt ohne grade einen Wulst zu bilden.

Vaterland: Insel Capul — Philippinen (Cuming). Copie nach Schwarz.

Schwarz meinte die beiden ihm bekannt gewordenen Exemplare schienen ihm abgerieben und es sei nicht sicher zu erkennen, ob sie nicht ursprünglich spiral gestreift gewesen seien, dann hätte er von der Veröffentlichung Abstand nehmen müssen. Die Worte „subpellucida, subsplendida" in der Diagnose stimmen aber zu solcher Annahme schlecht, dies ist die Ursache, dass ich die Art nicht einfach aus der Liste streiche, denn Arten, deren Erhaltungszustand so beschaffen ist, dass ihre Kennzeichen nicht erkannt werden können, dürfen in eine richtige Monographie nicht aufgenommen werden, gleichviel ob Deshayes oder Cuming sie für würdig hielten, sie in ihre Sammlungen zu nehmen

50. Rissoina striolata A. Adams.

Taf. 12. Fig. 3.

„R. testa subulato-turrita, alba, tenui, pellucida; anfractibus 11; supremis longitudinaliter plicatis, planulatis, prope suturam subangulatis, transversim striatis, striolis confertis concentricis; apertura semiovata, antice subcanaliculata, labio postice incrassata, antice callo desinente, labro dilatato, margine incrassato subreflexo." (A. Adams).

Long. 9, diam. 3 Mm.

Rissoina striolata A. Adams Proc. zool. Soc. London 1851 p. 266 idem Ann. and Mag. Nat. hist. 1854 p. 67. Schwarz von Mohrenstern Rissoiden p. 170 t. 8 f. 66.

Schale gethürmt, dünn, durchscheinend, weiss; Spira lang ausgezogen, mit convexen Seiten, besteht aus 11 fast ebenen, an der deutlichen und graden Naht, etwas

I. 22.

6

kantigen Umgängen, wovon die obern — die glatten Anfangswindungen ausgenommen —
längsgerippt und spiral gestreift sind, die 3 untersten sind ohne Längssculptur, dagegen
von sehr feinen, dichtstehenden, Spiralstreifchen besetzt; die Hauptwindung trägt unten
einen nur quer gestreiften Halswulst; Mündung gross, nicht schief, verlängert eiförmig
— der Zeichnung nach nicht halbeiförmig — oben spitz auslaufend, unten abgerundet,
schwach ausgerandet, Spindel ziemlich grade, gelippt, in der Mitte eingedrückt, unten
nur wenig abgebogen, knopfförmig verdickt; Mundrand fast grade, unten wenig vorgezogen, sonst abgerundet und wenig umgeschlagen, innen fein und fest aufliegend gelippt,
aussen einfach verdickt, doch umfasst dieser flache Wulst den ganzen untern Theil der
Mündung und der Spindel.

Fundort: Insel Bohol und Barclayon — Philippinen — (Cuming). Copie nach
Schwarz.

Ist der R. spirata Sowerby so nahe verwandt, dass der Vergleich grösserer Mengen von
Exemplaren vielleicht eine Einziehung und Anreihung als Varietät der R. spirata zur Folge haben
könnte.

51. Rissoina spirata Sowerby.

Taf. 12. Fig. 4.

„R testa subsolita, subsplendida, pellucida, lactea, turrito-elongata; anfractibus 8—9 planulatis, contabulatis, primis 6 praecipitanter acuminatis, costatis; costis circa 18—20, striis transversis
tenuibus ornatis; infmi duo anfractus cylindrici, tenuissime transversaliter striati; sutura anfractum
superiorum crenata, inferiorum recta; apertura semiovata, superne acuta, inferne subeffusa, labro obtuso, sinuato, medio parto producto, extus paulum incrassato; columella subobliqua, in medio sub
impressa.“ (Schwarz).

Long. 10,3; diam. 3,3 Mm.

Rissoa   spirata Sowerby Gen. of shells t. 208 f. 2.   Reeve Conch. Syst. p. 152.

Rissoina   —   Schwarz von Mohrenstern Rissoiden p. 169 t. 9 f. 67.   M'Andrew Rep.
Glf. Suez.

Schale gethürmt, nicht sehr solid, wenig glänzend, durchscheinend, milchweiss;
Spira spitz ausgezogen, lang, nach der Spitze schnell abnehmend, besteht aus 8—9 fast
ebenen Umgängen, von denen die 6 obern durch eine gekerbte Naht getrennten mit 18—
20 Längsrippen und sehr feinen Spiralstreifchen geziert sind, die zwei untern walzenför-
migen Umgänge entbehren dagegen jeder Längssculptur und sind nur fein und zart spiralgestreift, zuweilen sind sie nächst der einfachen graden Naht etwas eingezogen; Mündung wenig schief, mehr als halbeiförmig, oben läuft sie spitz, fast rinnenförmig, unten
ausgussartig aus; Mundrand abgerundet, geschweift, in der Mitte und unten vorgezogen,
innen gelippt, aussen breit doch flach gewulstet; Spindel wenig schief, wenig concav,
wohl gelippt und diese etwas abgelöst, unten wenig abgestumpft.

Fundort: Rothes Meer (Deshayes) — Zeite Punkt (M'Andr.), Djedda (Jickeli), Philippinen (Cuming); Insel Rawak im australischen Ocean (Deshayes). Copie nach Schwarz. Diese Art bildet mit R. Orbignyi und striolata (siehe vorher) eine gute Gruppe.

52. Rissoina albida C. B. Adams.
Taf. 12. Fig. 5.

„R. testa magna, diaphana, albida; apice acutissima; anfractibus 10, costatis et striis exilissimis decurentibus, eleganter decussatis; striis juxta suturas profundioribus; anfractibus angustioribus; labio a labro supra sinu disjuncta." (C. B. Adams).

Long. 6,2; diam. 2,5 Mm.

Rissoa albida C. B. Adams Proc. zool. Soc. Boston 1845 p. 6 t.
affinis — — — — — — — p. 7 —
Rissoina albida Schwarz von Mohrenstern Rissoiden p 171 t. 9 f. 68. Mörch Mal. Bl. 1876 p. 48.

Schale gethürmt, gross, dünnschalig, durchscheinend-weiss oder gelblich, Spira lang und sehr spitz ausgezogen, besteht aus 10 durch eine tiefe Naht getrennten Umgängen, von denen die beiden sehr kleinen Embryonalwindungen glatt, die folgenden mit 20—24 feinen, flachen Längsrippchen versehen sind, über die und deren Zwischenräume äusserst feine Spirallinien laufen, die in der Nähe der Naht, da wo die Umgänge am stärksten eingeschnürt sind, mehr vertieft sind, am vorletzten Umgang werden die Rippen mehr und mehr obsolet und fehlen am aufgetriebenen Hauptumgang ganz, während die Spiralsculptur bis zur Basis anhält; Mündung nicht schief, eiförmig, oben spitz, unten abgerundet und nur mit Andeutung einer Ausrandung versehen; Mundrand vorn scharf schief, unten vorgezogen etwas umgeschlagen, innen gelippt, aussen mit schwachem Wulst versehen, der sich unten herumzieht und ausserhalb der Spindel eine Art von Halswulst bildet; Spindel schief, breit gelippt, nicht abgestutzt, nur unten abgelenkt und losgelöst.

Fundort: Cuba und Jamaica (C. B. Adams), St. Thomas (Riise), Porto Plata (Krebs). Copie nach Schwarz.

R. affinis C. B. Adams ist nach Schwarz nur eine schlanke Varietät dieser Art, die mir bei Rissoina schlecht untergebracht erscheint. Nur der Deckel, der meines Wissens nach nicht bekannt ist, könnte die Frage entscheiden, ob wir es mit einer Rissoa oder Rissoina zu thun haben.

53. Rissoina semiglabrata A. Adams.
Taf. 12. Fig. 6.

„R. testa subulato-pyramidali, alba solida, nitida, anfractibus convexiusculis, supremis transversim striatis, inferioribus glabratis; apertura semiovali, antice subcanaliculata, labio incrassato, labro dilatato, crasso, intus tuberculis crassis instructo, margine subflexuoso." (A. Adams).

Long. 9, diam. 3,8 Mm.

Rissoina semiglabrata A. Adams Proc. zool. Soc. London 1851 p. 279.

Schale gethürmt, stark, porzellanartig glatt und glänzend, undurchsichtig gelblich-weiss, die letzte Windung zuweilen rosenroth oder orangegelb angelaufen; Spira eiförmig-pyramidal mit scharf ausgespitztem Ende, besteht aus 9—10 gewölbten Umgängen, die durch eine deutliche doch wenig vertiefte Naht getrennt sind, wovon die obersten — ausser dem glatten Apex — längsgefaltet und spiral sehr fein gestreift, die folgenden nur fein quergestreift sind, die sehr verdickte Hauptwindung ist völlig glatt; Mündung nicht schief zur Axe, oben ausgespitzt, unten zugerundet-erweitert, kaum angedeutet ausgerandet; Mundrand stumpf, umgeschlagen, erweitert, wenig geschweift, unten stark vorgezogen, innen gelippt, Lippe mit 3 zahnartigen Erhöhungen geziert, aussen verdickt, ohne eigentlichen Wulst. Spindel dick gelippt, aufliegend, wenig schief, nicht verkürzt noch abgestutzt.

Vaterland: Delequete auf Cuba. (Schwarz dessen Bilder copirt sind).

Eine eigenthümliche Art, die wohl noch ins Subgenus Zebina gehört, obgleich dasselbe auf die indo-pacifische Provinz beschränkt zu sein scheint.

54. Rissoina insignis Adams et Reeve.

Taf. 12. Fig. 7.

„R. testa solida, crassa, porcellanea, splendida, alba, ultima anfractu rosea vel lutea, subovata, contabulata, apice obtuso; anfractibus 5—6 ultimo inflato-globoso, superioribus convexiusculis, prope suturas parum constrictis et angulato-contabulatis, striis transversalibus tenuissimis, confertis et plicis longitudinalibus obscuris, distantibus ornatis; apertura subrecta, ovata, patula, angulo superiori acuto, inferiori rotundato; labro sinuato, crasso, obtuso, dilatato, ad medium partem et basim producto, intus dendato, labio angusto, versus basim elargato-dilatato; margine columellari subobliquo, inferne non abbreviato." (Schwarz).

Long. 9: diam. 4,5 Mm.

Rissoina insignis Adams et Reeve Voy. Samarang p. 53 t. 11 f. 20. Schwarz von Mohrenstern Rissoiden p. 172 t. 9 f. 70.

Schale sehr stark, dick, porcellanartig, glänzend, weiss oder gelblich, die Hauptwindung rosenroth oder dottergelb, wenig gethürmt mit stumpfem Ende; Spira eiförmig-verlängert, besteht aus 5—6 kantigen Umgängen die treppenartig abgesetzt und durch einfache Naht getrennt sind, sie sind an der Naht wenig eingeschnürt und tragen feine, etwas unregelmässige, dicht gestellte Spiralstreifen, die obern ausserdem noch flache, breite, wenig in die Augen fallende Längsfalten, die an der vorletzten Windung schon ganz verschwunden sind; Hauptwindung kugelig abgerundet; Mündung nicht schief zur Axe, eiförmig, unten und seitlich vorgezogen, unten abgerundet, ohne Ausschnitt, oben ausgespitzt; Mundrand stumpf, verdickt, etwas umgeschlagen, in der Mitte und unten vorgezogen, innen gezähnt mit 10 faltenartigen Kerben; Spindel wenig schief, gelippt, Lippe oben schmal, unten erweitert und abgelöst, nicht abgestutzt.

Vaterland: China (Adams und Reeve), Copie nach Schwarz.

Ganz eigenthümliche Art, die wohl für sich eine Untergruppe im Subgenus Zebina bilden wird.

55. Rissoina tridentata Michaud.

Taf. 12. Fig. 8.

„R. testa solida, alba, laevissima, splendida, semipellucida, conoidea, anfractibus septimis convexiusculis, fere planis, superioribus duobus nonnunquam obsolete subcostatis, ultimo anfractu magno; sutura plana; apertura subovata, obliqua, angulo superiori acutissima, fere incisa, inferiori rotundato subeffusa; labro obliquo tumido, incrassato (sed varicem non formante) non sinuato, subdilatato, ad basim in obliquum valde producto, intus tridentato; labio valde reflexo, adnato, ad basim inferne valde expanso et sinuato, margine columellari obliquo, in medio paulum inflexo, ad basim subobtusato.

Long. 8; diam. maj. 4 Mm." (Schwarz).

Rissoa tridentata Michaud Descr. de Coq. nouv. p. 6. Deshayes-Lamarck 2 Ed. IX. p. 482.

Rissoina — Schwarz von Mohrenstern Fam. der Rissoiden p. 175 t. 9 f. 74.

Schale konisch, stark, weiss, glatt und glänzend, halbdurchscheinend; Spira spitz mit fast geraden Aussenlinien, besteht aus 7 fast flachen, durch eine ziemlich ebene Naht getrennten glatten Windungen, wovon zuweilen die beiden obern flach gerippt sind; die Hauptwindung ist im Verhältniss zu der andern gross; Mündung beinahe eiförmig, schief, oben sehr spitz auslaufend, beinahe eingeschnitten, unten gerundet mit fast ausgussartigem Ende; Spindelplatte weit umgeschlagen, angewachsen, unten erweitert und ausgeschweift; Spindelrand schief, etwas eingedrückt und unten abgestumpft; Mundrand etwas verdickt, gebogen, aussen stumpf und wenig umgeschlagen, innen gelippt, Lippe wenig stark, nach unten stark vorgezogen und mit 3 entferntstehenden Zahnfalten besetzt.

Vaterland: Im rothen Meer, an der Insel Negroes-Philippinen-Mauritius und Sandwich-Inseln. (Schwarz).

Gehört in die Untergattung Zebina H. et Adams.

56. Rissoina bidentata Philippi.

Taf. 13. Fig. 1.

„R. testa solida, laevissima, splendida, alba, parum pellucida, ovato-elongata; anfractibus septenis subconvexis, superioribus tribus longitudinaliter plicatis; sutura subimpressa; apertura obliqua, subovata, angulo superiori acutissima fere incisa, inferiori rotundato subeffusa; labro obliquo, tumido, incrassato (sed non vero varicoso,) rotundato, subdilatato, inferne in obliquum valde producto, intus bidentato; labio valde reflexo, adnato, ad basim valde expanso, margine columellari obliquo, in medio paulum inflexo, ad basim non abbreviato." (Schwarz).

Long. 6,5; lata 2,8 Mm.

Rissoina bidentata Philippi in Wiegmann's Archiv 1845 p. 64. Schwarz von Mohrenstern Fam. Rissoiden p. 176 t. 9 f. 75.

Schale solid, glänzend glatt, weiss, wenig durchscheinend, länglich-eiförmig; Spira kegelförmig, besteht aus 7 etwas convexen Umgängen, von denen die 3 obersten (ohne die glatten embryonalen) längsgerippt sind, Naht wenig vertieft; Mündung schief, beinahe eiförmig, oben sehr eng und in sehr spitzem Winkel endigend, unten abgerundet und schwach zu einer ausgussartigen Rinne ausgeschnitten oder besser ausgedrückt; Mundrand schief verdickt und stumpf, ohne Wulst zu bilden, innen schwach gelippt und mit zwei Zähnen versehen; Spindel gebogen, innen stark gelippt, umgeschlagen, anliegend, unten stark ausgebreitet, aussen scharf, schief, etwas eingedrückt, unten nicht abgestutzt.

Vaterland: Insel Mauritius und Freundschaftsinseln. (Philippi, Recluz).

Steht der vorhergehenden Art so nahe, dass man sie wohl für eine Varietät mit nur zwei Zähnen ansehen möchte.

57. Rissoina eulimoides A. Adams.

Taf. 13. Fig. 2.

„R. testa subulato-pyramidali, alba, solida, nitida; anfractibus planiusculis, suturis impressis; apertura semiovata, antice subcanaliculata, labio laevigato, subincrassato; labro margine crasso, in medio dilatato, intus tuberculo minuto instructo." (A. Adams).

Long. 6; diam. 2,6 Mm.

Rissoina eulimoides A. Adams Proc. zool. Soc. 1851 p. 259, Schwarz von Mohrenstern Fam. d. Rissoiden p. 177 t. 10 f. 76.

Schale stark, glänzend, glatt, weiss, halbdurchsichtig; Gestalt konisch; Spira pyramidal-ausgezogen, besteht aus 7—8 wenig convexen, fast flachen Windungen, von welchen die zwei obersten undeutlich längsgerippt sind; die Naht ist deutlich, aber wenig vertieft; Mündung halbeiförmig, oben spitz verlängert ausgezogen, unten gerundet und leicht ausgussartig vorgezogen; Spindellippe stark umgeschlagen, aufliegend, unten stark verbreitert; Mundrand verdickt, doch aussen kaum varixartig, geschweift, nach unten vorgezogen, innen gelippt und nahe dem Ausguss mit einem Zahn versehen.

Vaterland: Insel Capul-Philippinen — auf Korallenriffen. (Cuming).

Gehört noch in die enge Gruppe der beiden vorhergehenden und der folgenden Art.

58. Rissoina coronata Recluz.

Taf. 13. Fig. 3.

„R. testa solida, laevi, splendida, alba, semipellucida, turrita, spira ovato-elongata, acuta, anfractibus 7—8 subconvexis, superioribus 1—3 costis longitudinalibus, planis, obsoletis ornatis; sutura subimpressa; apertura oblique semiovata, dilatata; angulo superiori acutissima, fere incisa, inferiori elargato-rotundata; labro subsinuato, versus basim valde producto, paulum incrassato (sine varice), labio valde reflexo, adnato, ad basim valde expanso; margine columellari obliquo, in medio paulum inflexo, inferne non abbreviato." (Schwarz).

Long. 5,3; diam. 2,3 Mm.

Rissoina coronata (Reclux nomen) Schwarz von Mohrenstern Fam. der Rissoiden p. 177 t. 10 f. 77.

Schale solid, glatt und stark glänzend, weiss halbdurchscheinend, spitz eiförmig; Spira gethürmt, spitz, besteht aus 7—8 etwas convexen glatten Umgängen, wovon die 2—3 obersten mit flachen, stumpfen Längsrippen versehen sind; Naht etwas eingesenkt; Mündung schief, halbeiförmig, erweitert ausgeschlagen; obere Ecke sehr ausgespitzt und etwas eingeschnitten, unten zugerundet-erweitert; Spindel schief, etwas eingedrückt, unten nicht abgestutzt, innen stark gelippt. Lippe umgeschlagen, aufliegend, nach unten erweitert; Mundrand verdickt, doch ohne aussen eine Wulst zu bilden, geschweift, nach unten vorgezogen.

Vaterland: Mauritius (Recluz), Copie nach Schwarz.

Gehört auch noch in die Gruppe der vorigen Arten, für die die Gebrüder Adams das Suhgenus, Zebina gegründet haben.

59. Rissoina Browniana D'Orbigny.

Taf. 13. Fig. 4.

„R. testa solida laevissima, lucida albo-lutescente, rufo fasciata*), turrita; spira elongata ovato-conica, acuta; anfractibus 8—9 convexiusculis**) ultimo magno rufo trifasciato; sutura non excavata; apertura subovata, angulo superiori acuminata, inferiori subeffusa; labro sinuoso, a media parte ad basim valde producto, subdilatato; margine valde incrassato; labio adnato, inferne valde dilatato et expanso, margine columellari obliquo, in medio subimpresso, inferne canali obtusato," (Schwarz).

Long. 4,7; diam. 2 Mm.

Rissoina Browniana D'Orbigny in Sagras Hist. Nat. de l'Ile de Cuba t. 12 f. 33. 35. Schwarz von Mohrenstern Rissoiden p. 178 t. 10 f. 78. Mörch in Mal. Bl. 1876 p. 46. (Zebina).

— laevissima C. B. Adams Contr. to Conch. p. 115.

Schale konisch-eiförmig, solid, sehr glatt und glänzend, durchscheinend, blassgelb, roth gestreift; Spira verlängert, spitz, besteht aus 8—9 beinahe ebenen Umgängen, wovon der grosse Hauptumgang zwei- oder dreimal roth gestreift ist; Naht nicht ausgehöhlt. Mündung beinahe eiförmig, das obere Ende ist lang ausgezogen, spitz, das untere beinahe ausgussartig vorgezogen; Mundrand winklig in der Mitte gegen die Basis zu verlängert und verbreitert, stark verdickt, die innere Lippe zweigezähnt; Spin-

---

*) „Plerumque in anfr. ult. rufo bifasciata et semper aperturam versus bimaculata." (D'O.)
**) „Anfr. 8—9 planiusculis." (D'O.)

del schief gebogen, mit angewachsenem, unten erweitert und ausgedehntem Blatt, das sich hier nach beiden Seiten umschlägt, innen den ausgusseartigen Kanal abstumpft und einengt.

Vaterland: Cuba (Schwarz), Jamaica (Adams), St. Thomas (D'Orbigny-Canté, Riise Krebs), Haiti (Canté), Martinique (Canté), Copie nach Schwarz.

Die Colorirung ist etwas zu lebhaft ausgefallen, das Gelbe viel zu dunkel, die Bandirung beschränkt sich meistens nur auf den Hauptumgang und verliert sich nach oben zu meistens ganz, oft fehlt sie selbst dem Hauptumgang und ist durch zwei Flecken ersetzt, die in solchen Fällen immer vorhanden sind. Die völlige Glätte der Schale zeichnen diese Art aus und lassen sie selten mit den Verwandten verwechseln. Dr. Schwarz hat die beiden Zähne des Mundrandes zwar gezeichnet, in der Beschreibung aber nicht erwähnt.

60. Rissoina laevigata C. B. Adams.

Taf. 13. Fig. 5.

„lt. testa alba, laevigata, nitida, pellucida, turrita; spira elongata, conico-ovata, acuta; anfractibus 7 convexiusculis, sutura mediocriter impressa, interdum sub sutura fascia tenui alba (quae sunt anfractum translucentium sutura interior apparet); apertura subovata, angulo superiori acuminata, inferiori subeffusa; labro sinuosa a media parte ad basim valde producto, subdilatato, extus incassato; labio adnato, inferne elargato-reflexo; margine columellari obliquo, in medio subimpresso, inferne canali subobtusato." (Schwarz).

Long. 2,9; diam. maj. 1,3 Mm.

Rissoa laevigata C. B. Adams Contr. to Conch. p. 114.

Rissoina — Schwarz von Mohrenstern Rissoiden p. 179 t. 10 f. 79. Mörch in Mal. Bl. 1876 p. 45. (Zebina).

Schale eiförmig-konisch, glänzend-glatt und durchscheinend weiss; Spira schlank, thurmförmig, spitz, besteht aus 7 leicht gewölbten glatten Umgängen, die durch eine mässig eingelassene Naht getrennt sind, unter welcher eine weisse dichte Spiralbinde als durchscheinende innere Naht verläuft; Mündung fast eiförmig, oben in eine spitze lang ausgezogene Ecke auslaufend, unten wenig deutlich ausgussartig gebogen; Spindel stark gebogen, etwas oberhalb der Mitte eingeschnürt, das Spindelblatt ist wenig ausgedehnt, aufgewachsen, nur unten breiter umgeschlagen, etwas abgebogen und am Ausguss abgestutzt; Mundrand geschweift, verdickt von unterhalb der Mitte an bis zur Basis stark lappenartig vorgezogen und etwas umgebogen.

Vaterland: Insel Jamaica (Adams), St. Thomas (Riise).

Der vorigen Art sehr verwandt, doch viel kleiner, ohne Färbung und ohne Zähne in der Mündung.

61. Rissoina Sloaniana D'Orbigny.

Taf. 13. Fig. 6.

„R. testa crassa, alba, laevigata, lucida, turrita; spira conico-ovata, acuta, anfractibus 5—6; sutura subplana; apertura ovali, angulo superiori acuminata, inferiori subeffusa; labro obliquo, obtuso, inferne producto, extus incrassato, apud nonnulla exemplaria intus dentibus duabus mamillaribus instructo; labio inferne elargato-dilatato; margine columellari obliquo, non impresso nec abbreviato." (Schwarz).

Long. 3,8; diam. 1,9 Mm.

Rissoina Sloaniana D'Orbigny in Sagra Nat. Hist. de l'Ile de Cuba t. 12*). Schwarz von Mohrenstern Rissoiden p. 180 t. 10 f. 80. Mörch in Mal. Blätter 1876 p. 46.

Schale eiförmig-konisch, stark und dickschalig, glatt und glänzend, weiss; Spira thurmförmig, spitz, besteht aus 5 bis 6 ziemlich flachen Umgängen, die durch eine wenig eingedrückte Naht getrennt sind. Mündung eiförmig, oben lang und spitz ausgezogen, unten schwach ausgussartig ausgebogen; Spindel gebogen, schief, nicht eingedrückt noch abgestutzt, die Platte ist unten etwas in die Breite ausgedehnt, sonst fest aufliegend; Mundrand schief, stumpf, unten ziemlich weit vorgezogen, aussen verdickt, innen gelippt und zuweilen durch zwei zahnartige Verdickungen verengt, die sehr wohl im Sinne der meisten vorherbeschriebenen Arten als Mündungszähne anzusprechen sind. (Mörch bemerkt auch bei R. Browniana ut sequente (A. Sloaniana) saepe labro bidentato).

Vaterland: Jamaica (Candé), St. Thomas in Astropectine (Riise, Krebs), St. Croix (Ovesen). Bilder nach Schwarz copirt.

62. Rissoina vitrea C. B. Adams.

Taf. 13. Fig. 7.

„R. testa tenui, vitrea, laevissima **), nitidissima, transparente, turrita, spira elongata, conico-ovata, acuta; anfractibus 9—10 subconvexis, sutura mediocriter impressa divisis; subsutura tenui fascia alba (instar interioris suturae translucentium anfractuum); apertura subovata, angulo superiori acuminata, inferiori rotundato-subeffusa; labro sinuoso, subincrassato, inferne valde producto et subdilatato; labio adnato angusto, margine columellari subobliquo, inferne non abbreviato nec obtusato." (Schwarz).

Long. 4,5; diam. maj. 1,7 Mm.

---

*) Nach Mörch sollen die Fig. 36—38 auf der Taf. 12 nicht vorhanden sein, die Schwarz citirt, er sagt aber nicht, welche andere Figuren die Art darstellen, setzt einfach Taf. 12 hin und überlässt es jedem, sie sich zu suchen, dies ist ein eigenthümliches Verfahren.

**) Doch sagt Adams in seiner Diagnose „striae incrementi paucae obsoletissimae."

7

Rissoa vitrea C. B. Adams Contr. to Conch. p. 115.

Rissoina — Schwarz von Mohrenstern Rissoïden p. 181 t. 10 f. 82. Mörch in Mal.
Blätter 1876 p. 15. (Zebina).

Schale schlank, kegelförmig, zart, glasartig (hydrophan sagt Adams, das wäre
also nur dann glasartig, wenn das Exemplar nassgemacht wird), sehr durchsichtig, sehr
glänzend-glatt trotz einiger eingeritzten undeutlichen Streifen, farblos doch mit matt-
weissem Nahtstreifen und Mundrand; Spira gethürmt, spitz, besteht aus 9—10 etwas
gewölbten Umgängen, die durch eine feine, mässig tief eingesenkte Naht begrenzt sind;
die Transparenz ist so gross, dass man die innern Theile deutlich sehen kann, namentlich
lässt sich die Spindelsäule ganz verfolgen. Mündung ziemlich eiförmig, deren oberer
Winkel ist lang und spitz ausgezogen, der untere dagegen kaum ausgerandet oder beinahe ganz; Spindel gebogen, etwas schief, unten weder abgestutzt noch stumpf, verläuft völlig in den Mundrand; Spindelblatt aufgewachsen, schmal; Mundrand gebogen, wenig verdickt, unten stark vorgezogen und etwas ausgebreitet, innen gelippt.

Vaterland: Jamaica (Adams), St. Thomas (Riise).

Nach Mörch soll die Mündung des Schwarz'schen Bildes, das ich copirt habe, nicht gut ge-
rathen sein, er sagt aber nicht wie sie sein sollte. Zu dem Fundort St. Thomas Riise setzt er Spm. 1.
Das ist also sein ganzer Besitz, darauf würde ich kein Urtheil gewagt haben.

63. Rissoina sulcifera Troschel.

Taf. 13. Fig. 8.

„R. testa turrita, crassa, transversim profunde sulcata, anfractibus convexiusculis, sutura profunda divisis; sulcis transversis 4 in anfractibus superioribus, 10 in ultimo, basalibus angustioribus
caeteris aeque distantibus." (Troschel).

Long. 12 Mm.; diam. 4 Mm.

Rissoina sulcifera Troschel in Wiegmanns Archiv 1852 p. 154. Schwarz von Mohrenstern Rissoiden p. 182 t. 10 f. 85.

Schale eiförmig-konisch, stark, spiral tief gefurcht; Spira gethürmt, spitz, besteht aus 8—9 leicht gewölbten Umgängen, wovon die obern mit 4 Spiralfurchen, der
letzte mit deren 10 versehen sind. Naht ziemlich eingedrückt; Mündung eiförmig, im
obern Winkel lang und spitz ausgezogen, im untern mit ausgussartigem Ausschnitt;
Spindel gebogen, in der Mitte etwas winklig, unten zur Begrenzung des Ausgusses
schwielig verdickt; Mundrand nicht verdickt, unten wenig verbreitert, doch innen
leicht gelippt.

Vaterland: Peru (Tchudi), Bild nach Schwarz.

Diese Art hat auf den ersten Blick allerdings etwas fremdartiges, indessen das Fehlen der
Mundrandverdickung ist noch kein hinreichendes Motiv sie von den Rissoinen auszuschliessen. Man
muss aber eine neue Abtheilung gründen, wenn sie nicht in eine derjenigen passt, die A. Adams
später gegründet hat und die mir nicht zugänglich sind, vielleicht schon Cingulina A. Ad.

64. Rissoina subconcinna Souverbie.

Taf. 14. Fig. 1. 4.

„Test. subabbreviato-fusiformis, apice acuta, longitudinaliter costulata, basi spiraliter striatula, alba vel rubella, vel alba rubello baluenta; anfr. 10 convexi (embryonales 1½ laevigati) sutura impressa discreti costis numerosis impressi, subelevati, usque ad basim continuantibus et in ultimo anfractu striis spiralibus decussatis; apertura obliqua, semilunaris, inferne subcanaliculata, labro obtusulo, postice subincrassato, sinistro appresso, inferne intus tuberculato. — Long. 6—8,5; lat. max. 2,3.

Var. β costis magis remotis, paulo validioribus." (Souverbie).

Rissoina subconcinna Souverbie Journ. de Conch. XX. p. 364 XXI. t. 4 f. 6.

Schale eiförmig-konisch, sehr spitz, der Länge nach gerippt, Rippen fein und zahlreich; weiss oder röthlich oder weiss, röthlich-gebändert; Spira gethürmt, besteht aus 10 convexen Umgängen, wovon die obersten 1½ embryonalen glatt, die übrigen mit zahlreichen Längsrippen, der Hauptumgang noch mit Spirallinien geziert sind, alle durch eine eingedrückte nicht sehr scharf markirte Naht getrennt; Mündung schief, halbmondförmig, obere Ecke nicht sehr lang ausgezogen, untere ausgussartig; Spindel gebogen mit aufliegendem Blatt und am Ausguss mit einer Verdickung endigend und hierdurch abgestutzt; Mundrand ausgeschweift, wenig verdickt, stumpf und unten nicht vorgezogen, sondern eingezogen. Die Art variirt durch minder zahlreiche und ein wenig stärkere Rippen.

Vaterland: Insel Art — Neucaledonien — (Montrouzier).

Der Rissoina concinna ähnlich doch durch das? Fehlen der Spiralsculptur, die Färbung und anders geformte Rippen verschieden.

65. Rissoina Artensis Montrouzier.

Taf. 14. Fig. 2. 3.

„Test. fusiformis, apice acuminata, turriculata, basi subcompressa alba, saepe sedimento nigrescente vel rubello induta; anfr. 10 subconvexi spiraliter dense et tenuissime impresso-striati, primi 2 embryonales laevigati, sequentes 4—5 lente accrescentes, scaliformes, costulis obliquis interstitia haud aequantibus ornati, sutura profunda discreti, costulis crenulati, caeteri ant rapido crescentes, sutura depressa, crenulata separati, ultimus subascendens, basi subdepressus; apertura alba subobliqua, semilunaris, superne angulata, inferne subcanaliculata; margine dextro subacuto, infra medium expansiusculo, extus varicose marginato, varice circa basin marginis columellaris appresso continuante. — Long. 8,5; lat. max. 2,5 Mm.; apert. 2,75 Mm. longa; 1,75; lata." (Montrouzier).

Rissoina Artensis Montrouzier in Journ. de Conch. XX. p. 364 XXI. t. 4 f. 5.

Schale ausgezogen kegelförmig, glatt, weiss, meistens von einem schwarzen oder rothen Ueberzug bedeckt; Spira lang ausgezogen, spitz thurmförmig, besteht aus 10 wenig gewölbten, spiral dicht und sehr fein gestreiften Umgängen, wovon die beiden ersten embryonalen glatt, die folgenden 4 langsam verdickten mit scalariaartigen schiefen Rippen geziert, deren Nähte tief eingeschnitten sind, die folgenden rascher zunehmenden, sind ohne Rippen, jedoch durch crenulirte Nähte getrennt; Mündung ein wenig schief, halbmondförmig, oben stumpfeckig endigend, unten mit ausgussartiger Ausrandung versehen; Spindel wenig gebogen, kurz und abgesetzt, das Blatt ist schmal und aufgewachsen; Mundrand scharf ausgeschweift und verbreitert, aussen varixartig verdickt, der Varix verlängert sich bis zur Vereinigung mit der Spindel.

Vaterland: Insel Art — Neucaledonien — (Montrouzier), Copie nach dem Journ. de Conch.

66. Rissoina incerta Souverbie.

Taf. 14. Fig. 5.

„Testa fusiformis, pyramidata, apice acuta, inte ne subturgidula, longitudinaliter costata, spiraliter striatula, basi sulcata, alba; anfr. 9½ — 10 sutura impressa discreti (embryonales 1½ laevigati) vix convexi, ul:imus turgidulus, inferne subplanatus, costis subremotis, subcompressis, prominentibus, medio anfractus ultimi infra oblique sulcati evanescentibus impressus, interstitiis costarum transverse et dense striatulis; apert. obliqua, semibunar , utraque extremitate angulata, inferne canaliculata; margine dextro subacuto, pone labrum incrassato, sinistro appresso inferne extus subinflexo.

Long. 8,5; lat. max. 3,5; apert. longa ; lata 1,75 Mm." (Souverbie).

Rissoina incerta Souverbie Journ. de Conch. XX. p. 56 t. 1 f. 4.

Schale ausgezogen-kegelförmig, unten ein wenig aufgetrieben, der Länge nach gerippt und spiral fein gestreift, Basis gefurcht, weiss mit einem Stich ins gelbe; Spira pyramidal spitz, besteht aus 9½—10 Umgängen, die durch eingedrückte Naht getrennt sind, die 1½ obersten sind embryonal und glatt, die folgenden kaum gewölbt, der unterste etwas aufgetrieben; die Rippen sind stark, etwas zusammengedrückt, ein wenig auseinandertretend verlieren sich gegen die Basis des Hauptumganges, woselbst die Spiralfurchen beginnen, die Zwischenräume zwischen den Rippen sind allerwärts breiter als diese und in ihnen verlaufen die Spirallinien. Mündung schief, halbmondförmig, oben und unten kantig, unten mit Ausguss versehen; Spindel gebogen, Blatt aufgewachsen, aussen etwas ausgedehnt; Mundrand nicht scharf, aussen verdickt, wenig erweitert nach unten.

Vaterland: Insel Art — Neu Caledonien — (Montrouzier,.

67. Rissoina fimbriata Souverbie.

Taf. 14. Fig. 6.

„Testa fusiformis, turriculata, apice acuminata, solida, longitudinaliter costata, basi spiraliter costulata et funiculata, omnino alba; anfr. 10 plano-convexi, sutura perdepressa discreti, 2 primi (embryonales) laevigati; sequentes costis longitudinalibus vix obliquis, validis, prominentibus, subcompressis, in ultimo anfractu costulis spiralibus (superae basin anfractus praecedentis occupante) et funiculo terminali valido nodulatim decussatis impressi. Apert. obliqua, subanguste semilunaris, inferne canali sat profundo et subeffuso terminata; margine dextro subacuto, extus valide varicoso et costulis transversis fimbriata; sinistro appresso, inferne extus perinflexo.

Long. 6,5; lat. 2,5 Mm." (Souverbie).

Rissoina fimbriata Souverbie in Journ. de Conch. XX. p. 51 t. 1 f. 3.

Schale eiförmig-konisch, solid, der Länge nach gerippt, an der Basis mit spiralen Rippchen und einem Halswulst versehen, ganz weiss (aber gelb gemalt!); Spira gethürmt mit lang ausgezogener Spitze, besteht aus 10 wenig gewölbten Umgängen, wovon die beiden ersten (embryonalen) glatt sind, sie sind durch eine stark ausgedrückte Naht getrennt; die Rippen sind kaum schief, stark, vortretend, etwas zusammengedrückt, auf dem Hauptumgang sind die Rippen durch Spiralstreifen durchkreuzt, welche an den Uebergangspunkten knopfförmige Erhöhungen bilden, der letzte stärkste geknotete Reif umzieht als Halsband den Kanal der Mündung, wogegen sich der oberste schwächste über die Basis des vorletzten Umgangs hinzieht und dann verschwindet. Mündung eng-halbmondförmig, unten in einen ausgussartigen Kanal endigend, der kurz, ziemlich tief und etwas gedreht ist; Mundrand ein wenig scharf, aussen varixartig verdickt, über den Varix laufen die verdickten Enden der Spiralstreifen und machen ihn rauh, innen ausgeschweift, ausgebogen und gelippt; Spindel gebogen mit aufliegender breiter Lippe, aussen unten sehr verbreitert, vom Halsband umgeben.

Vaterland: Insel Art — Neu Caledonien — (Montrouzier).

68. Rissoina Lamberti Souverbie.

Taf. 14. Fig. 7. 8.

„R. fusiformis, turriculata, apice acuminata, basi subcompressa, omnino alba, nitida; anfr. 11 plano-subconvexi, suturis ; rotunda discreti, ? primi (embryonales) laevigati, caeteri usque ad octavum spiraliter nodo-o-funiculati; antipenultimus spiraliter plus minusve funiculatus et striatus, penultimus ultimusque spiraliter subimpresso-striati; apertura obliqua, semilunularis, superne angulato, inferne subprofunde canaliculata; labro continuo, margine dextro subobtuso, sinistro appresso.

Long. 9—11; diam. maj. 3,5—4; apert. long. 3—3,5; lata 1,5—2 Mm." (Souverbie).

Rissoina Lamberti Souverbie Journ. de Conch. XVIII. p. 425 t. 14 f. 6.

Schale schlank-kegelförmig, mit etwas gepresster Basis, glänzend, weiss (auf dem Bild gelb); Spira gethürmt und spitz, besteht aus 11 Umgängen, von denen die beiden ersten embryonalen glatt sind, die folgenden bis zum 8 haben eine aus geknoteten Streifen oder Halsbändern bestehende Spiralsculptur, der nun folgende vorvorletzte Umgang diese Sculptur mit blossen Streifen wechselnd und auf dem Vorletzten und Letzten verschwinden die Knoten ganz und die Spiralstreifen sind fast nur noch eingeritzte. Mündung schief, halbeiförmig, oben in eine spitze Ecke auslaufend, unten zu einer ausguss-artigen Ausrandung, die aber sehr flach ist, gebildet; Spindel gebogen, schmal gelippt, unten kaum abgestutzt; **Mundrand** geschweift, unten kaum erweitert, aussen verdickt, innen stumpf.

Vaterland: Insel Art — Neu Caledonien — (Montrouzier), Copie nach dem Journal de Conchyliologie.

69. Rissoina Duclosi (Montrouzieri) Souverbie.

Taf. 14. Fig. 9.

„Testa fusiformis, apice acuminata, basi subcompressa, longitudinaliter costata, inferne transversim funiculata et tenuissime striata, omnino alba, nitidula; anfr. 8—8½ plano-convexi, sutura impressa discreti; costis subliquis, validis, remotis, basi anfr. ultimi funiculo submarginali, crasso, subnodulato interruptis; apert. obliqua semilunaris, superne angulosa, inferne subprofunde canaliculata, margine dextro acuto, extus varicoso; columellari levissime arcuato calloso, appresso.

Long. 4,75—5,25; diam. 2—2,25 Mm. (Souverbie).

Rissoina Duclosi Montrouzier in schedis Souverbie Journ. de Conch. XIV. p. 257 t. 9 f. 8.

Schale eiförmig-konisch, unten wenig zusammengedrückt, der Länge nach gerippt, unten fein quergestreift und von einem Wulst umzogen, ziemlich glänzend, ganz weiss (man sehe das Bild, das noch etwas heller ist als das Original!); Spira gethürmt mit ausgezogener Spitze, besteht aus 8—8½ wenig gewölbten Umgängen, die durch eine eingedrückte Naht getrennt sind; die Rippen sind etwas schief, stark, entfernt stehend, an der Basis des Hauptumgangs sind sie durch ein Halsband, das stark und geknotet ist, unterbrochen. Mündung schief, halbmondförmig, oben winklig, unten ziemlich tief ausgeschnitten; Mundrand scharf, aussen varixartig verdickt, im Verlauf nach unten ausgeschweift; Spindel wenig schief, stark gelippt und unten abgestutzt.

Vaterland: Insel Art — Neu Caledonien — (Montrouzier).

70. Rissoina exasperata Souverbie.

Taf. 14. Fig. 10.

„Testa fusiformis, apice acuminata, basi subcompressa, costis longitudinalibus subobtusis et lineis spiralibus elevatis costas clathratim decussantibus et ad intersectionem exasperatis ornata, omnino alba; anfr. 8—9 convexi, sutura profunda discreti; apertura obliqua, semiovalis, superne angulata, inferne canaliculata; labro acuto crenulato, extus varicoso, sinistro appresso.

Long. 3,5—4,5; diam. maj. 1,25—1,75 Mm.“ (Souverbie).

Rissoina exasperata Souverbie in Journ. de Conch. XIV. p. 259 t. 9 f. 10.

Schale eiförmig-konisch mit etwas zusammengedrückter Basis, mit Längsrippen die ziemlich stumpf und durch erhabene Spiralstreifen gekreuzt werden, an den Kreuzpunkten erheben sich Knötchen, die neben der Regelmässigkeit der Gitterung der Schale ein sehr elegantes Aussehen geben, wovon aber auf den Bildern Original wie Copie wenig zu sehen ist, weil sie von einer braunen Schmierfarbe bedeckt sind; ganz weiss; Spira gethürmt, spitz ausgezogen, besteht aus 8—9 convexen Umgängen, die durch eine tiefe Naht getrennt sind. Mündung schief, halboval, oben eckig, unten in einen Ausguss auslaufend; Mundrand scharf ausgezackt, aussen varixartig verdickt, innen schwach gelippt, gegen die Basis ausgedehnt und wenig vorgezogen.

Vaterland: Insel Art — Neu Caledonien — (Montrouzier).

71. Rissoina spiralis Souverbie.
Taf. 14. Fig. 11.

„Testa elongato-fusiformis, acuminata, basi subcompressa et spiraliter sulcata, longitudinaliter costata, omnino alba; anfr.⁹ subplano-convexi, sutura impressa discreti; costis longitudinalibus rectis interstitiae aequantibus, basi anfr. ultimi sulcis spiralibus decussatis; apert. obliqua, semilunaris, superne angulosa, inferne subprofunde canaliculata; labro continuo, margine dextro subacuto. extus incrassato, sinistrali appresso.

Long. 5; diam. maj. 1,75 Mm. (Souverbie).

Rissoina spiralis Souverbie in Journ. de Conch. XIV. p. 358 t. 9 f. 9.

Schale schlank·kegelförmig, mit etwas zusammengepresster Basis, die spiral gefurcht ist, längsgerippt, ganz weiss; Spira lang und spitz ausgezogen, thurmförmig, besteht aus 9 leicht gewölbten Umgängen, die durch eine vertiefte Naht getrennt sind; die Längsrippen der Windungen sind gerade, und in ihrer Breite der der Zwischenräume gleich, die Basis des Hauptumgangs wird durch Uebersetzen der Rippen der dort vorhandenen Furchen gegittert. (Auf dem Bilde Fig. 2 scheint es, dass die ganze Schale so decussirt sei, dies ist ein Fehler, die Striche sollen Schattirung sein); Mündung schief halbmondförmig, oben in eine stumpfe breite Ecke verlängert, unten mit wenig vertieftem Ausguss; Mundrand wenig vorgezogen, innen egal gelippt, aussen verdickt bildet mit der ebenfalls egalen Spindellippe ein ganzes, daher „labro continuo.“

Vaterland: Insel Art — Neu Caledonien -- (Montrouzier), Copie nach dem Journ. de Conch.

72. Rissoina funiculata Souverbie.
Taf. 14. Fig. 12.

„Testa elongato-fusiformis, acuminata, basi subcompressa, omnino alba; anfr. (ob spiram fractum 6 superst.) subconvexi, sutura impressa discreti, costis longitudinalibus, subarcuatis, subrotundatis, validis, interstitia subaequantibus ornati; costis basi anfr. ultimi subito excurvatis et funiculum validum, terminatem formantibus; apert. obliqua, semilunaris, superne angulata, inferne subprofunde canaliculata; labro continuo; margine dextro subacuto, extus valide incrassato, sinistro appresso.

Long.? diam. maj. 2 Mm.“ (Souverbie).

Rissoina funiculata Souverbie Journ. de Conch. XIV. p. 256 t. 9 t. 7.

Schale eiförmig-konisch mit etwas zusammengepresster Basis und Längsrippen, ganz weiss; Spira ausgezogen gethürmt, besteht aus (die Zahl lässt sich nicht angeben, weil an dem einzigen Exemplar der obere Theil von 5. Umgang an abgebrochen war), etwas convexen Umgängen, die durch eine eingesenkte Naht getrennt sind, die Längsrippen sind leicht gebogen und etwas abgerundet, stark, den Zwischenräumen an Breite gleich, an der Basis des Hauptumgangs biegen sie sich plötzlich um, die Mündung umziehend als starkes Halsband, das an dem oberen Theil der etwas losgelösten Spindellippe etwas absteht und hier eine nabelartige Vertiefung bildet; Mündung schief, halbeiförmig, oben in eine stumpfe Ecke, unten in einen wenig vertieften Ausguss auslaufend; Mundrand stark geschweift, innen gelippt und etwas geschärft, aussen varixartig verdickt; Spindel ohne sichtbare Unterbrechung mit dem Mundrand zusammenhängend, seitlich zusammengedrückt, daher ziemlich steil absteigend, in der Mitte zahnartig verdickt, gelippt und diese aufliegend.

Vaterland: Insel Art. (Montrouzier).

Es ist hier der Ort zu moniren, dass die Figuren 7—10 der Tafel 9 des Journal de Conch. die Originalien zu meinen Fig. 9—12 mit einer dicken Schmiere von Sepia überdeckt sind, also anzunehmen war, dass die Gegenstände auch dunkelbraun gefärbt seien. Mein Copist hatte sie denn auch getreulich, wenn auch weniger geschmiert, so colorirt. Nun sind alle 4 Arten in der Beschreibung als „omnino alba" bezeichnet, dürften also höchstens eine leichte Tuschung an der Schattenseite erhalten, was ich auch ausführen liess.

73. Rissoina granulosa Pease.

Taf. 14. Fig. 13. 14.

„Testa fusiformi-ovata, rubido-fusca, transversim granuloso-costata, longitudinaliter obsolete costata; anfr. 4 convexis, apertura abbreviato-ovata.

Long. 2; lat. 0,75 Mm." (Pease).

Rissoina granulosa Pease in Journ. de Conch. X. p. 352 t. 13 f. 10.

Schale länglich-eiförmig, spiral gekört-gerippt, der Länge nach undeutlich gerippt, röthlich-braun an dem letzten Umgang gefleckt; Spira ausgezogen, besteht aus 4 convexen Umgängen (die Embryonalen wohl abgebrochen, denn auf dem Bild sind deutlich noch 2 glatte Embryonalwindungen gezeichnet), durch eine vertiefte Naht getrennt; Mündung abgestutzt-eiförmig; Mundrand und Spindel zusammenhängend, gelippt, eine Ausbuchtung nicht zu beobachten.

Vaterland: Sandwichs-Inseln (Pease), Copie nach dem Journ. de Conch.

Der Autor war schon in Zweifel, ob dies kleine Ding richtig hier untergebracht sei, es fehlen der Mündung alle die für Rissoina charakteristischen Kennzeichen, darum wird man wohl thun die Art bei Rissoa unterzubringen und neu zu benennen, weil es schon eine R. granulosa gibt.

74. Rissoina Montrouzieri Souverbie.

Taf. 14. Fig. 15.

„Testa fusiformis, apice turriculato-acuminata, basi subcompressa, alba, nitidula, subtranslucidula, saepe sedimento nigro, crasso induta; anfractus 11 subplano-convexi, 6—7 primi lente crescentes, scalariformes, costulis subobliquis, interstitia subaequantibus sculpti, sutura profunda separati, costulis crenulatis; caeteris rapide crescentibus, sutura minus impressa, submarginata, ultimo subascendente, basi subcompresso, omnibus spiraliter densissime et tenuissime striatis. Apertura alba, subverticalis, suboblique semilunaris, utrinque extremitatibus subcanaliculata; margine dextro recto, subacuto, infra medium expansiusculo, superne inferneque cum sinistro inaequangulatim juncto; columellari levissime arcuato, appresso, superne incrassato." (Souv.).

Long. 15½/₂; lat. 4³/₄ Mm.; apert. 4³/₄ Mm. longa 2½/₈ lata.

Rissoina Montrouzieri Souverbie Journ. Conch. X. 1862 p. 237 t. 9 f. 5.

Schale ausgezogen konisch, am Fusse leicht eingezogen, glatt, glänzend, durchscheinend, weiss, oft mit einem schwarzen, dicken Absatz bekleidet; Spira lang und spitz ausgezogen, gethürmt, besteht aus 11 wenig convexen Umgängen, wovon die 6—7 obersten langsam zugewachsenen, scalariaartig mit etwas schiefen Rippchen geziert sind, die etwa gleichbreit als deren Zwischenräume sind, die Umgänge sind durch eine tiefe Naht getrennt und die Rippchen crenulirt; die folgenden schnell zuwachsenden — das Bild widerspricht dem — sind durch eine weniger tiefe und etwas gerandete Naht getrennt, sie sind wie der abfallenden und an der Basis etwas zusammengedrückte Hauptumgang äusserst fein und dicht spiral gestreift. Mündung fast vertical, wenig schief halbeiförmig, an beiden Enden mit ausgussartigen Kanälen versehen; Mundrand grade, etwas geschärft, nach unten erweitert, unten und oben mit der Spindel ungleich winklig verbunden; Spindel sehr leicht gebogen, unten am Ausguss abgestutzt, mit aufliegender Lippe.

Vaterland: Insel Art — Neu Caledonien — (Montrouzier).

Aus der Verwandtschaft der R. gigantea steht diese Art in dieser Gruppe der R. Orbignyi A. Adams am nächsten.

Rissoina laevis Sowerby.

Taf. 14. Fig. 16.

Dies ist eine fossile Art aus dem Jura, die irrthümlich mit abgebildet worden ist, Copie nach Schwarz Fig. 84.

75. Rissoina scolopax Souverbie.

Taf. 15. Fig. 1. 4.

„Testa pyramidata, fusiformis, apice (fracto)? longitudinaliter costata, costis sat validis, subflexuosis, sat numerosis, prope basin anfractu ultimi funiculo valido, subnodulato circumdata, omnino

8

alba. Anfr. 10 (Spec. omnibus apice fractis antr. 8 numerantis)? subconvexis, sutura impressa discretis, ultimo ¹⁄₃ longitudinis testae non aequante, antice lente subascendente. Apert. sublunari, obliqua, margine dextro subacuto, antice subprotracto, sinistrali juxta columellam exacte appresso." Long. 12; lat. max. 5 Mm.; apert. 4 Mm. longa; 2 lata. (Souverbie).

Rissoina scolopax Souverbie Journ. de Conch. XXV. p. 75 t. 1 f. 3.

Schale länglich-kegelförmig, der Länge nach gerippt, ganz weiss; Spira pyramidal mit abgebrochener Spitze, besteht ausser der abgebrochenen Spitze aus 10 Umgängen, die durch eine eingedrückte Naht getrennt sind, ihre Rippen sind stark, zahlreich und etwas geschweift, an der Basis des Hauptumgangs, der ¹⁄₃ der Länge der Schale nicht erreicht, verläuft ein starker, knotiger Wulst um die Mündung herum. Mündung halbeiförmig, schief, oben und unten ausgebuchtet, ziemlich scharf, ein wenig vorgezogen; Spindel sehr schief mit breit aufliegender Lippe. Mundrand ziemlich scharf, etwas vorgezogen.

Vaterland: Insel Art, Nou et Lifou (Loyalität-gruppe) — Neu Caledonien - (Montrouzier et Lambert). Copie nach dem Journal de Conch.

76. Rissoina hystrix Souverbie.

Taf. 15. Fig 2. 3.

„Testa fusiformi, pyramidata, aspera, apice subobtuso, costis longitudinalibus, validis et transversis subminoribus (usque ad marginem labri euntibus) ad intersectionem tuberculatim exasperatis clathrata, ad basin funiculo spirali, subterminali, valido, subnodulato, a costis transversalibus sulco sublato separato circumdata, nitida, subcrystalino-alba; enfr. 9¹⁄₂ sutura impressa discretis; primis 1¹⁄₂ (embryonalibus) albis, laevigatis, sequentibus cum penultimo subplanis, ultimo subconvexo, ¹⁄₃ longitudinis testae non aequante. Apert. semilunari, obliqua, margine dextro subobtuse acuto, extus late varicoso, antice subprotracto, sinistrali subincrassato, juxta columellam appresso." (Souverbie).

Long. 7,5; late max. 2,5 Mm.; apert. 1,5 Mm. longa; 1 lata.

Rissoina hystrix Souverbie in Journ. de Conch. XXV. p. 74 t. 1 f. 4.

Schale schlank-kegelförmig, rauh durch die Knötchen, die entstehen durch das Uebersetzen der Spiralleisten über die wenig stärkern Längsrippen, glänzend, beinahe krystallweiss; Spira pyramidalisch, lang ausgezogen, doch oben stumpflich, besteht aus 9¹⁄₂ durch vertiefte Nähte getrennten Haupt- und 1¹⁄₂ glatten Embryonalumgängen, die ersten sind beinahe eben, längsgerippt und quer geleistet und die Leisten gehen bis zum Mundrand und sind ein wenig schwächer als die Rippen, der letzte Umgang ¹⁄₃ der Länge der Schale nicht gleichkommend, ist convex und ist an seiner Basis von einer starken Spiralwulst umgeben, die etwas kantig und durch eine Furche von den letzten Spiralleisten getrennt ist. Mündung halbeiförmig, schief, vorn vorgezogen, sonst stark gebogen, abgestumpft-schief, gekerbt, aussen weit varicös verdickt; Spindel gebogen,

ziemlich verdickt, mit aufgewachsener Lippe, unten abgestutzt. Mundrand stumpf zu-
geschärft, unten vorgezogen, aussen varixartig verdickt.

Vaterland: Ins. Art und Ins. Nou — Neu Caledonien — (Montrouzier und Lambert), Copie nach dem Journ. de Conch.

77. Rissoina insolida Deshayes.
Taf. 15. Fig. 5. 8.

„R. testa minimina, candidissima, elongato-turrita, apice obtusiuscula; anfractibus 7, costis
duabus inaequalibus proëminentibus cinctis; majore prope suturam posita, eleganter granoso-crenu-
lata; ultimo anfractu brevinsculo, transversim quadricostato; apertura minima, ovata, angusta."
(Deshayes).

Long. 3; lat. 1 Mm.

Rissoina insolida Deshayes Moll. Réunion p. 63 t. 13 f. 15. 16.

Schale sehr klein, verlängert-kegelförmig, milchweiss; Spira thurmförmig mit
stumpflicher Spitze, besteht aus 7 durch eine enge, rinnenartige Naht getrennten Umgängen, die mit zwei sehr ungleichen Spiralreifen geziert sind, wovon der obere stärkere
nahe der Naht hinziehende mit perlenförmigen Kerben besetzt ist, während der untere,
kleinere glatt ist; auf dem letzten Umgang verlaufen vier Reifen, die alle glatt sind,
die Kerben auf dem obersten haben sich verloren, dieser Umgang ist übrigens vergleichsweise klein und verkürzt. Mündung sehr klein, oval, länglich an beiden Enden
verengert; Mundrand nicht scharf, nach unten kaum vorgezogen, aussen varixartig
verdickt; Spindel fast grade mit aufliegender Lippe.

Vaterland: Insel Réunion (Deshayes), Mauritius, Ceylon, Andamen, Arakan und
Bombai (Nevill), Copie nach Deshayes.

G. Nevill gibt folgende Varietäten an (brieflich):

    Var. deformis (Mauritius).

    — major   idem   Long. 4¼, lat. 1¾.

    — depauperata idem und Singapore. Long. 2½ lat. vix. 1.

Demnach ist sie sehr veränderlich. Sehr nahestehend ist R. miranda A. Adams von Japan (1861).

78. Rissoina Mohrensterni Deshayes.
Taf. 15. Fig. 6. 7.

„R. testa minima, ovato-conica, subturrita, alba, pellucida, apice acuto; anfractibus 7 convexiusculis, longitudinaliter minute costellatis, striis exilibus, transversis decussatis, ultimo anfractu
magno, ovato, ventriculoso, basi imperforato; apertura semilunari, labro incrassato, intus submarginato, antice producto; columella brevi, obsolete subtruncata." (Deshayes).

Long. 4; lat. 2 Mm.

Rissoina (Cochlearella) Mohrensterni Deshayes Moll. Réunion p. 62 t. 8 f. 6. 7.

Schale sehr klein, eiförmig-konisch, weiss, durchscheinend, Spira beinahe thurmförmig mit sehr spitzem Ende, besteht aus 7 gewölbten Umgängen die der Länge nach
mit dünnen Rippchen und spiral mit äusserst feinen Streifchen decussirt sind; der letzte
Umgang ist gross, eiförmig, bauchig, die Längsrippen verlieren sich auf ihm gegen die
Basis, doch bleiben die Spiralstreifen bis unten hin; Mündung weit, halbmondförmig,
oben verengt, unten ohne Ausguss; Mundrand verdickt, nach unten vorgezogen, innen
etwas gerandet, Spindel verkürzt, undeutlich abgestutzt, an der Vereinigung mit dem
Mundrand entsteht eine kleine Ausrandung, die die Abstutzung des Spindelrandes
stärker erscheinen lässt, als sie ist, als eine zahnartige Erhöhung auf der Zeichnung,
was mit der Beschreibung nicht recht stimmt.

Vaterland: Réunion (Deshayes dessen Figur copirt ist).

Diese nette Art gehört der Gruppe Cochlearella an und steht hierin der R. decussata Mont.
am nächsten, obschon bedeutend kleiner.

79. Rissoina abnormis Nevill.

Taf. 15. Fig. 9.

Testa minuta, solida, ovato-conica, alba; spira turrita, anfractibus 6, duabus primis, glabris
abrupte et truncate sinistrorsis, sequentibus longitudinaliter crasse costatis et spiraliter rugosiuscule
liratis, anfractu ultimo rotundato, 15 costato, costis basim versus evanitis, lirato, liris densis, saepius
rugosis, ad intersectiones subgranulosis; apertura minuta, subovata, obliqua, superne sine angulo, inferne peculiariter profunde canaliculata; labrum incrassatum, crenulatum, inferne productum, spiraliter granuloso-liratum; columella inferne forte recurvata, calloso-labiata.

Long. 3, diam. maj. 1,5 Mm.

Rissoina abnormis Nevill in Journ. Asiat. Soc. of Bengal B. XLIV. 2. 1875 p. 100
t. 8 f. 23.

Schale klein, solid, eiförmig-konisch, weiss; Spira thurmförmig, besteht aus 6
Umgängen, die durch eine deutlich vertiefte Naht getrennt sind; die beiden obern Embryonalwindungen sind abgestutzt und wie gebrochen, links gewunden, die folgenden mit
dicken Längsrippen und Spiralleisten gegittert, auf dem Hauptumgang, der abgerundet
ist, stehen 15 Rippen, die nach unten sich verlieren, die Spiralleisten stehen dicht gedrängt,
sind zuweilen rauh und tragen an den Uebersetzungspunkten knotenartige, schwache Erhöhungen. Mündung klein, halbeiförmig sehr schief, oben ohne Ecke, unten in einen
deutlichen tiefen Kanal auslaufend; Mundrand gebogen, nach unten vorgezogen, sonst
stumpf und verdickt, gekerbt, aussen mit spiral knotig-gestreiftem Varix; Spindel an
der Basis stark rückwärts gedreht, dick und ziemlich weit gelippt.

Vaterland: Mauritius, Ceylon, Seychellen, Bombay, Andamanen (G. Nevill).

Dieses eigenthümlich gebildete Schneckchen gehört zu jener Gruppe von Arten für die Otto
Semper die Gattung Isselia vorgeschlagen hat (siehe Mus. Godeffroy Cat V p. 101). Dieser Name ist

bereits von Gourgignat verbraucht, daher von G. Nevill in Iselliella umgewandelt worden. Semper meinte dieses n. G. gehöre in die Nähe von Planaxis, was wegen des Vorhandenseins eines links gewundenen Embryonalendes nicht zulässig erscheint, daher möchte es besser neben Cerithiopsis zu stellen sein. E. v. Martens stellte es zu Lachesis, was aus dem angeführten Grunde ebenfalls nicht angänglich ist. Ausser der vorliegenden Art gehört hieher R. mirabilis Dunker, als Sempers Type und R. concinna (A Ad.) Sow. non A. Adams, die von Nevill R. pseudoconcinna genannt worden ist, seine Aenderung, die nur so lange Platz zu greifen hat, als man diese Arten bei Rissoina belässt, als Iselliella kann sie den Namen I. concinna Sow. behalten. Ich handle sie alle 3 hier unter Rissoina ab, weil diese Art bereits seit lange gezeichnet war, bevor mir die Verhältnisse so sicher erschienen, um auf sie Rücksicht nehmen zu können. Sie sind ja auch heute noch nicht ganz klar getellt. Thier und Deckel müssen erst untersucht sein.

80. Rissoina percrassa Nevill.

Taf. 15. Fig. 19.

Testa ovato-conoidea, solidiuscula, alba; spira turrita, apice tumido; anfractibus 7 convexiusculis angulatis, superioribus 5 longitudinaliter crasse costatis, ceteris 2 absque sculptura, ultimus grandis alteris 6 altitudine aequans, superne prope suturam spiraliter indistincte uniliratus, medio unianulatus, annulo rotundato et calloso; Apertura lata, semiovata, inferne acutangulata; labrum arcuatum afra medium angulatum, intus incrassatum, extus callosum; columella arcuata, labiata, reflexa.

Long. 8 diam. 3 Mm. (G. Nevill ex angl).

Rissoina percrassa Nevill in Journ. Asiatic. soc. of Bengal. XLIII, 2. (1874) p. 26
t. 1 f. 13.

Schale eiförmig-konisch, unregelmässig, ziemlich solid, weiss; Spira gethürmt mit stumpfem Ende (ob abgebrochen?) besteht aus 7 etwas convexen kantigen Umgängen, wovon die 5 obersten grob längs gerippt sind, die 2 übrigen tragen nur noch undeutlich; Spuren einer Längssculptur, der letzte, in Höhe den 6 übrigen gleich, ist oben längs der Naht mit einem undeutlichen Spiralreifen und in der Mitte mit einem wulstartigen, abgerundeten und callösen Ring umgeben, der an der obern Ecke der Mündung beginnt und unterhalb der Mitte des Mundrandes endigt, hier aber sehr an Bedeutung abgenommen hat. Mündung breit, halbeiförmig, obere Ecke schwach, untere spitzwinklich ausgezogen; Mundrand verdickt, geschweift, etwas unterhalb der Mitte kantig, innen und aussen callös; Spindel etwas gebogen, gelippt und umgeschlagen.

Vaterland: Mauritius (Nevill) Copie nach Nevill.

Das charakteristische dieser Art liegt in dem Spiralwulst, der den Hauptumgang umzieht und sehr nach einer Monstrosität aussieht, die einer der vielen halbgerippten Arten angehören mag.

81. Rissoina evanida Nevill.

Taf. 15. Fig. 11.

Testa ovato-conoidea, minutissima, alba; spira turrita, anfractibus 6 convexis, superioribus 2
embryonalibus glabris et nitidis, alteris spiraliter anguste et scabre striatis, longitudinaliter oblique
undulatis, undulis intertum indistinctis et distantibus, anfr. ultimi parte inferiore undulis carentibus;
apertura obliqua semiovalis, superne inferneque acutangulata; labrum arcuatum, inferne bene rotundatum, parum incrassatum, extus crenulatum et varicosum; columella arcuata, labiata, inferne abrupte
reflexa.

Long. 2,5, diam. 1 Mm. Nevill ex angl.

Rissoina evanida Nevill in Journ. Asiatic. Soc. of Bengal B. XLIII. 2. (1874) p. 25.
t. 1 f. 14.

Schale eiförmig-conoidisch, sehr klein, weiss; Spira thurmförmig, besteht aus 6
convexen Umgängen, wovon die beiden obersten embryonalen glatt und glänzend sind, die
folgenden tragen enge und scharfe Spiralstreifen und eine schiefe Undularlängssculptur
die zuweilen undeutlich und entferntstehend wird, auf dem untern Theil des Hauptumganges sich aber ganz verloren hat; Mündung schief gegen die Axe, oben und unten in
scharfe Ecken auslaufend, halb oval; Spindel gebogen, gelippt, unten plötzlich scharf
ausgebogen und den obern Schenkel der scharfen Ecke der Mündung bildend; Mundrand nicht sehr verdickt, ausgeschweift; nach unten wohl abgerundet, am äusseren Rand
fein ausgezackt in Folge der scharfen Spiralstreifen und mit Varix versehen.

Vaterland Andamanen (Nevill dessen Bild copirt ist).

Nevill vergleicht dies kleine Schneckchen mit R. nivea A. Adams von Australien es sei nur
kleiner, die Spiralsculptur sei über die ganze Schale statt nur auf dem untern Theil verbreitet, die
Rippen seien minder ausgebildet und auch schiefer dagegen der charakteristische Theil, die untere
Portion der Mündung und Spindel ganz gleich gebildet.

82. Rissoina minuta Nevill.

Taf. 15. Fig. 12.

Testa oblongo-conoidea, minutissima, translucida, alba; spira turrita, anfractibus 8 angulatis,
superioribus 3 embryonalibus, tenuibus, glabris, interdum decollatis, alteris longitudinaliter costatis,
costis crassis, subobliquis et interdum irregularibus, interstitiis glabris, anfr. ultimo prope basim granulis prominentibus circundatus; apertura lata, semiovata, inferne superneque angulata, columella
obliqua, arcuata, labiata; labrum arcuatum, medio productum, incrassatum, lnevigatum.

Long. 1,50 diam. 1 Mm. (Nevill ex angl.)

Rissoina minuta Nevill Journal Asiatic Society of Bengal XLIII, 2 (1874) p. 25 t. 1 f. 15.

Schale länglich-kegelartig, sehr klein, durchscheinend, weiss, Spira gethürmt besteht aus 8 kantigen Umgängen, von denen die 3 obersten embryonal, dünn und glatt,

die folgenden grob, etwas schief und zuweilen unregelmässig gerippt sind. Zwischenräume glatt, der Hauptumgang ist unten von einem Halsband umzogen, das durch eine Reihe starker Perlen gebildet wird. Mündung weit, halb eiförmig, unten und oben in Winkel auslaufend, die indess nicht sehr spitz sind; Spindel schief, gebogen und gelippt; Mundrand geschweift, in der Mitte vorgezogen, verdickt und aussen mit glattem Varix versehen.

Vaterland: Andamanen (Nevill dessen Bild copirt ist).

Steht der R. obeliscus Hecloz nahe, doch sind die Windungen nicht so stark abgesetzt.

83. Rissoina Rissoi Audoin.

Taf. 15. Fig. 13.

Testa oblongo-ovata, costata, alba; spira turrita, anfractibus 9 convexis, superioribus 3 embryonalibus glabris, sequentibus longitudinaliter costatis, sutura impressa; apertura obliqua, ovata superne angulata, inferne rotundato-subeffusa; columella obliqua labiata; labrum arcuatum, extus incrassatum, varicosum.

Long. 3,5. diam. maj. 0,8 Mm. ex icone.

Mangelia Rissoi Audoin Explic. des pl. de Savigny Descr. de l'Egypte t. 4 f. 1.

Schale länglich-eiförmig, gerippt, weiss; Spira gethürmt, besteht aus 9 convexen Umgängen, wovon die 3 obersten embryonalen glatt, die übrigen längsgerippt sind, durch eine vertiefte Naht getrennt; Mündung schief, eiförmig, oben winkelig, unten abgerundet beinahe ausgussartig, Spindel schief, gelippt; Mundrand verdickt, geschweift, aussen mit Varix versehen.

Vaterland: Rothes Meer (Savigny).

Philippi identifizirte die Savigny'sche Figur mit Rissoina Brugnieri Payr. und Issel brachte sie fraglich in Beziehung zu R. scalariformis Schwarz, die nothwendigerweise getheilt werden muss, die westindische Form behält den Namen, die ostindische fällt mit R. triticea Pease zusammen, von der allerdings diese Mangelia Rissoi Audoin eine schlanke Form sein könnte, die dann hier als gedrungene Form angeschlossen werden müsste. Taf. 15b fig. 3 gebe ich davon eine Abbildung nach Exemplaren von Mauritius, die aber ganz mit solchen stimmen, die ich direct aus der Hand von Pease erhalten habe.

84. Rissoa Bertholleti Audoin.

Taf. 15. Fig. 14. 15.

Testa elongato-ovata, spiraliter striatula, longitudinaliter costata, alba; spira turrita, anfractibus 10 conveziusculis, superioribus 2 embryonalibus glabris, sequentibus anguste et angulose-costatis interstitiis exilissime spiraliter striatis, sutura vix impressa, tenuissima, anfractu ultimo ⅔ altitudinis testae aequante, inferne funiculo spirale ornato; apertura ovata, superne angulata, inferne effusa; columella concava, labiata, inferne recurvata; labrum arcuatum, medio productum, extus varicosum. Long. 9; diam. maj. 3,5 Mm. wird von Issel 11 Mm. lang angeführt.

Mangelia Bertholleti Audoin Explic. des pl. de Savigny Descr. de l'Egypte t. 4. f. 2. Issel mar rosso p. 208. M'Andrew Rep. p. 6,

Schale schlank-eiförmig, fein spiral gestreift und der Länge nach gerippt, milchweiss; Spira gethürmt, besteht aus 10 leicht convexen Umgängen, wovon die beiden obersten embryonal und ganz glatt, die übrigen eng und scharf gerippt sind, die viel breitern Zwischenräume sind sehr fein gestreift, sie sind durch eine sehr dünne, kaum eingeritzte Naht getrennt. Der Hauptumgang misst ²/₅ der ganzen Schale und ist unten von einem tief gefurchten Wulst spiral umzogen. Mündung eiförmig ein wenig eckig, oben in eine Spitze auslaufend, unten ausgussartig ausgeschnitten; Spindel concav, gelippt, unten umgebogen, nicht abgestutzt, Mundrand wenig verdickt, ausgeschweift, gegen die Mitte stark vorgezogen, aussen mit Varix versehen, der zwar breit aber wenig dick ist.

Vaterland: Rothes Meer, (Savigny Issel) Tor und Zeite Spitze (M'Andrew) Massaua (Jickeli) Roweiah (Nevill) Persischer Golf (Nevill).

85. Rissoina Seguenziana Issel.

Taf. 15 Fig. 16.   Taf. 15e Fig. 2.

„Testa solida, alba, turrita; spira elongata, conico-acuminata, longitudinaliter costata, transversim cingulata; anfractibus 9—10 convexis, sutura impressa separatis; costis longitudinalibus circa 12—13, cingulis transversis 4—5 in anfractibus superioribus, 6—7 in ultimo; anfractu ultimo circa ²/₃ altitudinis aequante; antice callo noduloso circumdato; apertura semiovata, angustata, angulo superiori acuta, inferiori dilatato-effusa; labro sinuato, inferne valde producto, extus valde incrassato, transversim cingulato; margine columellari subobliquo, in medio impresso, infra canali abbreviato et obtusato.

Long. 5 lat. 1⅔ Mm." (Issel).

Rissoina Seguenziana Issel Mar. rosso p. 209. auf Savigny Descr. de l'Egypte t. 4 f. 3.

Schale verlängert-eiförmig, weiss wie kandirt, zuweilen mit einzelnen braunen Streifen; Spira thurmförmig, lang ausgezogen-konisch, besteht aus 9—10 convexen durch eine vertiefte Naht geschiedenen Umgängen, die der Länge nach gerippt und spiral gekielt sind, es sind ungefähr 12–13 Rippen und auf den obern Umgängen 3—2 auf dem vorletzten 4 und auf dem letzten 6—7 Spiralkiele vorhanden, die deutliche Perlen auf den Kreuzungspunkten tragen, also geperlte Rippen sind; Hauptumgang etwa ²/₅ der Gesammtlänge einnehmend ist unten durch keinen besondern Wulst umzogen, es ist der letzte Kiel der diesen ersotzt, der schwächer geperlt aber stärker geknotet ist. Mündung halbeiförmig, eng, obere Ecke scharf, unter erweitert ausgussartig; Spindel etwas schief, in der Mitte eingedrückt, gelippt, oberhalb des Kanals abgestutzt und stumpf; Mundrand geschweift, nach unten vorgezogen, aussen verdickt mit scharfem, geperltem Rand.

Vaterland; Rothes Meer (Savigny), Golf von Suez (Issel), Roweiah (G. Nevill), Per
sischer Golf und Bombay (G. Nevill).

Diese Art steht der R. media Schwarz, die Jickeli zu Massaua im rothen Meer gesammelt hatte
ausserdem von Ceylon, Arakan, Java und den Andamanen bekannt ist und der R. Samoensis Dunker, wie ich sie von Otto Semper habe, sehr nahe, ja es scheint mir, als wenn die Diagnose von
Issel besser auf R. media passte als auf unsre Art. Die Mündung ist bei R. Seguenziana am wenigsten
schief, am meisten bei R. media, deren Wulst auch am stärksten ausgebildet ist, wenigstens an ältern Exemplaren als dem Schwarz'schen Originale, bei R. Samoensis und media kommt es nicht
zu einer Perlenbildung auf den Kreuzpunkten, doch sehr nahe daran, so dass daraus kein Unter-
scheidungsmerkmal herzunehmen ist. Es sind dies 3 Arten, die sich einander ergänzen und dann wohl
als Varietäten einer Form zu betrachten sind.

86. Rissoina japonica Weinkauff.

Taf. 15. a. Fig. 1.

Testa minuta, elongato-conica, pellucida, nitida, alba; spira turrita, apice obtuso, anfractibus
7½, superioribus 1½ embryonalibus mamillatis, caeteris superne angulatis, planis, indistincte spiraliter liratis, lira subsuturali prominente, sutura vix distincta; apertura ovata, superne angulo acuto
subcanaliculato munita, inferne subeffusa; columella obliqua, inferne noduloso-abbreviata; labrum acutum, arcuatum medio versus productum, extus parum distincte varicosum.

Long. 3,5; diam 1,3 Mill.

Schale klein, schlank-konisch, dünn, glänzend glatt und durchscheinend, weiss;
Spira gethürmt mit stumpfer Spitze, besteht aus 7½ Umgängen, die leicht abgesetzt sind,
die obersten 1½ sind embryonal und zitzenförmig, die folgenden an der Naht etwas
kantig vorstehend, eben, undeutlich spiral gestreift, der der Naht nächste Streifen am
stärksten *) — die grosse Durchsichtigkeit lässt auch die innern Windungslinien äusserlich
erkennen und als Streifen erscheinen — Naht undeutlich. Mündung eiförmig, oben in
eine spitzwinklige, fast canalartige Ecke auslaufend, unten fast ausgussartig ausgebogen;
Mundrand scharf, ausgeschweift, gegen die Mitte vorgezogen, aussen mit einem wenig
deutlichen Varix versehen.

Vaterland: Japan (G. Nevill) aus dem Indian Museum.

---

*) Auf dem Bild fig. 1 links ist der Hauptleisten zu stark vorspringend gezeichnet, wodurch es
den Anschein gewinnt, als wenn er unmittelbar an der Naht stände, was nicht der Fall ist.

87. Rissoina semiplicata Pease.

Taf. 15. a. Fig. 2.

„Testa subulata, polita, nitida, subpellucida, alba, anfractus 6 plano-convexi, spira obsolete longitudinaliter plicata; apertura ovata, antice obsolete canaliculata." (Pease).

Long. 3,5 diam. 1,5 Mm.

Rissoina semiplicata Pease Proc. zool. Soc. London 1862 p. 242 idem in Am. Journ. of Conch. III. 1867 p. 295 t. 24 f. 29.

Schale eiförmig-konisch, glatt und sehr glänzend, weiss; Spira gethürmt, schnell zunehmend und sehr spitz, besteht aus zwei glatten, stumpflichen Embryonalwindungen und 6 undeutlich gerippten Hauptumgängen, die durch eine wenig deutliche Naht getrennt sind, der beinahe die Hälfte der ganzen Schale einnehmende letzte Umgang ist völlig glatt; Mündung eiförmig, oben kanalförmig ausgespitzt, unten gerundet und leicht ausgussartig verengt; Spindel gebogen, gelippt, Mundrand geschweift, verdickt, gegen unten stark vorgezogen, ohne deutlichen Varix.

Vaterland: Howland Insel, — Ocean pacifique — (Pease) aus dem Indian Museum.

Die Durchscheinigkeit ist so gross, wie bei R. vitrea C. B. Adams, dass man die innern Nähte aussen sieht, obgleich gerippt, scheint das Schneckchen doch der Gruppe der R. coronata Recluz also dem Subgenus Zebina anzugehören.

88. Rissoina subulina Weinkauff.

Taf. 15a. Fig. 3.

Testa culimaeformis, laevigata, nitidissima, solidiuscula, albida; spira, subulata, apice obtuso, anfractibus 8, superioribus embryonalibus mamillatis, caeteris subplanis, glabris, sutura impressa separatis; apertura rotundata superne angulata, inferne emarginata; columella arcuata, late labiata; labrum incrassatum medio productum et inflexum, extus-varicosum.

Long. 3,75 diam. 1,5 Mm.

Schale kegelförmig, culimaartig, sehr glatt und glänzend, ziemlich solid, weisslich; Spira pfriemenförmig mit stumpfem Ende besteht aus 8 Windungen, von denen die obersten embryonalen zitzenförmig, die folgenden beinahe eben und ohne Sculptur, durch eine vertiefte Naht getrennt sind. Mündung ziemlich abgerundet, oben in eine Ecke auslaufend, unten weit ausgeschnitten; Spindel gebogen, weit gelippt. Mundrand verdickt, in der Mitte vorgezogen und umgeschlagen, aussen mit Varix versehen.

Vaterland Japan (A. Adams) aus dem indischen Museum.

Auf Figur links ist der Mundrand zu wenig vorgezogen gezeichnet, wodurch die Mündung oval statt rund erscheint. Die Streifen hinter dem Varix auf der Fig. 6 sind als blose Anwachsstreifen viel zu stark und entstellen die Figur.

89. Rissoina Adamsiana Weinkauff.

Taf. 15a. Fig. 4.

Testa conoidea, alba, spira turrita, anfractibus 7 superioribus 3 (2 embryonales) glabris, caeteris sub lente oblique et undulate striatulis, convexiusculis, sutura lineari, impressa separatis; apertura ovata superne angulata, inferne vix emarginata, columella obliqua, leviter labiata; labrum tenue, arcuatum basin versus productum, extus marginatum haud varicosum.
Long 4 diam. 1,2 Mm.

Schale conoidisch, weiss; Spira gethürmt, besteht aus 7 Umgängen, wovon die drei obersten glatt (2 embryonale zitzenförmig) die folgenden leicht gewölbt und mit schiefen und undulirten Streifchen, die jedoch nur unter der Loupe sichtbar sind, gezeichnet, Naht fein eingeritzt. Mündung eiförmig, oben winklig, unten kaum ausgerandet; Spindel schief, leicht gelippt unmittelbar ohne Trennungsmerkmal mit dem Mundrand verbunden; Mundrand dünn, ausgeschweift, nach unten hin vorgezogen, aussen gerandet nicht mit Varix versehen.

Vaterland: Japan (G. Nevill) Indian Museum.

Dies ist eine ausgezeichnete Art, die mit ihrer undulirten Sculptur einzig dasteht und nur an einige Rissoa Arten erinnert, die aber gerippt sind.

Auf dem Bild ist die Mündung zu kurz und die Spindelverdickung ist Phantasie des Zeichners.

90. Rissoina (Isseliella) mirabilis Dunker.

Taf. 15a. Fig. 5.

Testa ovato-conica pallide ochracea, spira turrita, rapide acrescens, anfractibus 9 convexis, superioribus 2 embryonalibus glabris albidis, caeteris lirulis longitudinalibus et spiralibus aequalibus exiliter decussatis sutura impressa separatis; apertura ovata, superne canaliculata, inferne late et profunde effusa; columella concava, labiata, inferne nodulo armata; labrum acutum, arcuatum, extus varicosum.
Long. 5,5, diam 3 Mm.

Rissoina mirabilis Dunker in Mus. Godeffroy Cat. IV p. 75.
Isselia   —   O. Semper in Mus. Godeffroy Cat. V p. 110 nota p. 104.
Isseliella   —   G. Nevill MS. in Ind. Museum.

Schale eiförmig-conisch, matt hell ockergelb; Spira gethürmt, schnell zuwachsend besteht aus 9 gewölbten, durch eingerizte Naht getrennten Umgängen, wovon die beiden obersten embryonal und glatt und weiss sind, die folgenden sind durch feine Spiral- und Längsstreifchen sehr schön gegittert, an den Kreuzpunkten zeigen sich nur undeutlich Perlenreihen. Mündung eiförmig oben canalartig auslaufend, unten mit deutlichem, breitem und tiefem wahren Ausguss versehen, der durch knotenartige Endigungen von Spindel und Mundrand begrenzt und scharf markirt wird; Spindel einwärts gebogen, gelippt, endigt unten in eine knopfförmige Verdickung; Mundrand scharf, geschweift, ebenfalls in eine doch minder starke Verdickung endigend, aussen mit Varix versehen.

Vaterland: Upolu Insel (Mus. Godeffroy) aus dem Indian Museum.

Bei Isseliella abnormis Nevill habe ich das nöthige über dieses neue Genus gesagt, die vorliegende schöne Art ist also der Typus desselben.

91. Rissoina Peaseana G. Nevill.

Taf. 15a. Fig. 6.

Testa elongato-conica, nitidissima, albida; spira turrita, acuminata, anfractibus 12, superioribus embryonalibus mamillatis, sequentibus 4 longitudinaliter costatis, caeteris glabris, planiusculis, sutura impressa separatis; apertura ovata, superne angulata, inferne late emarginata; columella arcuata, labiata, inferne contorta, leviter incrassata; labrum incrassatum, arcuatum, inferne productum, intus glabrum, extus varicosum.

Long. 12,5 diam. 5 Mm.

Rissoina tritendata var. curta (Sow.) Pease in Journ de Conch. X p. 382.
— Peaseana G. Nevill Ms. Hand list. part. II.
— crassilabra Garret Proc. Calif. Acad. Vol. I. teste Pease.

Schale schlank-kegelförmig, sehr glatt und glänzend, weisslich; Spira gethürmt, lang und spitz ausgezogen, besteht aus 12 fast ebenen Umgängen, wovon die zwei obersten, meist abgebrochenen glatt und zitzenförmig, die 4 folgenden kurz gerippt und die übrigen glatt und ohne Sculptur sind. Naht eingeritzt, der Hauptumgang verdickt sich nicht besonders stark im Verhältniss zu dem folgenden; Mündung eiförmig, oben winklig verengt, unten weit ausgerandet; Spindel gebogen, gelippt unten gedreht und leicht verdickt; Mundrand verdickt, ausgeschweift, unten vorgezogen, innen glatt nur gegen den Ausguss verdickt, aussen mit Varix versehen.

Vaterland: Rarotonga, Upolu, Tahiti (Mus. Godeffroy) aus dem Indian Museum.

Im Museum Godeffroy hatte man diese Art zuerst als Eulima denticus Dunker, dann als R. ? aff. R. tritendata angesehen und versendet, die Uebereinstimmung mit dieser letzten Art ist lange nicht so gross, als die mit der fossilen R. macrotoma Deshayes (Schwarz von Mohre stern t. 9 f. 71) schon das Fehlen der Lippenbewaffnung musste darauf führen. Auf meiner Fig. 6 ist der Mundrand stark verzeichnet und zwar soll die Ausweitung nicht in der Mitte sondern unten sein, dadurch würde die Mündung statt halbmondförmig mehr halbeiförmig werden und ein anderes Ansehen erhalten, weil oben enger und unten weiter statt umgekehrt.

92. Rissoina Nevilliana Weinkauff.

Taf. 15a. Fig. 7. Taf. 15d. Fig. 2.

Testa elongato-conica, albida, indistincte flavidulo fasciata, modice nitida, spira turrita, lente acrescens, anfractibus 8 angulatis (embryonales fracti) longitudinaliter costatis, costis crassis, inaequalibus, spiraliter exilissime striatis, sutura profunde impressa separatis; apertura ovata, angulis parum acutis, columella concava, labiata, labrum incrassatum, arcuatum medium versus subproductum, extus subvaricosum.

Long. 13 diam. maj. 4,6 Mm.

Schale schlank-kegelförmig, weisslich mit undeutlichen gelblichen Binden, mässig glänzend; Spira thurmförmig, sehr langsam zunehmend, besteht aus 8 kantigen Umgängen, ohne die fehlenden abgebrochenen Embryonalwindungen, die durch eine tief eingesenkte Naht getrennt sind, sie sind der Länge nach grob gerippt; die Rippen stehen auf den obern Umgängen sehr gedrängt und sind auch schiefer als auf den untern, zuweilen blieb ein Mundrand stehen und diese Varices machen die Rippung uuregelmässig, die Zwischenräume sind äusserst fein spiral gestreift, so fein, dass sie bei der gezeichneten Vergrösserung nur ganz unten sichtbar sind; Mündung eiförmig, oben wenig eckig, unten leicht ausgussartig ausgeschnitten; Spindel einwärts gebogen, gelippt, verläuft unten ohne Abstutzung in den Mundrand beziehungsweise den ausgussartigen Ausschnitt; Mundrand verdickt, geschweift gegen die Mitte leicht vorgezogen, aussen schwach gewulstet.

Vaterland: Kowloon — Küste von China, Hongkong gegenüber — Nevill.

Ich widme diese neue Specie aus der Verwandschaft der R. costata Adams dem Verwalter des Indian Museums Hrn G. Nevill, der durch Herleihen des grossen Materials dieses Museums es hat möglich gemacht, diese Arbeit in dieser grossen Vollständigkeit den Abonnenten des Conchylien Cabinets vorzulegen. (Sowerby im Reeve hat für Rissoa. Rissoina, Alvania und Cingula 123 Nummern, ich habe mehr von Rissoina allein). Leider ist die Figur so stark verzeichnet, dass ich auf einer spätern Tafel eine neue geben muss, die unten zu starke Dicke lässt das Verhältniss der Höhe zur Dicke und das sehr langsame Zuwachsen nicht erkennen.

93. Rissoina miranda A. Adams.
Taf. 15a. Fig. 8.

Testa minuta, elongato-conica, flavido-candida, spira turrita, anfractibus 7, superioribus 1½ embryonalibus glabris, sequentibus costis spiralibus duabus inaequalibus, prominentibus cinctis, majore suturale, granoso crenulata, altera indistincte crenulata, anfractus ultimus breviusculus spiraliter quadriliratus, lira suprema crenulata; apertura minuta, ovata, angusta, columella arcuata, labiata, labrum modice incrassata, extus vix varicosa.

Long. 3,2. diam. 1 Mill.

Rissoina miranda A. Adams in Ann. et Mag. nat. hist. 1861.

Schale klein, schlank-kegelförmig, gelblich glänzend; Spira thurmförmig, spitz ausgezogen, besteht aus 7 Umgängen, wovon 1½ glatt und embryonal sind, die folgenden sind von zwei ungleich starken Spiralstreifen umzogen, wovon der der Naht nächste der stärkste und dieser mit dicken Perlenartigen Erhöhungen versehen oder stark crenulirt erscheint, der andere schwächere ist nur undeutlich ausgezackt oder granulirt; Hauptumgang kurz trägt 4 Ringe, von denen nur der oberste granulirt ist. Mündung klein, eiförmig, eng; Spindel gebogen, gelippt; Mundrand mässig verdickt, aussen mit Varix versehen.

Vaterland: Japan (A. Adams) Hongkong (G. Nevill) aus dem Indian Museum.

Diese nette Art ist kaum von R. insolida Deshayes von der Insel Bourbon verschieden, die sehr vielgestaltig ist. Ich verdanke Herrn Nevill ausser der Hauptform seine 3 Varietäten deformis major und depauperata. Ihre Verbreitung ist auch eine sehr weite: Ausser Bourbon findet sie sich zu Mauritius, Ceylon, Bombay, Arakan, Andamen und Singapore.

Die Figuren müssen auf den ersten Tafel der folgenden Lieferung ersetzt werden, sie sind ganz missrathen.

94. Rissoina Hungerfordiana G. Nevill.

Taf. 15a. Fig. 9.

Testa elongato-conica, albida; spira turrita, regulariter accrescens, anfractibus 8½ convexius-culis, superioribus 1½ embryonalibus glabris, caeteris costulis longitudinalibus spiralibusque noduloso-decussatis, costulis longitudinalibus 12—13 et spiralibus 3 in anfractu penultimo, costulis spiralibus 5 in anfr. ultimo; anfr. ultimo inferne spiraliter sulcato et loroso lirato; sutura canaliculata; apertura semilunata superne inferneque emarginata; columella obliqua, inferne leviter nodosa, abbreviata; labrum modice incrassatum, medio productum extus marginatum haud varicosum.

Long. 5,3, diam. 2 Mm.

Schale schlank-kegelförmig, weisslich; Spira gethürmt lang und regelmässig ausgezogen, besteht aus 8½ Umgängen, die durch eine feine in breiter Rinne liegender Naht getrennt sind; die 1½ obersten, embryonalen sind zitzenförmig, dick und glatt, die folgenden sehr regelmässig durch Längs- und Spiralrippchen decussirt und an den Kreuzungspunkten geperlt, auf den obern Windungen zählt man 12—13 Längs- und 3 Spiralrippchen auf den letzten Umgang sind von letzten 5 vorhanden, ausserdem an der Basis durch eine tiefe Furche getrennt noch ein spirales, gegliedertes Halsband; Mündung halbmondförmig, oben und unten ausgeschnitten, oben winkelig; Spindel schief, wenig gebogen, endet in eine knopfförmige Verdickung und ist hier abgestutzt; Mundrand wenig verdickt, gegen die Mitte vorgezogen, aussen gerandet ohne Varix.

Vaterland: Hongkong (Nevill) aus dem Indian Museum.

Auf dem Bilde sind die Zwischenräume zwischen den Längsrippchen zu eng und die Rippchen zu dick gezeichnet, dadurch ist die Zahl der Perlen der Kreuzpunkte zu gross, die Mündung ist auch verzeichnet, sie ist nicht so schief und höher als breit, Basalfurche und Halsband sind nicht deutlich genug.

95. Rissoina (Iravadia) ornata Blanford.

Taf. 15b. Fig. 1.

„Testa turrita, decollata, subcylindrica (junior elongato-conica) solida, spiraliter costata inter costas confertim verticaliter costulata, sub epidermide olivacea vel ferruginea albida. Anfr. supremi, 3 - 4 rotundati, superi tribus, penultimus quatuor, ultimus sex costis spiralibus ornati, juxta aperturam paulo ascendente. Apertura subverticalis, elliptica, intus alba (in testa juniori postice angulata) antice subangulata et — in testa adulta — obsolete effusa, in juniori subcaniculata; peristoma extus incrassatum nodoso-variciforme, nodis costis spiralibus congruentibus, intus vix expansum. Operc.?

Long. 4,5 diam. 2,5 Mm." (Blanford).

Iravadia ornata Blanford Journ. Asiatic Soc. Bengal. 1867 p. 6 t. XIII. f. 13—14.

Schale kegelförmig, meistens decollirt, solid; schmal gerippt und in den Zwischen-räumen eng und fein längst gestreift, unter einer olivengrün oder rostfarbigen Epidermis weisslich; Spira gethürmt, fast cylindrisch — bei jungen Schalen länglich-kegelförmig — besteht aus 3—4 runden obersten ohne Sculptur und 5 Hauptumgängen, von welcher die 3 obern mit 3, der folgende vorletzte mit 4 und der letzte mit 6 Spiralleisten geziert sind; Mündung fast senkrecht, elliptisch, innen weiss, bei jungen Exemplaren oben eckig, bei alten hier abgerundet eckig, unten beinahe eckig und undeutlich ausgeschnitten — bei jungen Schalen beinahe kanalartig ausgeschnitten — Spindel wenig gebogen, schief, mit callöser Lippe, unten unmittelbar in den Ausschnitt verlaufend; Mundrand aussen stark varixartig verdickt, breit, an Stelle der Rippen mit Knötchen besetzt, innen gelippt und der Rand nicht vorgezogen, die Rippenenden stehen hier etwas vor und lassen den Rand zackig erscheinen.

Vaterland: Sunderbunds in der Nähe von Port Canning — Calcutta — (Blanford) Meine Sammlung aus dem Indian Museum zur Abbildung überwiesen.

Auf diese Art gründete Blanford l. c. das Genus Iravadia und charaktrisirte es folgender Maasen:

Testa imperforata, turrita, spiraliter costata, solida epidermide tecta; apertura ovata, integra, antice obsolete effusa, peristomate recto. extus variciformi-incrassata, intus dilatata. Animal? Opercu-lum?

Schale nicht genabelt, gethürmt, spiral gerippt, dick, mit Epidermis bedeckt; Mündung eiförmig, ganz unten undeutlich ausgeschnitten, aussen varixartig verdickt und meist ausgedehnt.

Ausser der Epidermis ist kaum ein Merkmal vorhanden, das die generische Abtrennung von Ris-soina verlangte, es sei denn, dass Thier und Deckel, bisher noch unbekannt, sie rechtfertige. Ich un-terlasse es daher die ziemlich weitschweifige Auseinandersetzung Blanfords hier zu wiederholen. Als Subgenus mag sie bestehen, dazu würde die folgende Art und die von Schwarz beschriebene und zuerst abgebildete Rissoina sulcifera Troschels zu rechnen sein, vielleicht auch nach Blanford das was A. Adams als Vanesia sulcatina von Japan in Ann. et Mag. Nat. hist. Ser. 3 VIII. p. 24 beschrieben hat.

96. Rissoina (Iravadia) trochlearis Gould.

Taf. 15b. Fig. 2.

„R. testa parva, crassa, cinerea, ovoidea; anfr. nucleosis tribus levibus normalibus 4 convexiusculis, ultimo carinis 7 elevatis acutis cincto, quarum 3—5 (plerumque 3) spiram ascendente, interstitiis late excavatis, saepe clathratis; apertura ovalis, peritremate continuo vel in juniori effuso. Axis 0,16; diam. 0,073 poll." (Gould).

Long. 4 diam. maj. 1,75 Mm.

Rissoina trochlearis Gould Otia Conch. in Proc. Bost. Soc. N. H. VII. febr. 1861 Sowerby in Reeve's Conch. Ic. t. 11 f. 103.

— annulata Dunker Moll. Jap. p. 12. t. 2 f. 12*)

Schale klein, stark, kegelförmig, graubraun, in der Regel die Rippchen heller, doch auch umgekehrt, dunkel und heller, selbst ganz weiss; Spira gethürmt, besteht aus 7 Umgängen, die durch eine vertiefte Naht getrennt sind, die obersten 3 sind glatte Embryonalwindungen, die folgenden sind spiral mit Ringen oder Kielen umzogen, von denen auf die beiden obern 2, auf den vorletzten 3 und auf den letzten 6 oder 7 kommen; die Zwischenräume sind ausgehöhlt und meistens bei guter Erhaltung sehr fein decussirt; Mündung eiförmig, schief, oben und unten wenig kantig, der untere Ausschnitt nur bei junger Schale ausgussartig; Spindel schief, wenig gebogen, callös gelippt; Mundrand scharf und ausgezackt, aussen varixartig verdickt, innen ausgedehnt und gelippt.

Vaterland: Japan — Decima — (Xuhn) China (W. Stimpson) Hongkong, Singapore Andamanen, Arakan, Bombay, Persischer Golf, Ceylon, Aden (G. Nevill) aus dem Indian Museum meiner Sammlung überwiesen.

Diese nette Art wurde fast gleichzeitig veröffentlicht, von Gould nur 3 Monate früher als von Dunker, des Letztern Name A. annulata wäre als passender vorzuziehen, besonders wenn die Darstellung Sowerby's nach Charpentier richtig ist, was ich im Augenblick nicht controlliren kann, aus der hervorgeht, dass Gould dieselbe Art auch noch als R. sulcifere Varität und als R. ligata beschrieben habe. Es kommt bei Hongkong, Bombay und im Persischen Busen eine constant kleinere Form vor, die Nevill als var minor (L. 3½ d. 1½ Mm.) ausgeschieden hat., die mir auch vorliegt und rechts abgebildet ist. Die Ringe sind auch dünner als die Zwischenräume.

A. Adams versendete diese Art aus japanesischen Fundorten als Onoba cingulifera A. Adams.

97. Rissoina triticea Paese.

Taf. 15b. Fig. 3.

Testa ovato-conica, albida; spira turrita, rapide acrescens, anfractibus 8 convexis, superioribus 2 embryonalibus glabris, caeteris longitudinaliter costatis, costis validis, compressis, prominentibus,

*) Testa elongata, crassa, alba, anfractibus senis transversim costatis instructa, ultimus dimitiam testae partim occupans; apertura ovata; labrum incrassatum.

acutis, continuis, il in ultimo anfractu, sculptura spirali carente aut indistinctissima, sutura impressa; apertura perobliqua, ovata, utrinque effussa; labrum subincrassatum, ad mediam partem productum; columella obliqua, inferne leviter incrassata et abbreviata.

Lon. 2,75 diam. maj. 1 Mm.

Rissoina triticea Pease Proc. zool. Soc. London 1860 p. 438 idem Journ. de Conch. X p. 382.
— scalariformis Schwarz Rissoiden p. 127 ex parte. Deshayes Moll. Reunion
p. 61 M'Andrew Report Rothes Meer. p. p. 14. Liénard Moll. Maur.
p. 45. non C. B. Adams.
— orientalis Nevill Ms. in Handlist Part. II. idem Journ. of As. Soc. Bengal L. II p. 161.

Schale eiförmig-kegelförmig, weisslich; Spira thurmförmig, schnell an Dicke zunehmend, besteht aus 8 gewölbten Umgängen, wovon zwei embryonal und glatt, die übrigen der Länge nach grob gefaltet sind, die Rippen sind zusammengedrückt, vortretend scharf und stehen übereinander, auf dem Hauptumgang zählt man 11 Rippen, Spiralsculpur fehlt ganz oder ist doch so schwach dass sie nur unter stärkster Vergrösserung sichtbar wird, Naht vertieft; Mündung sehr schief, eiförmig, an beiden Enden ausgussartig verengt; Spindel schief, unten leicht verdickt und abgestutzt; Mundrand etwas verdickt, gegen die Mitte vorgezogen, aussen wenig deutlich varixartig verdickt.

Vaterland: Rothes Meer — Massaua, Djedda (Jickeli) Roweiah (Blanford) — Aden, Ceylon, Mauritius und Andamanen, (Nevill) Südsee (Pease). Aus meiner Sammlung, das gezeichnete Exemplar stammt aus dem Indian Museum.

Diese Art von Schwarz und Andern mit R. scalariformis C. B. Adams von Panama vermengt, wurde von G. Nevill als gute Art ausgeschieden und in der Handlist zum Indian Museum als R. orientalis bezeichnet und auch so mir eingesandt. Von Pease hatte ich früher 4 Exemplare seiner R. triticea erhalten, die ich auf die C. B. Adams'sche Art schon gedeutet und die ich in nichts von dem mir durch Nevill gesandten, auch schon von Jickeli erhaltenen Exemplaren aus dem rothen Meer unterscheiden kann, ich lege der Art daher den ältesten Namen bei. Die Unterschiede gegen R. scalariformis liegen im Fehlen oder Obsoletsein der Spiralsculptur, weniger schlanker Form und einem Umgang weniger bei gleicher Grösse, zitzenförmigem Embryonalende statt „spitzem" u. s. w. sie genügen um bei so verschiedenem Herkommen eine Trennung zu rechtfertigen. Auf diese und ähnliche Arten gründete G. Nevill sein Subgenus Schwartziella.

98. Rissoina strigillata (?) Gould.
Taf. 15b. Fig 4.

„T. fusiformis, turrita, vitrea, lactea; anfr. 8 convexiusculis; sutura profunda; anfr. ultimo clathris elevatis circ. 22 et costis volventibus sensim remotioribus ad 10 cancellato, et ad decussationes gemmato. Apertura parva vix effusa; peritremate crenato, sulco postsiphonali profundo et in rimam umbilicalem producto. Axis 5; diam 2.20 Millim." (Gould).

Rissoina strigilata (?) Gould Otbia conch. Proc. Bost. Soc. VIII Febr. 1861.

l. 22.

10

Schale spindelförmig, glassartig, milchweiss, schmutzig weiss mit schwärzlichen Resten eines Ueberzuges); Spira gethürmt, schnell zuwachsend, besteht aus 8½ Umgängen, von denen die 1½ obersten embryonal, glatt und matt weiss sind, die übrigen sind sehr regelmässig decussirt, auf dem letzten Umgang stehen 22 Längs- und 10 Spiralleisten diese letzteren prädominiren etwas, die Naht ist breit und tief, um die Mündung herum verläuft eine Spiralfurche, die tiefer ist als die Zwischenräume und die neben der gedrehten Spindel in einen Nabelritz verläuft; Mündung schief, oben spitzwinkelig, unten abgerundet, kaum ausgeschnitten; Spindel schief und gedreht, unten abgestutzt, innen wohl gelippt und faltenartig verdickt; Mundrand scharf, ausgezackt, gegen die Mitte und nach unten vorgezogen, aussen breit doch nicht sehr stark varixartig verdickt.

Vaterland: Loo Choo — China — (Gould) Hongkong unter Steinen (Nevill) aus meiner Sammlung, Exemplare Geschenk des Herrn Nevill Conservators des Indian Museum, worin noch weitere Exemplare aufbewahrt werden.

Herr Nevill hat mit Recht ein? zugesetzt, das mir zugesandte Exemplar lässt mit der Diagnose verglichen vielfach Zweifel, ob die Art richtig gedeutet ist "vitrea, lactea„ passt so wenig als „apertura parva" doch mögen diese Unterschiede theils solche des Erhaltungszustandes, theils wie der Ausdruck „kleine Mündung" für die auffallend schmale aber lange Mündung des Exemplars einem Missgriff im Ausdruck den Ursprung verdanken. Uebrigens hat mein Lithograph die Figuren so sehr verpfuscht, das später nach der gelungenen Zeichnung eine andere Figur gebracht werden muss.

99. Rissoina plicatula Gould.
Taf. 15b. Fig. 5.

„T. fusiformis, turrita, cinerascens, anfr. 8 convexiusculis, plicis acutis rectis 15 ornatis carinam postsiphonalem amplectentibus, interstitiis lineis volventibus insculptis. Apertura ovoidea; peritremate incrassata. Axis 6, diam 2 Millim." (Gould)

Rissoina plicatula Gould Othia Conchologica Proc. Bost. Soc. N. b. VII. 1861.

Schale kegelförmig mit fast graden Aussenlinien, spitz, durchscheinend graulich oder ganz milchweiss, Spira gethürmt, rasch, doch gleichmässig zunehmend, besteht aus 9 Umgängen, wovon die beiden obersten embryonal, glatt und sculpturlos, die übrigen etwas convex und scharf gerippt sind, Rippen sind grade und an Zahl 15, die Zwischenräume sind breiter und sehr fein spiral gestreift, am Fusse des Hauptumgangs verläuft ein spirales Halsband d. i. ein rauher Wulst, der die Mündung umgibt. Mündung halbeiförmig, oben ausgezogen, unten ausgeschnitten; Spindel schief, doch etwas weniger als auf dem Bilde, unten abgestutzt, callös gelippt; Mundrand scharf, gegen die Mitte wenig vorgezogen, aussen kaum verdickt.

Vaterland: Port Lhoyd- Bonin Insel-; Loo Choo Ins.; Kikcia — China — (Stimpson) Ceylon, Bombay, Persischer Golf, Roweiah — Rothes Meer — (Nevill) aus meiner Sammlung, Geschenk des Indian Museum's.

Ich glaube mit Nevill; dass diese Art kaum zu halten ist neben R. plicata A. Ad. und R. Bertholleti Audouin; alle 3 dürften zusammen gehören, als verschiedene Wachsthumstadien der letztern Art, die allein ausgewachsen zu sein scheint.

100. Rissoina andamanica Weinkauff.

Taf. 15b. Fig. 6.

Testa elongato-conica, solida, albida, spira turrita, acuminata, anfractibus 8 (embryonalibus desunt) longitudinaliter plicatulis, plicis rectis, angustis, anfractu ultimo angustioribus; apertura obliqua semilunata, superne inferneque effusa; columella subarcuata, inferne nodoso-incrassata et abbreviatas, labiata; labrum acutum, arcuatum, inferne tumidum, productum, extus varicosum.

Long. 8. diam maj. 3,5

Schale schlank-kegelförmig, solid, weisslich; Spira thurmförmig, spitz ausgezogen mit etwas gewölbten Aussenlinien, besteht aus 8 leichtgewölbten, dicht gerippten Umgängen deren Rippchen auf jedem weitern Umgang dichter und dünner (auf dem 6ten Umgang stehen 15, auf dem vorletzten 30 Rippchen und auf dem Hauptumgang sind sie noch zahlreicher, Embryonalwindungen nicht vorhanden; auf dem Hauptumgang nahe der Spitze verlaufen einige Spirallinien, die jedoch nur unter starker Vergrösserung sichtbar sind. Naht eingedrükt, schwach entwickelt; Mündung gross, schief, halbmondförmig, oben und unten ausgussartig auslaufend; Spindel wenig gebogen, wohl gelippt, unten knopfartig verdickt und vor dem Ausguss abgestutzt; Mundrand scharf, ausgeschweift, gegen unten stumpf und vorgezogen, aussen mit weissem Wulst versehen, der nicht sehr verdickt ist.

Vaterland: Andamanen (G. Nevill) aus meiner Sammlung Geschenk des Finders.

Steht der R. pusilla ungemein nahe, unterscheidet sich durch die successive abnehmende Stärke der Rippen und die Mündung.

101. Rissoina Weinkauffiana G. Nevill.

Taf. 15b. Fig. 7.

„Testa lanceolato turrita, fulvescente alba, solidiuscula; spira acuminata, apice minute mamillato, anfractibus 2½ nucleolis glabris, lacteis, caeteris 9½ longitudinaliter costulatis, costulis angustis et serratis, subflexuosis, anfractu ultimo costulis numerosissimis minus distinctis, spiraliter indistinctissime bicarinatis, sutura parum profundo incisa; apertura semiovata, laevigata, nitida, inferne versus basim columellae late emarginata; peristoma rotundata, extus incrassata, laeve-varicosa. Long. 6¾ diam. 2½ Mill." (Nevill ex anglicum)

Rissoina Weinkauffiana G. Nevill in Journ. As. Soc. Bengal L. II. 1881 p. 163.

Schale lanzettlich-kegelförmig, ziemlich solid, braungelblich weiss; Spira lang ausgezogen thurmförmig mit graden Aussenlinien und mässig zunehmend, besteht aus 12 beinahe ebenen Umgängen, von denen die 2½ obersten embryonal, klein und zitzenförmig, glatt und milchweiss sind, die folgenden 9½ sind eng und dicht zusammenstehend gerippt und leicht ausgebogen (auf den Figuren hat der Lithograph diese Rippchen dunkel gemacht, was fehlerhaft ist und dem Original nicht entspricht), die Rippchen sind auf dem Hauptumgang etwas zahlreicher aber minder scharf ausgeprägt, hier sieht man unter starker Vergrösserung auch 2 Spiralleisten, die mir von durchscheinender innerer Sculptur herzukommen scheinen und an der Basis eine Spiralwulst, die glatt zu sein scheint, doch unter starker Vergrösserung sich als fein gestreift erweist und vorn mit der Columellarlippe fast zusammenfliesst; Mündung halbeiförmig, glänzend, oben zu einer Ecke ausgezogen, unten gegen die Basis der Spindel breit ausgeschnitten; Spindel leicht gebogen callös gelippt, unten durch eine knopfförmige Verdickung abgestutzt und vom Ausschnitte der Mündung getrennt; Mundrand verdickt, vorgezogen, im Schlund scheinen die äussern Rippen durch, aussen varixartig verdickt, Varix glatt mit undeutlicher Spiralstreifung.

Vaterland: Port Blair- Andamanen- (von G. Nevill dort ziemlich häufig gefunden). Type wornach die Beschreibung Nevill's gemacht ist aus dem Indian Mus.; Bilder nach Exemplaren meiner Sammlung von Herrn Nevill erhalten.

Ich habe zu bemerken, dass das Verhältniss der Länge zum Durchmesser vom Zeichner nicht getroffen ist, das Schneckchen ist weit schlanker. In Bezug auf Verwandtschaft bemerkt Nevill, dass nur die auch an den Andamanen vorkommende viel kleinere R. funiculata Souverbie in Betracht komme. Der Zeichner hat die Rippen schwarz und die Zwischenräume hell gelassen was fehlerhaft ist und umgekehrt sein muss.

102. Rissoina subfuniculata G. Nevill.
Taf. 15b. Fig. 8.

Testa minuta, elongato- conica, solida, albida, opaca; spira turrita, plus minusve acuminata, anfractibus 9, superioribus 1½ aut 2 embryonalibus, glabris, sequentibus longitudinaliter costatis, costis acutis, interstitiis glabris, anfr. ultimi basi spiraliter bilirata et funiculo spirali munito, sutura distincta, impressa; apertura ovata, superne tumido-angulata, inferne late emarginata; columella obliqua, convexa, basi uniplicata; labrum incrassatum, inferne crenulatum, extus parum distincte varicosum.

Long. 4 diam. maj. 1,25 Mm.

Rissoina subfuniculata G. Nevill Ms. of Pt II Handlist Moll. Ind. Mus. Calcutta.

Schale klein, schlank-kegelförmig, solid, weisslich, matt; Spira mehr oder weniger spitz ausgezogen-thurmförmig mit graden Aussenlinien, besteht aus 9 etwas gewölbten Umgängen, von denen die 1½—2 obersten embryonal und sculpturlos sind, die übrigen tragen zugeschärfte, sonst breite Rippen neben glatten Zwischenräumen, die durch eine recht deutliche, vertiefte Naht getrennt sind; der Hauptumgang trägt unten zwei Spiralleisten und durch eine tiefe Rinne getrennt weiter unten noch ein sculpirtes Halsband das die Mündung umgibt. Mündung eiförmig, oben stumpfwinkelig auslaufend, unten weit ausgerandet; Spindel schief, convex, am untern Ende mit einer Falte versehen; Mundrand verdickt, unten mehrmals crenulirt und sehr stumpf, aussen schwach gewulstet.

Vaterland: Persischer Golf, Arakan, Andamanen und Singapore aus meiner Sammlung, von G. Nevill geschenkt.

Eine Varietät „vaindicostata" wurde von G. Nevill ausgeschieden, die von den letzten drei Orten herstammt, das mir gegebene Exemplar ist auch weniger schlank als der Typus.

103. Rissoina subdebilis G. Nevill.

Taf. 15b. Fig. 9.

Testa conica, solida, albida, spira turrita, acuta, anfractibus subplanis 10, superioribus 2 embryonalibus glabris, caeteris anguste costulatis, costulis compressis, subobliquis (14 in antr. penult.) spiraliter sub lente exilissime striatis, basis versus anfractus ultimi bicarinata, sutura subcanaliculata; apertura semiovata, superne acute angulata, inferne effusa; columella arcuata, labiata inferne abbreviata; labrum incrassatum, infra medium et inferne productum, extus varicosum.

Long. 6,50 diam. maj. 2,75 Mm.

Rissoina subdebilis G. Nevill Ms of 1st II Handlist of Indian Mus. Calcutta.

Schale kegelförmig, solid, weisslich. Spira gethürmt, spitz doch rasch zunehmend besteht aus 10 fast ebenen Umgängen, von denen die beiden obersten embryonal und glatt sind, die übrigen tragen etwas schiefe, zusammengedrückte Rippchen (14 auf dem vorletzten Umgang); eine sehr feine Spiralsculptur zeigt sich nur unter der Loupe, die an der Basis stärker wird, woselbst sich zwei der Art verstärken, dass sie als deutliche Leisten sichtbar sind; Naht dünn rinnenförmig eingesenkt; Mündung ziemlich gross, wenig schief halbeiförmig, oben ausgespitzt, unten in rinnenartige Ausrandung auslaufend; Spindel gebogen, gelippt, unten abgestutzt; Mundrand verdickt, unterhalb der Mitte und unten vorgezogen, aussen mit breitem, weissem Varix geziert.

Vaterland: Mauritius (G. Nevill) aus meiner Sammlung, Geschenk des Herrn Nevill.

Mit R. pusilla Brocchi verwand doch durch die Spiralsculptur und anderes unterschieden.

104. Rissoina samoensis Dunker.

Taf. 15c. Fig. 1.

Testa minuta, conica, solida, candida; spira acuminato-turrita, anfractibus? (superioribus tractos) convexis longitudinaliter costatis et spiraliter cingulatis, costis longitudinalibus circa 14, cingulis 4 in anfractibus superioribus, 7 in ultimo absque callo noduloso basali; apertura semiovata lata, angulo superiore acuto, inferiore late emarginato; columella obliqua, labiata, labio superne inferneque incrassata, inferne abbreviata; labrum arcuatum incrassatum, crenulatum, inferne productum, extus varicosum.

Long. 4 diam. 1,5 Mm.

Rissoina samoensis Dunker in Mus. Godeffroy Cat. IV p. 75 V p. 103.

Schale klein, kegelförmig, solid, gelblich-weiss wie candirt, Spira ausgezogenthurmförmig, mit etwas convexen Aussenlinien, besteht aus convexen Umgängen, deren Anzahl ich wegen Bruchs der Spitzen meiner Exemplare nicht angeben kann, die längsgerippt und spiralumringelt sind, mit bedeutendem Vorherrschen der letztern, an den Kreuzpunkten entstehen dadurch 4 eckige in die Länge gezogene Perlen; die Zahl der Rippen ist ungefähr 14 und die der Ringe 4 auf den obern, 7 auf dem untersten Umgang, der ausserdem noch an der Basis ein knotiges Halsband trägt; Mündung halbeiförmig, weit, oberes Ende in spitzen Winkel, unteres in eine breite Ausrandung auslaufend; Spindel schief, in der Mitte concav, gelippt, Lippe an beiden Enden etwas verdickt, unten abgestutzt; Mundrand ausgeschweift, verdickt, ausgezackt, unten vorgezogen, aussen varixartig stark verdickt.

Vaterland: Upolu Insel (Mus. Godeffroy).

Diese Art kann kaum neben R. Seguenziana Issel bestehen bleiben wie dies bereits p. 65 ausgeführt ist.

105. Rissoa exigua Dunker.

Taf. 15c. Fig. 3.

Testa minima, conica, solida, albida; spira turrita, anfractibus 7 convexis superioribus 1½—2 embryonalibus glabris, sequentibus longitudinaliter costatis, costis obliquis crassis, continuis (circa 9—10 in anfr. penultimo) interstitiis latioribus, glabris, sutura profunda, undulata; apertura ovata, superne acute angulata, inferne vix emarginata; columella leviter arcuata, labiata; labrum acutum, arcuatum inferne tumidum, productum, extus modice varicosum.

Long. 3 diam. maj. 1,2 Mm.

Rissoina exigua Dunker in Mus. Godeffroy Cat IV p. 75 V. p. 103.

Schale sehr klein, kegelförmig, solid, weisslich; Spira thurmförmig, mit etwas convexen Aussenlinien, besteht aus 7 convexen Umgängen, von denen die 1½—2 obersten embryonal und glatt sind, die folgenden sind mit starken, schiefen, zusammenhängenden Längsrippen geziert, deren Anzahl auf dem vorletzten Umgang zwischen 9 und 10 schwankt, sie sind durch eine vertiefte, wegen des Zusammenstossens der Rippen stark undulirte Naht getrennt; Mündung eiförmig, oben in spitzen jedoch nicht engen Winkel auslaufend, unten kaum deutlich ausgerandet, nur durch umbiegen des Randes ist er angedeutet; Spindel leicht eingebogen, gelippt; Mundrand scharf, innen gelippt, ausgeschweift, unten vorgezogen, aussen durch mässig starken Varix verdickt.

Vaterland:Upolu (Mus. Godeffroy) aus meiner Sammlung.

Mit R. triticea Pease nahe verwand, vielleicht nur eine schlanke Abänderung.

106. Rissoina Jickelli Weinkauff.

Taf. 15c. Fig. 4.

Testa elongato-conica, albida, spira turrita, acuminata, anfractibus 9 (apex fractus) planiusculis, costis longitudinalibus et costulis spiralibus noduloso-decussatis, costis longitudinalibus 18, costulis spiralibus 4 in anfractu penultimo; costulis spiralibus 10 in anfr. ultimo, plus costa nodulosa prominente basali; sutura canaliculata; apertura oblique-ovata, superne anguste- inferne late-emarginata; columella arcuata obliqua, labiata; labrum tumidum, arcuatum, inferne productum et inflexum extus varicosum. Long. 11 (sine anfr. embr.) diam 4 Mm.

Schale gross, schlank-kegelförmig, solid, weislich, Spira ausgezogen thurmförmig mit graden Aussenlinien, besteht ausser dem abgebrochenen Embryonalende aus 9 wenig gewölbten Umgängen, deren Sculptur aus einem Netzwerk von starken Längsrippen und schwächern Spiralleisten besteht, die an den Kreuzpunkten stumpfe Knoten bilden, die Zahl der Rippen ist auf dem vorletzten Umgang 18 und die der Leisten 4, auf dem Hauptumgang vermehren sich die letzten auf 10, ausserdem trägt dieser an der Basis noch ein knotiges Halsband, Naht rinnenförmig; Mündung schief-eiförmig, oben eng- unten weit- ausgerandet; Spindel gebogen, schief, gelippt; Mundrand stumpf, ausgeschweift, unten vorgezogen und umgeschlagen, aussen mit starkem Varix versehen.

Vaterland: Massaua (Jickeli) nach meinem dem Indian Museum übergebenen Exemplar.

Steht der R. clathrata A. Adams sehr nahe, doch ist die Perlenbildung, bei dieser Art so deutlich, hier nicht vorhanden, das Wachsthum's Verhältniss ist auch ein anderes u. s. w.

107. Rissoina Stoppanii Issel.

Taf. 15c. Fig. 5.

„Testa solida, conico-acuminata, laevissima, subnitida; apice acuto; anfractibus? planiusculis, sutura parum distincte junctis; ultimo circa 1/3 altitudinis aequante, ad basim rotundato; apertura obliqua semiovali, superne angulata, inferne subangulata; labro externo ad mediam partem valde producto, extus varice laevi incrassato; labio inferne rotundato. Long. 2 1/2 lat. 1 Mill." (Issel).

Rissoina Stoppanii Issel Mar rosso p. 204 (fossil) t. 5 f. 8

Schale sehr klein, solid, schlank kegelförmig, glatt und glänzend, weiss; Spira spitz ausgezogen-thurmförmig, besteht aus 9 fast ganz ebenen Umgängen ohne Sculptur 1 1/2 Embryonale nicht zitzenförmig sondern spitz und rasch zunehmend, sie sind durch eine wenig deutliche Naht getrennt; Mündung eiförmig 1/3 der Höhe einnehmend, oben ausgespitzt, unten gerundet ohne deutlichen Ausschnitt; Spindel concav, gelippt, verläuft ohne besonderes Merkmal in den Mundrand; Mundrand stumpf, ausgeschweift, unterhalb der Mitte stark vorgezogen (auf dem nach Issel copirten Bild ist diese Stelle zu weit oben gezeichnet), aussen durch einen schmalen ganz vorn stehenden Varix verdickt.

Fundort: Persicher Golf und Mauritius (Nevill) Copie nach Issel, Beschreibung nach einem mir von G. Nevill geschenkten Exempl. Fossil an den Ufer des rothen Meeres (Issel, lebend kannte dieser die Art nicht).

108. Rissoina turricula Pease.

Taf. 15c. Fig. 6.

Testa minima, conica, solidiuscula, nitida, alba, spira turrita, anfractibus 8½, superioribus 2 embryonalibus mamillatis, glabris, sequentibus 6½ convexis, longitudinaliter costatis, costis flexuosis, subdistantibus, interstitiis sub lento subtilissime striatis, anfr. ultimi basis spiraliter granuloso-carinata et bilirata, sutura distincta, impressa; apertura ovata superne angulata inferne effusa; columella concava, labiata inferne truncata; labrum incrassatum, arcuatum, inferne valde productum extus modice varicosum.

Long. 3, diam 1 Mm.

Rissoina turricula Pease Proc. zool. Soc. 1860 p. 438 idem Journ. de Conch. X p. 382.

G. Nevill Handlist Ind. Mus. II part.

Schale klein kegelförmig, ziemlich solid, glänzend, weiss; Spira thurmförmig besteht aus 8½ convexen Umgängen, von denen die beiden obersten embryonal und zitzenförmig, glatt sind und sehr schnell zunehmen, die übrigen tragen Längsrippen, die gebogen sind und ziemlich weit auseinander stehen, in den Zwischenräumen verlaufen mikroscopisch feine Spirallinien, auf dem Hauptumgang umzieht die Basis ein gekörneltes Halsband und oberhalb desselben stehen noch zwei Spiralleisten. Naht deutlich, eingesenkt; Mündung eiförmig, oben mit einer nicht engen Ecke, unten in ausgussartige Ausrandung verlaufend; Spindel concav; gelippt, unten abgestutzt; Mundrand stumpf, ausgeschweift, unten stark vorgezogen, aussen mit mässig starkem Varix versehen.

Vaterland: Sandwich Inseln (Pease) Ceylon, Mauritius (Nevill) aus meiner Sammlung von Nevill erhalten.

Abbildung und Beschreibung sind nach einer Varietät gemacht, die G. Nevill var. cernica genannt hatte, der Type war mir so wenig, als die Originalbeschreibung von Pease zugänglich. G. Nevill erwähnt noch eine subvarietät nana von 2 Mm, Länge und 0,60 Mm. Breite von Galle auf Ceylon die ich auch besitze.

109. Rissoina sublaevigata Nevill.

Taf. 15c. Fig. 7.

Testa conica laevigata, nitida, subtranslucida, lactea, spira turrita, brevis, anfractibus 8 subplanis, glabris, superioribus 2 embryonalibus, mamillatis, sinistrorsis, caeteris albo fasciatis, fascia opaca, sutura impressa separatis; apertura parum obliqua, superne anguste angulata inferne vix emarginata; columella rectiuscula obliqua, labiata, labrum tumidum, arcuatum, infra medium productum, extus modice varicosum.

Long. 3,43 diam. maj. 1,5 Mm,

Rissoina sublaevigata Nevill in Journ. as. Soc. Bengal L. II. 1881 p. 164.

Schale kegelförmig, glatt, glänzend, durchscheinend, weiss; Spira kurz ausgezogen, gethürmt, mit sehr leicht convexen Aussenlinien, besteht aus 8 fast ebenen, sculpturlosen Umgängen, von denen die beiden obersten embryonalen zitzenförmig und links gewunden sind, wie bei Odontostoma, die folgenden tragen je eine mattweisse Spiralbinde — durchscheinende innere Windung, — sie sind durch eine deutliche, vertiefte Naht getrennt; Mündung wenig schief, eiförmig, oben engwinklig, unten kaum ausgerandet, Spindel gerade, etwas schief, doch vergleichsweise steil, mit starkem umgeschlagenen Blatt gelippt; Mundrand stumpf, ausgeschweift, unten vorgezogen, aussen mässig verdickt.

Vaterland: Andamanen (Nevill) Stewards Ins. — Salomon-Gruppe — (Schwarz) aus meiner Sammlung, Exemplare befinden sich noch im Indian-Museum, in den Sammlungen des Herrn Dohrn und Hungerford.

Diese Art ist der R. laevigata C. B. Adams bei Schwarz sehr ähnlich, ist auch wie der Fundort Steward's Insel vermuthen lässt, in der Schwarz'schen Art von Jamaica (pag. 111) eingeschlossen unterscheidet sich aber durch den linksgewundenen Apex sogleich, der eher zu einer Versetzung ins Genus Odontostoma einladet, als zu einer Vereinigung mit der westindischen Art. Auf die Binde lege ich kein Gewicht, denn sie ist nur durchscheinender innerer Windungsverlauf, der sich bei allen stark durchscheinenden Arten einstellt.

110. Rissoina (Fairbankia) Bombayana Blanford.

Taf. 15c. Fig. 8.

„Testa imperforata non rimata, turrita, solidiuscula, albida, lineis confertis spiralibus striisque incrementi minute decussata, epidermide fusco-olivacea induta. Spira lateribus convexiusculis, apice papillari, interdum erosulo, sutura impressa. Anfr. 7 convexi, ultimus subtus rotundatus. Apertura subovata, postice angulata; peristomatis marginibus conjunctis, externo mediocriter expanso, varice externo forti. Operculum normale; costa interna ad ambas extremitates torta."

Long. 7, diam. vix 3 M.; apert. 2⅔ Mm. longa, 1½, lata. (Blanford).

Schale ohne Nabel, kugelförmig, ziemlich solid, weisslich von braun-olivenfarbener Epidermiss eingehüllt; Spira gethürmt mit etwas convexen Seiten und zitzenförmiger, zuweilen angefressener Spitze, ziemlich rasch zunehmend, besteht aus 7 convexen Umgängen, die durch eine vertiefte Naht getrennt sind, ihre Sculptur besteht in dicht stehenden Spirallinien, die durch eingeritzte Streifchen fein durchkreuzt, also decussirt sind. Hauptumgang unten abgerundet; Mündung beinahe eiförmig, oben winklig, unten ganz, Spindel schief und leicht gebogen, gelippt; Mundrand scharf, ausgeschweift, gegen die Mitte vorgezogen, aussen mit starkem Varix versehen.

Vaterland: Bombay (Blanford, Fairbank und Dr. Leith) aus meiner Sammlung, Exemplare aus dem Indian Museum mir geschenkt.

Das Genus Fairbankia ist durch William J. Blanford in Annals and Magazine of Nat. Hist. for December 1868 aufgestellt und diagnostirt worden. Der Deckel ist von dem aller Rissoideen verschieden und würde das Genus nach der Meinung des Autors mehr mit Rissoella verbinden als mit jenen. Die Epidermis würde allerdings auf die das Brackwasser bewohnenden Rissoina Gruppe Iravadia hinweisen, doch ist Thier und Deckel dieser Arten, die übrigens nicht alle im Brackwasser leben, noch nicht bekannt, weshalb es noch nicht am Platz ist, ihnen eine eigene generische Stellung anzuweisen. Fairbankia ist dazu mehr qualifizirt, wenn ich dieses an dieser Stelle doch als Subgenus von Rissoina behandle, so leiteten mich dabei nur Nützlichkeitsgründe und diese Stellung ist nur eine provisorische.

Blanford begründet l. c. dieses Genus: Fairbankia nov. gen.

„Animal tentaculis longis filiformibus; oculis ad basin tentaculorum sessilibus; proboscide elongata; pede antice lato sinuato, postice rotundato.

Testa imperforata, turrita, epidermide fusca induta; apertura subovali, antice rotundata; peristomate leviter dilatato, margine externo acuto, sed extus variciformi-incrassato. Operculum corneum, subovale subannulare; nucleo excentrico, juxta medium lateris columellaris posito, intus costa elongata verticali munitum.

Epidermis und in höherem Grade die Weichtheile verbinden dies Genus mit Hydrobia — hier sind wohl die Hydrobia von der Verwandtschaft der H. ulvae Pennant also Brackwasserbewohner gemeint — Mündungsparthie wie Rissoa, der Deckel verschieden von allen Rissoidae stimmt mehr mit dem der Rissoella etc."

Nach den neuesten Mittheilungen Nevill's hat er eine zweite Art dieses Genus aufgefunden, die Herr Fedden von Westindien mitgebracht hatte, sie wird demnächst im Journal of Asiatic Soc. of Bengal beschrieben und abgebildet werden (als F. Feddeniana Nevill).

111. Rissoina pseudobryerea G. Nevill.

Taf. 15 d. Fig. 1.

Testa conoidea, solida, alba; spira turrita superne rapite diminuta, anfractibus 8 subplanis superiobus 2 embryonalibus, glabris, sequentibus longitudinaliter costatis, costis crassis, latis, rectis, spiraliter exiliter et auguste striatulis, sutura distincta impressa, anfr. ultimo ¹⁄, longitudinis testae; apertura ovata, parva, superne obtusangulata, inferne vix emarginata; columella arcuata, labiata, abbreviata; labrum incrassatum, tumidum, vix productum, extus varicosum.

Long. 5,5, diam. 2 Mm.

Rissoina pseudobryerea G. Nevill in Journ. Asiat. Soc. Bengal 1881 p. 164.

— Bryerea Var. Schwarz von Mohrenstern Rissoiden t. 5 f. 36a non fig. 36.

Schale conoidisch, ziemlich dick und solid, weiss; Spira gethürmt, oben rasch abnehmend oder ausgespitzt, besteht aus 8 fast ebenen Umgängen, von denen die 2 obersten glatt und ziemlich stumpf, embryonale sind, die folgenden sind der Länge nach gerippt, mit breiten, groben und graden Rippen, die fast an der Basis endigen (was bei R. Bryerea nicht der Fall ist) spiral fein und dicht gestreift, besonders in den Zwischenräumen der Rippen, die 3 untersten nächst der Basis sind stark entwickelt und bilden durch feine Knötchen eine Art Halsband am Ende der Längsrippen; Hauptumgang verhältnissmässig hoch über ¹⁄₃ der Gesammthöhe erreichend, höher als in der oben citirten Schwarz'schen Figur, er besitzt 11 Rippen gegen 18—22 der R. bryerea nach Schwarz; Mündung klein, fast quadratisch, oben etwas winklig, unten kaum ausgerandet; Spindel gebogen, gelippt, abgestutzt; Mundrand verdickt, stumpf, kaum erweitert, unten abgerundet, aussen mit Varix versehen.

Vaterland: Rowaiah im rothen Meer im Sand (Baxter). Meine Sammlung.

92. Rissoina Nevilleana Weinkauff.

Taf. 15d. Fig. 2.

Zum Ersatz der das Verhältniss der Höhe zur Breite schlecht darstellenden Fig. 7 der Tafel 15a.

93. Rissoina miranda A. Adams.

Taf. 15d. Fig. 3.

Zum Ersatz der in der Sculptur schlecht gerathenen Fig. 8 der Tafel 15a.

97. Rissoina triticea Pease.

Taf. 15d. Fig. 5.

Zum Ersatz der ungenügenden Fig. 3 der Tafel 15b. Es ist der Synonymie hinzuzufügen: Sowerby in Reeve's Conch. Ic. t. 11 f. 102, nach einer kurzen gedrungenen Varietät genommen.

98. Rissoina strigillata Gould.

Taf. 15d. Fig. 4.

Zum Ersatz der völlig missrathenen Vorderseite dieser schönen Art (Taf. 15b Fig. 4). Es ist bei der Beschreibung zu erwähnen vergessen worden, dass Gould bei Gelegenheit seiner Beschreibung dieser Species vorgeschlagen hatte, sie zum Type eines neuen Subgenus Rissolina zu nehmen, denen er seine R. plicatula, R. lyrata und R. tornatilis angeschlossen hatte, die ich mir alle 3 nicht zur Abbildung verschaffen konnte.

112. Rissoina Blanfordiana G. Nevill.

Taf. 15d. Fig. 6.

Testa oblongo-lanceolata, solidula, alba; spira elongato-conica, apice acuto non mamillato, sutura parum distincta, anfractibus convexis, rotundatis, longitudinaliter striatis, costis rectis acutis, spiraliter liratis, liris distantibus, costis aequalibus, decussatis, anfractus ultimus brevis 12—14 costatus et 8 liratus, liris 2 superioribus tenioribus, lira inferiori subgranulosa; apertura modice lata, superne acuta, inferne rotundata, vix emarginata; columella obliqua, vix labiata; labrum rotundatum, inferne dilatatum, intus distincte labiatum, extus subvaricosum.

Long. 9,75; diam. 3,75 Mm.

11 *

Rissoina Blanfordiana G. Nevill, New et little known Moll. in Journ. As. Soc. Bengal Bd. L. II. 1881. p. 162. t. 6 f. 11.

Schale verlängert, lanzettförmig, ziemlich stark, ganz weiss; Spira schlank-kegelförmig, mit spitzem nicht zitzenförmigem Embryonalende und mässig starker Naht, besteht aus 10—11 gerundeten, convexen Windungen, die gerade, scharfe Längsrippen und ganz gleich beschaffene, doch entfernt stehende Spiralleisten in regelmässigem Gitterwerk tragen, an den Schneidungspunkten entstehen kaum Erhöhungen. Auf dem Hauptumgang ist die Zahl der Längsrippen 13—14 und der Spiralleisten 8, von denen die beiden obersten viel schwächer und dünner sind, als die andern, der unterste ist schwach gekerbt. Mündung wenig breit, oben spitz ausgezogen, unten gerundet, kaum oder sehr wenig ausgeschnitten; Spindel schief, sehr schmal gelippt, ihre untere Begrenzung ist wegen des sehr schwachen Ausschnitts kaum markirt; Mundrand verdickt, gebogen, unten etwas vorgezogen, innen deutlich gelippt und aussen mit einer schwachen Wulst versehen.

Vorkommen selten in der Anneslybai in der Nähe von Massaua im rothen Meer durch Blanford gefunden; nach einer mir von G. Nevill geschickten Zeichnung.

Ist der Rissoina Deshayesi Schwarz durch die Sculptur am nächsten stehend, unterscheidet sich aber durch gewölbtere Umgänge, hat daher weniger thurmförmiges Ansehen und die bedeutend geringere Anzahl von Längsrippen 12—14 gegen 22—24. Ausserdem zeichnet sich die Species durch die bei fast keiner ihrer Verwandten vorkommenden so äusserst schwachen Ausrandung aus, so dass die Begrenzung der Spindel gegen den Mundrand kaum zu erkennen ist. Bei R. Deshayesi ist diese Ausrandung so stark entwickelt, dass ich geneigt bin sie zur Untergattung Isseliella zu stellen.

113. Rissoina Baxtereana G. Nevill.

Taf. 15d. Fig. 7

Testa brevi-turrita, solida, nitidissima, laevigata, alba; spira ovato-conica modice producta, sutura excavata, apice obtusiusculo-acuta, anfractibus 5¹⁄₂ (excl. 2¹⁄₂ embryonalibus glabris) planatis, longitudinaliter costatis, costis subrectis, lamelliformibus, spiraliter 3 liratis, liris ad intersectiones noduliferis, interstitiis multiliculatis, costis anfr. ult. arcuatis oblique angulatis, basin versus sulco spirali lato, parum profundo interruptis, sulco carinis parum acutis circumscripto; apertura perpendicularis, superne inferneque effusa, emarginatione basali latiori; columella rectiuscula, ad basim subangulata; labrum acutiusculum, subarcuatum, medio angulatum, non incrassatum

Long. 3; diam 1¹⁄₂ Mm.

Rissoina Baxtereana G Nevill New et little known Moll. in Journ. As. Soc. Beng. Bd. L. II 1881 p. 161.

Schale kurz-thurmförmig, solid, glatt und stark glänzend, weiss; Spira eiförmig-konisch, mässig verlängert, mit ausgehöhlter Naht und stumpflich zugespitztem Embryonalende (das bei dem abgebildeten Exemplar abgebrochen war) besteht aus 5 (ungerechnet 2¹⁄₂ glatten embryonalen) ebenen Umgängen, die fast gerade, lamellenförmige Längsrippen, drei Spiralleisten und zahlreiche, äusserst feine Spirallinien tragen, die an den Durchkreuzungepunkten mit schiefen Knöpfen geziert sind, die Rippen des letzten Umganges sind schief gebogen und kantig, sie werden unten durch eine flache aber breite Spiralfurche abgeschnitten, deren Kanten jederseits schwache Kiele bilden. Mündung senkrecht stehend, eiförmig, oben und unten mit Ausgüssen versehen, von denen der untere breiter und stärker als der obere ist; Spindel ziemlich gerade, am unteren Ende leicht kantig, schwach gelippt; Mundrand nicht verdickt, leicht gebogen, in der Mitte eckig, unten nicht vorgezogen.

Fundort: Rownia am rothen Meer (Baxter) aus meiner Sammlung.

R. nodicincta A. Adams ist am nächststehensten (S. t. 12 f. 1) ist vielleicht der ausgewachsene Zustand unserer Art.

114. Rissoina pseudoconcinna G. Nevill.

Taf. 15d. Fig. 8.

„Riss.(-oina) testa albida, turrita altiuscula; anfractibus senis, convexiusculis, tenuiter costatis, tenuissime spiraliter striatis; apertura majuscula, infra profunde canaliculata." (Sowerby).

Long. 9; diam. 3½ Mm.

Isseliella pseudoconcinna G. Nevill MS. Handlist Ind. Mus.

Rissoina concinna Sowerby in Reeve Conch. Ic. t. 1 f. 9 non A. Adams.

Schale thurmförmig, ziemlich hoch, solid, weiss oder weisslich; Spira schlank, ziemlich rasch zunehmend, besteht aus 6 durch eine deutlich vertiefte Naht getrennte Windungen (die oberen sind abgebrochen und müssen noch aus 1 sculptirten und 2—2½ glatten Umgängen bestanden haben); sie sind leicht gewölbt und tragen dünne Längsrippen und sehr feine Spiralleistchen; auf dem Hauptumgang reichen Rippen und Spiralleistchen nur bis zur Mitte, von da an verschwinden erstere und verstärken sich letztere in der Art, dass sie bis zur Basis stets zunehmen, was auf dem nach Sowerby copirten vergrösserten Bilde nicht ersichtlich ist (Exemplare kamen mir erst später zu). Mündung schief, eiförmig, oben spitz endigend, unten breit ausgerandet und zwar ist es ein wirklicher, den Rand durchbrechender Ausschnitt wie bei Planaxis, nicht eine durch Biegung des Randes gebildete Ausgussartige Bucht wie bei den übrigen Rissoinen; Spindel fast gerade, wenig stark gelippt, unten am Ausschnitt abgestutzt; Mundrand dick, doch scharf, in der ganzen Länge vorgezogen, aussen mit einer Wulst.

Vorkommen Japan (Sowerby).

Sehr verschieden von R. concinna A. Adams-Schwarz (s. Fig. 8 der Tafel 10) die Schwarz direct von Cuming erhalten hatte, aus diesem Grund änderte Nevill mit Recht den Namen. Gehört in das neue Genus Isseliella Nevill.

115. Rissoina crebrisulcata Sowerby.

Taf. 15 d. Fig. 9.

„Rissoina testa elongato-ovata, scabra, costis longitudinalibus subobliquis, validis, nodosis et liris tenuibus spiralibus cancellata; anfractibus octo convexiusculis; apertura parva ovata, infra canaliculata; columella crassa, brevi, labio externo crasso, extus crenato." (Sowerby).

Long. 4; diam. 2 Mm.

Rissoina crebrisulcata Sowerby in Reeve Conch. Ic. t. 6 f. 56.

Schale länglich eiförmig, rauh, gelblich; Spira kegelförmig besteht aus 8 rasch zunehmenden (mehr als auf meiner Zeichnung) gewölbten Umgängen, die durch eine feine Naht geschieden sind, sie tragen starke, etwas schiefe gekörnte Längsrippen und feine Spiralleisten; Mündung klein, eiförmig, oben spitz, unten kanalartig ausgerandet; Spindel stark gelippt, kurz, Mundrand verdickt, aussen crenulirt.

Vaterland nicht bekannt. Vergrösserte Copie nach Sowerby.

Scheint der R. strigillata Gould nahe zu stehen, wenigstens ist die zierliche Sculptur die gleiche, doch hat jene eine grössere Mündung, gewölbtere und noch rascher zunehmende Windungen.

116. Rissoina variegata Angas.

Taf. 15 d. Fig. 10.

„Rissoina testa subcylindrica, alba vel maculis vel fasciis varie picta; anfractibus rectiusculis, superne ad suturam crenulatis, ultimo majusculo, apice acuminato; apertura semiovata, columella brevi, acuminata." (Sowerby).

Long. 6; diam. 1,5—1,9 Mm.

Rissoina variegata Angas Proc. zool. Soc. London 1867 p. 113. Sowerby in Reeve Conch. Ic. t. 7 f. 64a—d.

Schale beinahe cylindrisch, weiss oder mit braunen Flecken oder Binden auf verschiedene Weise geziert; Spira gethürmt, mit spitz ausgezogenem Apex; besteht aus 7—8 glatten nur an der Naht gekerbten, kaum gewölbten Umgängen, von denen der letzte besonders hoch ist; Mündung halbeiförmig, unten breit gerundet mit schwachem Ausschnitt; Spindel kurz, unten etwas gedreht ausgezogen; Mundrand gebogen, einfach oder schwach gelippt, doch ohne äussere Wulst.

Vaterland: Port Jackson (Angas). Vergrösserte Copie nach Sowerby.

Scheint sehr veränderlich, Sowerby gibt 4 verschiedene Bilder, doch auf keinem eine Andeutung von schwachen Rippen, sonst würde ich geneigt gewesen sein die Art auf R. Hanleyi Schwarz von gleichem Fundort zu beziehen, mit der sonst grosse Aehnlichkeit besteht.

117. Rissoina cincta Angas.

Taf. 15 d. Fig. 11.

„Ris. testa parva, alta, alba tenuiter interruptim castaneo fasciata; anfractibus septem, convexiusculis, costatis, costis eleganter flexuosis, interstitiis striatis, ultimo anfractu brevi, rotundato, subreticulata." (Sowerby).

Long. 5; diam 2 Mm.

Rissoina cincta Angas Proc. zool. Soc. London 1867 p. 114. Sowerby in Reeve Conch. Ic. t. 8 f. 71.

Schale klein, hoch, weiss dünn und unterbrochen kastanienbraun gebändert 7 convexe Umgänge die elegant ausgebogene Rippen tragen, deren Zwischenräume gestreift sind, Hauptumgang kurz, gerundet, schwach gegittert. Mündung?

Vaterland: Port Jackson — Ostküste von Neuholland (Angas). Vergrösserte Copie nach Sowerby.

118. Rissoina stricta Menke Sp.

Taf. 15 d. Fig. 12.

„It. testa ovato-oblonga, spira turrita, alba, anfractibus septem planiusculis, longitudinaliter dense costatis, costis distinctis, vicinis, validis, aequalibus, laevibus, interstitiis transverse obsolete liratis; apertura obliqua elliptico-ovata, anterius juxta basin columellae subcanaliculata; labio calloso utrinque cum labri extremitate conjuncte." (Menke).

Long. 9; diam. 2 Mm.

Rissoa stricta Menke Cat. in Zeitschr. für Mal. 1850 p. 117.

Rissoina — Schwarz von Mohrenstern Rissoina p. 131. Carpenter Mazatlan shells p. 356 idem Report p. 238. 257. 327. Sowerby in Reeve Conch. Ic. t. 10 f. 87.

Schale länglich-eiförmig, weiss, solid; Spira thurmförmig mit leicht convexen Aussenlinien, durch rasches Wachsen der oberen Umgänge, besteht aus 9—10 wenig gewölbten Umgängen, die durch eine deutlich vertiefte Naht getrennt sind, sie tragen gegen 20 dichtstehende, starke und gleichbreite glatte Längsrippen und in den Zwischenräumen undeutliche Spiralleisten jedoch nur auf den obern Windungen; Mündung schief, elliptisch-eiförmig, unten gegen die Basis der Spindel leicht ausgerandet; Spindel kurz, unten abgestutzt, jedoch nicht so stark, als auf der Zeichnung; Mundrand verdickt, gegen die Mitte etwas vorgezogen.

Vaterland: Mazatlan (Menke). Vergrösserte Copie nach Sowerby.

119. Rissoina flexuosa Gould.

Taf. 15 d. Fig. 13.

„Testa fusiformis, turrita, straminea aut rufo fusca; anfr. 7 convexiusculis, plicis obtusis flexuosis circa 15 clatratis et lineis volventibus numerosis cincta; apertura satis magna, semicircularis; peritremate simplici, expanso, antice effuso. Axis 6 diam. 2 Mm. (Gould.)

Long. 15, diam. 6 Mm.

Rissoina flexuosa Gould Otia Conch. in Proc. Bost. Soc. Nat. Hist. VII. 1861. Sowerby in Reeve Conch. Is. t. 11 f. 97.

— turricula Angas Proc. zool. Soc. 1867 p. 6 non Pease; Sowerby l. c. t. 8 f. 69 non Pease.

— Angasi Pease in Am. Journ. of Conch. VII. p. 20.

Schale spindelförmig, fahl gelb oder rothbraun, Spira thurmförmig, besteht aus 7—8 etwas convexen Umgängen, die durch eine deutliche wellenförmige Naht getrennt sind, sie tragen stumpfe, gebogene und in der Mitte durch Querleisten geschnittene, quasi hier verdickte Längrippen, ungefähr 15, ausserdem sind feine gestreifte Spirallinien in den Zwischenräumen sichtbar; Mündung ziemlich gross, halbzirkelförmig — wohl etwas mehr als halb — Spindel unten abgestutzt, oben etwas callös gelippt; Mundrand einfach oder verdickt, weit ausgedehnt, unten mit Ausguss versehen.

Vaterland: Hafen von Sydney (Stimpson) nicht Nordamerika wie Sowerby schreibt. Vergrösserte Figur nach Sowerby, auf Original und Copie fehlt die Spiralsculptur.

R. turricula Angas non Pease, daher mit Recht von Pease in R. Angasi umgetauft, ist sicher nur eine Farbenmutation der R. flexuosa, vielleicht, da ein etwas weniger weit gespannter Mundrand gezeichnet ist, eine Varietät und der völlig erwachsene Zustand, während Gould's Art auf einem Jugendzustand beruht, nach dem Diagnose und Beschreibung genommen sind.

120. Rissoina subvillica Weinkauff.

Taf. 15 d. Fig. 14.

„Riss. testa pyramidata, acuminata, albida; anfractibus novem, prope suturam angulatis, costis numerosis angulatis longitudinalibus munitis; ultimo infra medium spiraliter costato, costis longitudinalibus desinentibus; apertura parva, subpyriformi, columella infra recta." (Sowerby).

Long. 15. diam. 5 Mm.

Rissoina villica Sowerby in Reeve Conch. Ic. t. 11 f. 98 non Gould.

Schale pyramidalisch, sehr hoch, weisslich; Spira spitz ausgezogen-konisch, thurmförmig, besteht aus 9 nächst der wellenförmigen Naht, winkligen, sonst ebenen Umgängen, und feiner Spitze, sie tragen zahlreiche oben gebogene Längsrippen, die auf dem Hauptumgang unterhalb der Mitte durch Spiralleisten abgeschnitten werden. Mündung klein, beinahe birnförmig in Folge der obern Verengung. Kolumella unten gerade, mit schwachem Ausschnitt.

Vaterland: Loo Choo. Vergrösserte Figur nach Sowerby. Der neben der Figur stehende Strich muss als falsch wegfallen.

Nahe verwandt ist die auf derselben Tafel gezeichnete Fig. 2 Rissoina Nevilleana Wk.

Die Diagnose Gould's ist so abweichend, dass ich mich nicht entschliessen kann sie auf die vorliegende Art zu deuten, ich muste desshalb einen neuen Namen geben.

121. Rissoina costulata Pease.

Taf. 15 d. Fig. 15.

„Testa elongata, fusiformis, gracilis, longitudinaliter valde costata, transversim striata; anfr. plano-convexis, sutura bene impressa, sulcata; apertura parva, ovata; alba anfractibus medio fascia castaneo-fusca cingulatis." (Pease).

Long. 5, lat. 2 Mm.

Rissoina costulata Pease Amer. Journ. Conch. III. 1867 p. 295 t. 21 Fig. 28. Sowerby in Reeve Conch. Ic. t. 13 f. 121.

Schale verlängert, spindelförmig, schlank, weiss mit dunkelkastanienbrauner Binde in der Mitte der Umgänge; Spira thurmförmig, besteht aus 8 oben ebenen, in der Mitte convexen durch eine wohl eingeschnittene wellenförmige Naht getrennten Umgängen mit spitzem Ende, sie tragen starke Längsrippen und feine Querstreifen. Mündung klein, schiefeiförmig, oben ausgespitzt und unten kaum ausgeschnitten; Spindel und Mundrand einfach und kaum gelippt, dünn.

Vaterland: Paumotus Inseln (Pease). Vergrösserte Kopie nach Sowerby.

122. Rissoina australis Sowerby.

Taf. 15 d. Fig. 16.

„Ris. testa minuta, alba, costis nodosis, distantibus longitudinalibus et liris paucis spiralibus profunde cancellata; anfractibus quinis, biangulatis; apertura subtrigona, canali conspicua; columella crassa, labio externo crasso, margine interno crenulato." (Sowerby).

Rissoina australis Sowerby in Reeve Conch. Ic. t. 13 f. 123.

Schale eiförmig, klein, weiss; Spira kegelförmig, besteht aus 5 zweikantigen Umgängen ohne die 2 glatten Embryonalen, die durch eine wohl eingeritzte Naht getrennt sind, sie tragen entfernt stehende knotige Längsrippen und sind durch starke aber wenige Spiralleisten tief gegittert; Mündung gross, beinahe dreieckig, oben und unten, mit Ausguss versehen; Spindel stark gelippt, unten abgestutzt; Mundrand verdickt, mit crenulirter Lippe.

Vaterland: Australien (Sowerby). Vergrösserte Copie.

Gehört wohl in die Gruppe der R. nodicincta und R. Baxteriana Nevill.

Von nachfolgenden Arten konnte ich mir keine Exemplare verschaffen, die meisten sind auch ohne Abbildung veröffentlicht, wo dies nicht der Fall ist, war mir die Abbildung nicht zugänglich.

123. Rissoina tenuistriata Pease.

T. solida, subulata, alba, longitudinaliter creberrime tenuistriata; anfr. 6—7 convexis, ad suturam vix depressis marginatis; anfr. ultimo magno, dimidiam longit. testae aequante; apertura obliquata, semilunaris, subeffusa; columella callosa.

Long. 9, diam. 4 Mm.

Rissoina tenuistriata, Pease Amer. Journ. Conch. III. 1867 p. 295 t. 24 fig. 30.

Hab. Paumotus Inseln (Pease).

124. Rissoina striatula Pease.

T. crassa, subulata, alba, transversim tenuiter et creberrime striata, anfr. convexis ad suturam vix depressis, ultimo magno; apertura obliquata, oblongo-ovata; columella vix arcuata, callosa; ad basim subeffusa.

Long. 9, diam. 3¹/₂ Mm.

Rissoina striatula Pease Amer. Journ. Conch. III. 1867 p. 296. t. 24 fig. 31.

Hab. Paumotus Inseln (Pease).

Diese Art bildet mit tenuistriata Pse. und ambigua Gould eine kleine Gruppe mit fast gleicher Mündungsform; R. ambigua ist die kleinste und deutlich gerippt, tenuistriata fein längs gestreift, striatula quergestreift.

125. Rissoina balteata Pease.

T. elongata, gracilis; anfr. convexis, longitudinaliter tenuiter granoso-costatis, transversim tenui striatis; anfr. ultimo ad basin sulcato; apertura elliptica, vix obliqua; labro extus varicoso; alba, fulvo unifasciata.

Long. 4, diam. 1¹/₄ Mm.

Rissoina balteata Pease Amer. Journ. Conch. V. 1870 p. 72.

Hab. Hawaii. (Pease).

126. Rissoina vitrinella Mörch.

„Differt a R. vitrea C. B. Ad. testa majore minus pellucida, lactea, anfractibus planis angustioribus; labro crasso lato striato; striae incrementi insculptae, distinctae, obliquae regulares sat remo-
tae; fascia suturalis coloris testae lactea lata, linea pellucente candidissima marginata." Mörch.

Long. 5 lat. 2 Mm. — Var. major 5½, Mm. longa, 2 Mm. lata.

Rissoina (Zebina) vitrinella Mörch. Mal. Bl. 1876 p. 45.

Habitat ad insulam St. Thomas Antillarum.

127. Rissoina expansa Ph. Carpenter.

„R. testa magna, lata, tenuisculpta, alba nitente, subdiaphana; marginibus spirae parum excurvatis; anfr. nucl. laevibus, vertice mamillato; norm. 5 planatis, suturis distinctis; costulis radiantibus
circ. 24, obtusis, haud extantibus, interstitia aequantibus, peripheriam versus evanitis; circa basim
productam striis spiralibus expressis; medio laevi; apertura valde expansa, semilunata; labro subantice
producto, varicoso, antice et postice alte sinuato; labio calloso." (Ph. Carpenter).

Long. 0,35", diam. 0,17", — long. spira 0,18" Mm.

Rissoina expansa Ph. Carpenter Diagn. in Ann. et Mag. Nat. hist. 3 Serie XV. p. 399
idem in Shmithsonian Misc. Coll. X. L. p. 1.

Hab. Mazatlan (Col. Jewett).

Ist die grösste Art dieser Region und kommt zunächst der R. infreqnes C. B. Adams von
Panama, die nach einem todten Exemplar beschrieben ist.

128. Rissoina imbricata Gould.

„T. ovato-lanceolata, porcellana, nitida; anfr. 8 planulatis, tabulatis, liris imbricantibus numerosis cincta; apertura ovata, effusa; peritremate expanso, simplici; columella torta. Axis 7; diam
3 Millim." (Gould).

Rissoina imbricata Gould Otia Conch. in Proc. Bost. Soc. Nat. Hist. VII. 1861.

Inhabits China Seas (W. Stimpson).

Ist wahrscheinlich nur eine Varität von Rissoina (Iravadia) trochlearis Gould.

129. Rissoina nitidula Gould.

„T. acicularis, vitrea, nitida; anfr. 9 ad suturam profunde declivibus, plicis inconspicuis ad 18
et filis volventibus circ. 4 insculptis; apertura ovata vix effusa, peritremate acuto, filis crenato. Axis
5. diam. 2 Mm." (Gould).

Rissoina nitidula Gould Otia Conch. in Proc. Bost. Soc. Nat. Hist. VII. 1861.

Inhabits China Sea (W. Stimpson).

130. Rissoina villica Gould.

„T. elevato-conica, turrita, alba; anfr. 9 tabulatis, clathris ad 20 obtusis et liris 4—5 sensim antrorsum decrescentibus decussatis. Apertura modica vix antice sinuosa; peritremate simplici expanso, vix incrassato. Axis 6. diam. 3 Mm." (Gould).

Rissoina villica Gould Otia Conch. in Proc. Bost. Soc. Nat. Hist. VII. 1861 non Sowerby.

Inhabits Loo Choo and Kikaia (W. Stimpson).

131. Rissoina modesta Gould.

„T. fusiformis, ventricosa, solida, alba; anfr. 9 convexis, sulcis numerosis longitudinalibus minutis et striis volventibus exilibus decussatis; apice acuminato; apertura obliqua, antice effusa; peritremate simplici, expanso, incrassato. Axis 5; diam. 2,25 Mm." (Gould).

Rissoina modesta Gould Otia Conchologica in Proc. Bost. Soc. Nat. Hist. VII. 1861.

Inhabits Loo Choo (W. Stimpson).

132. Rissoina lyrata Gould.

T. lanceolata, acuminata albida; anfr. 10 convexiusculis costas acutas flexuosas circ. 23 gerentibus, ad interspatia striis tenuibus volventibus insculptis; ultimo dimidiam longitudinis testae subaequante; costa basali elevata acuta. Apertura angusta, effusa. Axis 6, diam. 2,5 Mm." (Gould).

Rissoina lyrata Gould Otia Conchologica in Proc. Bost. Soc. Nat. Hist. VII. 1861.

Inhabits Kikaia and Ousima (W. Stimpson).

133. Rissoina tornatilis Gould.

T. subulata, acuminata, straminea; anfr. 9 convexis, clathris acutis longitudinalibus circ. 22, filis elevatis volventibus 4—5 insignibus. Apertura modica, antice vix effusa; peritremate acuto, extus valde incrassato, crenato. Axis 5,5, diam. 2 Mm. (Gould).

Rissoina tornatilis Gould Otia Conchologica in Proc. Bost. Soc. Nat. Hist. VII 1861.

Inhabits Loo Choo (W. Stimpson).

R. strigillata, plicatula, lyrata und tornatilis sollen sich durch eine starke Leiste neben einer tiefen Rinne am Fuss des Hauptumganges, oberhalb der Mündung auszeichnen und neben des Vorherrschens der Längssculptur dazu eignen, ein wohl definirtes Subgenus zu bilden, für das Gould den Namen Rissolina vorschlägt. Dies passt wenig auf die Art, die ich von Nevill allerdings mit ? und Varietät unter R. strigillata erhalten und auch so beschrieben habe. Sie besitzt zwar einen Nabelritz, der zwischen dem letzten Kiel und dem Spindelumschlag steht, aber die Sculptur ist eine von der der folgenden Arten stark verschiedene.

Rissolina entspricht der Abtheilung I. b. bei Schwarz.

134. Rissoina (Zebinella) sigmifer Mörch.

Testa conica, acuta, solida albescens, anfr. convexis; costae validae continuae oblique leviter arcuatae circa 25 in anfr. ult. columellam versus augustiores, ubique lirulis confertissimis spiralibus decussati; sutura angustata, linea marginata; apertura antice effusa, labro medio subangulato extus costellis 3 confertis.

Long. 11 Mm., lat. 4³/₄ Mm. apm. max.

 8 — — 4 „ — min.

Hab.: New-Providence 1866 (H. Krebs).

Var. a. T. brevior, tenior costis paucibus (21) distantibus, magis obliquis; in anfr. ultimo basin versus evanescentibus.

Rissoa duplicata D'Orb. Schw. l. c. f. 86 simillima.

Hab.: ? (H. Krebs).

Rissoina (Zebinella) sigmifer Mörch in Mal. Blätter 1876 p. 48.

Subgenus Zebinella Mörch. Zebina H. et A. Adams p. p.

 T. costellata, spiraliter striata. Typus R. reticulata Sow. Schwarz f. 40. 90.

135. Rissoina clandestina C. B. Adams.

R. testa elongata, ovato-conica, sordide alba; costis robustis, compressis, prominentibus 18 vel 19 ad singulos anfractus, usque ad inferam extremitatem productis; apice acuta; spira subconoidea, anfractibus 7 subconvexis, sutura impressa; apertura magna, utrinque sub.ffusa; labro ad medium partem longe producto, a varice lato valde incrassato; umbilico nullo.

Diverg. 30°, long. 2,9 lat. 1,27, spirae long. 1,78 Mm.

Rissoina clandestina C. B. Adams Pan. Shells p. 177 Nr. 243. Schwarz von Mohrenstern Rissoiden p. 137.

Hab.: Panama (C. B. Adams).

136. Rissoina pseudoprinceps Weinkauff.

„Ris. pyramidata, attenuata alta, alba, acuminata; anfractibus tenuissime costatis et striatis; ultimo elongato, infra laevigato; apertura subtrigona, labio externo tenui." (Sowerby).

Long. 6; diam. 2,4 Mm.

Rissoina princeps Sowerby in Reeve Conch. Ic. t. 10 f. 95 non C. B. Adams.

Hab.: Jamaica.

Das Bild bei Sowerby ist zu undeutlich und verwischt gezeichnet, um es copiren zu können. Mörch gibt R. reticulata (Sow.) Schwarz für R. princeps C. B. Ad. aus, in deren Synonymie letztere auch bei Schwarz steht, aber er setzte hinzu non R. reticulata Sow. Gen. = R. striata Quoy et Gaimard. Sowerby in Reeve gibt R. striata in der Synonymie der R. caelata A. Adams mit gut stimmender Figur, dagegen als R. reticulata eine eng gegitterte Form mit grosser Mündung ähnlich R. obsoleta Partsch jedoch mit gekerbtem Mundrand. Wollte man letzteres für Phantasie halten, so könnte die Figur ganz gut mit der von reticulata bei Schwarz übereinstimmen und — da sie aus Mus. Sowerby stammt — so könnte sie auch wohl das Original der ersten Abbildung, daher die ächte Art Sowerby sen. sein.

137. Rissoina Woodwardi Carpenter.

R. t. minore, elongata, angusta, albida interdum alabastro simili; anfr. 7—8 subplanatis, quorum 3 primi laeves, tumidiores; sutura impressa; marginibus spirae excurvatis, costis 12—14 in anfr. utroque angustis, acutioribus, lineis declivibus apicem versus ascendentibus, aperturam versus saepe crebrioribus; t. juniore ad basin elongatam evanidis, seniore basin subelongatam amplectantibus; interstitiis latis, concavis, interdum minutissime striulatis, striulis costibus parallelis; apertura normali; axi t. juniore producta, subcanaliculata, seniore subemarginata, plica seu linea spirali nulla; labio solidiore.

Long. 0,123″, long spir. 0,08″, lat. 0,053″, div. 24°.

Rissoina Woodwardi Carpenter Mazatlan shells p. 357 idem Rep. p. 356.
Comp. Rissoa clandestina C. B. Adams Pan. shells p. 177 Nr. 243.
—   —   firmata   — — —   —   p. 177 Nr. 244.
—   —   Bryerea Mont. in Forbes et Hanley Br. Moll. III. p. 149.

Hab.: Mazatlan rare; on Chama and Spondylus. (Carpenter).

Sowerby in Reeve setzt R. clandestina und firmata als synonym mit dieser Art, während Carpenter ausdrücklich sagt, sie ist nicht conspecifique mit den zur Vergleichung hinzugesetzten Arten. Schwarz gibt eine der R. Bryerea ähnliche Art als R. firmata von Cuba, die allerdings gut auf Carpenters Diagnose passt, während er von R. clandestina aus Mangel an einem Exemplar keine Abbildung, wohl aber eine ausführliche Beschreibung gibt. Das Sowerby'sche Bild war mir nicht gut genug, um darnach eine vergrösserte Copie anfertigen zu lassen.

138. Rissoina contabulata Mörch.

T. cylindrica, scalata, recte costata, costae distantes circiter 14 in anfr. ultimo, quadratae, fere ubique continue, prope suturam productae et acutae, funiculo infra-suturali junctae; sutura canaliculata; costae in anfr. ultimo abruptae, costa quadrata mediana spirali junctae; columella costa spirali circumdata; apertura triangulari-lunata. — Long. 3 lat. 1 Mm. (Mörch.)

Rissoina contabulata Mörch Beiträge etc. in Mal. Bl. Bd. VII p. 68.

Sonsonate 1 Exemplar. (Oerstedt).

Rissoa scalaris Frem. Mon. f. 32 hat viel Aehnlichkeit mit dieser Art und hat ebenfalls eine abgestossene Spitze. Rissoa notabilis Adams Pan. Shells p. 181 ist nicht unähnlich. Die Rippen und die beiden Basalkiele sind eckig mit sehr tiefen Zwischenräumen.

139. Rissoina effusa Mörch.

T. elongata solida costata lactea, fasciis duabus aurantiis, costis compressis 12 in anfractu ultimo 15, in penultimo prope suturam angulatis; labrum tenue productum, callo varicoso firmatum; apertura auriformis; columella callo crasso, antice oblique producto et inflexo obtecto.

Long. 4¹⁄₂, lat. 2 Mm. (Mörch.)

Rissoina effusa Mörch Beiträge zur Molluskenfauna Central-Amerika's in Mal. Blätter Bd. VII p. 67.

Panama (Oerstedt).

Muss sehr verwandt mit R. firmata Ad. Pan. p. 313 sein, unterscheidet sich aber durch die scharfen angulirten Rippen, die 2 orangegelben Bänder, welche über und unterhalb der Mitte des letzten Umganges verlaufen, und ganz besonders durch den schmelzartigen Kolumellarcallus, der über die Nabelgegend hingezogen ist. Die Mündung erinnert an R. denticulata Mtg.

140. Rissoina infrequens C. B. Adams.

R. testa oblongo-ovata, alba; spira conica apice subacuto; anfractibus 7, superne contractis, medio convexis aut subangularis, sutura modice impressa; anfr. longitudinaliter costatis et interstitiis striatis, costis 16 indistinctis, subobtusis vix elevatis, spiraliter sub lento lirulatis; anfr. ult. oblongus subangularis; apertura obliqua, subovata, vix effusa, labrum excurvatum, incrassatum.

Div. 23?, long. 0,24", diam. 0,075", long. spir. 0,13".

Rissoa infrequens C. B. Adams Pan. Shells p. 179. Carpenter Rep. p. 327.

Rissoina — Carpenter in Ann. et Mag. Nat. hist. Ser. XV. p. 399 idem in Shmithsonian Misc. Coll. X L. p. 1.

Hab.: Panama (C. B. Adams ex angl.).

Nachträge und Zusätze.

p. 6. In die Synonymie der Rissoina striata Q. et G. ist aufzunehmen:
Rissoina caelata Sowerby in Reeve C. J. t. 2 f. 14.

p. 7. In die Synonymie der Rissoina gigantea Desh. ist aufzunehmen:
Rissoina Cumingi Sowerby in Reeve C. J. t. 1 f. 4.

— In die Synonymie der Rissoina Orbignyi A. Adams ist aufzunehmen:
Sowerby in Reeve C. J. t. 1 f. 7.

p. 8. In die Synonymie der Rissoina clathrata A. Adams ist aufzunehmen;
Sowerby in Reeve C. J. t. 9 f. 76.

p. 9 Zeile 19 von oben nach 44a zuzusetzen: Sowerby in Reeve C. J. t. 9 f. 78.

p. 10 — 19 — — hinter 16 — — — — C. J. t. 1 f. 5.

p. 15 — 5 — — die Zahl 2 zu löschen.

p. 16 — 2 — — statt 3. 4 zu lesen 2.

p. 23 — 8 u. 21 von unten statt denticulatum zu lesen denticulatus.

p. 25 — 8 von oben zuzusetzen: Sowerby in Reeve C. J. t. 4 f. 1.

— — 1 — unten statt Poumotus zu lesen Paumotus.

p. 28 — 6 — oben — elegantissimo zu lesen elegantissima.

p. 29 Zu Rissoina Bryerea Mtg. Sowerby gibt in Reeve C. J. Genus Rissoa unter Nr. 1 eine
grosse nur sehr schwach gerippte und weitmündige Figur unter dem Namen R. scalaroides C. B. Adams „von den Philippinen", später Taf. 6 Fig. 1 b. gibt er dann als Ersatz dafür eine nur an den Nähten gekerbte, weitmündige und nicht gebänderte
Figur unter dem Namen R. denticulata ohne Autorname und verweisst auf Taf. 1,
woselbst aber keine R. denticulata vorhanden ist, wohl aber Fig. 1 die R. scalaroides. Ich weiss nicht, was ich daraus machen soll, habe es deshalb unterlassen, die Figuren aufzunehmen. Bei Schwarz und Mörch steht R. scalaroides C. B. Ad. (von Jamaica) unter den Synonymen der R. Bryerea Mont. und R. denticulata Mont. ist
ein verschollenes Conchyl, das wohl eine Columbella vorsellt. R. denticulata Schwarz
ist eine abgeriebene Form der R. plicata von Java, also eine kurze, gedrungene Art,
auf die sich die Sowerby'sche Darstellung auch nicht deuten lässt.

p. 29 Zeile 15 von unten ist ist zu setzen: 50 und hinter diese Zahl Sowerby in Reeve C. J. t. 1 f. 8.

p. 30 — 5 — — zuzusetzen: Sowerby in Reeve Conch. Ic. t. 8. f. 75.

p. 31 In die Synonymie der Rissoina concinna A. Adams ist aufzunehmen:
Rissoina bureana Sowerby in Reeve C. J. t. 10 f. 90.

Der Name ist unzulässig, er muss bureasensis lauten, weil nach der Insel Burea genommen, nicht nach einer Person, die Burea heisst.

— Zeile 13 von unten zuzusetzen von Sowerby.

p. 35 — 10 — — — — Sowerby in Reeve C. J. t. 6. f. 53.

p. 36 — 5 u. 15 von oben statt Sagrayana zu lesen Sagraiana.

— — 17 von oben hinter 51 zuzusetzen non Sowerby.

p. 37 Der Synonymie der Rissoina Deshayesi Schwarz ist hinzuzufügen:
Rissoina Deshayesiana (Recluz) Sowerby in Reeve C. J. t. 7 f. 62.

Dem Text dieser Art ist hinzuzufügen: Diese und wohl auch die folgende Art (R. labiosa) scheinen der Zeichnung und Beschreibung nach auch in das Subgenus Isseliella aufgenommen werden zu müssen.

p. 39 Zeile 5 von unten statt Jave zu lesen Java.

p. 40 — 14 — — zuzusetzen: ? Sowerby in Reeve C. J. t. 8 f. 72: Mündung passt schlecht.

p. 41 — 10 — oben — Sowerby in Reeve C. J. t. 7 f. 63.

— — 3 — unten — — — — t. 7 f. 65.

p. 42 — 11 — — — — — — t. 2 f. 17.

p. 43 — 12 — oben — — — — t. 10 f. 92.

— — 1 — unten — — — — t. 7 f. 58.

p. 44 — 14 — — — — — — t. 7 f. 61.

p. 45 In die Synonymie der Rissoina tridentata Michaud ist aufzunehmen:
Rissoina crassilabrum Sowerby in Reeve C. J. t. 7 f. 59 non Garret.

— Zeile 14 von unten statt Negroes zu lesen Negros.

p. 46 — 16 — — zuzusetzen: Sowerby in Reeve C. J. t. 11 f. 99.

p. 47 — 10 — — — — — — t. 11 f. 101.

p. 50 — 13 — — — — — — t. 11 f. 96.

p. 51 — 2 — oben statt 4 zu lesen 2.

— — 4 — — — balbeata zu lesen balteata

— — 9 — — zuzusetzen: Sowerby in Reeve C. J. t. 9 f. 85.

— — 5 — unten — — — t. 9 f. 84.

— — 14 — — statt 2. 3. zu lesen 3. 4.

p. 52 — 18 — oben zuzusetzen: Sowerby in Reeve C. J. t. 5 f. 46.

p. 54 — 5 — — statt Montrouzieri zu lesen Montrouzier.

p. 59 — 12 — — zuzusetzen: Sowerby in Reeve C. J. t. 5 f. 43.

— — 1 — unten — — — t. 7 f. 57.

p. 61 — 7 — oben statt seine zu lesen eine.

— — 8 — — — Iselliella zu lesen Isseliella.

p. 63 Der Synonymie der Rissoina Rissoi Andom ist zuzufügen:
Rissoina crassa (Angas MS.) Sowerby in Reeve C. J. t. 8 f. 70.

p. 72 Zeile 11 von unten statt sulcifere zu lesen sulcifera.

p. 80 Der Synonymie der Rissoina turricula Pease ist hinzuzufügen:
Rissoina Smithi Angas Proc. zool. Soc. 1867. Sowerby in Reeve C. J. t. 8 f. 69.

Genus Barleeia Clark.

Thier kräftig mit gewölbter Schnauze; Augen auf einer Anschwellung an der Aussenseite der Basis der Fühler stehend.

Schale solid und glatt, Mündung oval, an beiden Enden winkelig; Deckel stark, ohrförmig und buckelig mit dem Nucleus am oberen Ende der Innenseite.

Dieses Genus wurde von Rissoa getrennt, weil ihm das Filament fehlt, auch Mantellappen und Deckel verschieden sind; das Thierchen ist ziemlich activ und besitzt sonst in der Lebensweise viele Uebereinstimmung mit Rissoa, es ist daher bei seiner sonstigen Neigung, die Genere auszudehnen, wunderlich, dass Jeffreys Barleeia aus seiner Familie Litorinidae entfernt und dafür nebst Jeffreysia eine besondere Familie Heterophrosynidae Clark annimmt. Die Jeffreysia Arten sind doch im Thier Deckel und Beschaffenheit der Schale weit mehr von Barleeia verschieden, als diese von Rissoa. Es ist noch zu bemerken, dass bei Barleeia die Männchen kleiner sind, als die Weibchen (nach Jeffreys).

1. Barleeia rubra Montagu.
Taf. 2. Fig. 20—22.

Testa solida, conica plus minusve elongata, laevigata, nitida, badia, rufa, fulva albida unicolor aut albida rubro-fusco fasciata, fascia rarius bipartita; spira conica obtuse acuta; aufractibus 5½, planiusculis, successive accrescentibus, ultimus ⅔ altitudinis spirae occupans; sutura parum distincta, interdum fascia marginata; Apertura minuscula, subrotundata, obliqua; labrum acutum sed interdum incrassatum, superne leviter incurvatum, ad basin reflexum; columella arcuata, labio tenue obtecta. Operculum intense coccineum, rude concentrice striata.

Long. 3, diam maj. 1,8 Mm.

Turbo rubra Montagu Test. brit. p. 320 ed Chenu p. 141. Dillwyn Cat. II p. 838, Turton Conch. Dict. p. 202. Wood Ind. test. t. 31 f. 51. .

Cingula rubra Fleming brit. Anim. p 308.

Rissoa rubra Brown Ill. Conch. Gr. brit. p. 12 t. 5 f. 17. Forbes et Hanley brit. Moll. III p. 120 t. 78 f. 4, 5, t. 40 f. 3. Sowerby Ill. Ind. t. 14 f. 12. Aradas et Benoit Conch viv. p. 212. Sowerby in Reeve Conch. Ic. t. 6 f. 51.

Barleeia rubra H. et A. Adams Gen. of shells p. 332 Chenu Manuel I p. 308 f. 2187. Jeffreys brit. Conch. IV p. 56 t. 1 f. 2. V. t. 69 f. 4. Weinkauff Mitt. Meer. Conch. II p. 275 (auch für die Localliteratur) Monterosato Nuove riv. p. 27.

Turbo unifasciatus Montagu Test. brit. suppl. t. 20 f. 6. Dillwyn Cat. II p. 839.
Turton Conch Dict. p. 203 Wood Ind. test. t. 31 f. 55.
Cingula unifasciata Fleming Brit. Anim. p. 309.
Rissoa unifasciata Brown Ill. Conch. Gr. brit. p. 8 f. 28. Recluz in Revue zool. 1841 p. 6.
— fulva Michaud Broch. sur les Rissoae p. 15 f. 17 Potiez et Michaud Gal. de Douai
p. 269. Philippi En. Moll. sic. I p. 152 II p. 129.

Schale mehr oder weniger gestreckt-konisch, sehr stark und fest, glatt und glänzend
(doch nach Jeffreys unter sehr starker Vergrösserung eine Art unbestimmter Spiralsculptur erkennbar), dunkelroth, weinroth, gelbbraun lohfarbig, weisslich mit rothem Anflug,
einfarbig oder dunkler breit gebändert, Band zuweilen in zwei schmälere Streifen aufgelöst. Spira kegelförmig, stumpf zugespitzt, besteht aus $5\frac{1}{2}$ succesive zunehmenden,
wenig convexen Umgängen, wovon der letzte etwa $\frac{3}{5}$ an Höhe einnimmt. Naht schwach,
oft von einer helleren Zone umgeben, die durch das Uebergreifen des folgenden über den
vorherigen Umgang also durch Verdoppelung der Schalentheile entsteht. Mündung klein
und rundlich, an beiden Enden etwas winkelig; Mundrand meistens scharf, bei ganz
alten Exemplaren jedoch verdickt, oben leicht eingebogen und unten ausgebreitet. Spindel gebogen, durch eine dünne Lippe verdickt, die im obern Winkel mit dem Mundrand
der Art verbunden ist, dass ein nicht vollkommenes Peristom entsteht. Deckel gesät-
tigt karmoisin, sticht gegen die hellen Abänderungen stark ab, er ist durch 5—6 concentrische Striemen getheilt, die nicht den Anwachslinien, die kaum sichtbar sind, ent-
sprechen. An der Kolumellseite aussen ausgehöhlt, innen entspricht dieser Aushöhlung
eine rippenartige Verdickung.

Sehr verbreitet an den Küsten von Grossbritanien, Frankreich, Spanien und Tenerifa,
im Mittelmeer ebenso bis ins Aegeische Meer, indessen nirgendwo als gemeines Vorkommen zu betrachten.

2. Barleeia haliotiphila Ph. Carpenter.

„B. testa parva, turrita, laevi, angusta, tenui, rufo-fusca; marginibus spirae subrectis; anfr.
nucleosis normalibus, vertice mamillato; norm 5 subplanatis, suturis distinctis; basi subplanata, obsolete angulata; apertura ovata, peritremate haud continuo; labro tenui; labio parum calloso; columella
vix arcuata; operculum ut in „B. subtenui." (Ph. Carpenter).

Long. 0,1", diam. 0,05", long. spirae 0,06".

Barleeia haliotiphila Ph. Carpenter Diagn. in Journ. de Conch. XII p. 144 idem in
Smithsonian Misc. Coll. X M. p. 15.

Hab.: Nieder Californien auf dem Rücken einer Haliotis (Rowell).

Von dieser Art, sowie von der folgenden konnte ich mir keine Exemplare verschaffen und, da sie
auch noch niemals abgebildet sind, auch keine Copien nehmen.

3. Barleeia subtenuis Ph. Carpenter.

„B. testa parva, tenui, interdum subdiaphana, rufo-cornea, anfr. nucleosis normalibus, apice sub-
mamillato; normalibus 4 planatis, suturis distinctis, basi rotundata; apertura subovata, peritremate
continuo; labro acuto; labio distincto, lacunam umbilicalem formante; columella subangulata; operculo
semilunato, dense rufo-vinoso, subhomogeneo, haud spirali, rudi; apophysi praelonga antice columellam
versus extante." (Ph. Carpenter).

Long. 0,11", diam. 0,06", long. spir. 0,07".

Var. rimata, B. t. B. subtenui similis, sed paulum tumidiore; anfr. minus planatis; rima
umbilicali conspicua.

Barleeia subtenuis Ph. Carpenter in Journ, de Conch. XII p. 143 idem in Shmithsonian Misc. Coll. X M. p. 15.

— (? subtenuis Var.) rimata idem, ibidem p. 144; 15.

Hab.: S. Diego, Cassidy (Cooper) Cap St. Lukas (Xantus) Mazatlan (Reigen).

Carpenter meint die Varietät möchte sich bei besserer Kenntniss vielleicht als gute Art aus-
weisen.

Genus Rissoa Fréminville.

Syn. Alvania Risso, Sabanea Leach, Zippora Leach, Persephona Leach, Cingula Thorpe,
Loxostoma Bivona, Pyramis Brown.

Thier grösser im Verhältnis zur Schale als das bei Rissoina; Mantel besteht aus
einer vorn geöffneten Hautfalte, er bildet einen weiten kapuzenartigen Umschlag über die
vordere Körperhälfte, unter ihm über den Nacken hin liegen geschützt die kammförmigen
Kiemen. Am Rande trägt er in der obern oder untern Ecke der Schalenöffnung ein kleines
Tentacel-artiges Anhängsel. Kopf flach, nach vorn schnauzenartig vorgezogen, zusammengedrückt und in die Breite ausgedehnt; der vordere Theil trägt die senkrecht stehende
Mundspalte, die ihn in zwei Lippenlappen theilt. In der Spalte liegt jederseits ein
wagerecht angebrachter Kiefer und die nicht sehr lange, bandartige, dicht mit beweglichen
Zähnchen bewaffnete Zunge. Fühler oben stumpf, entweder glatt oder zum Theil, oder
ganz mit Haaren besetzt; Augenpunkte klein, schwarz, liegen auf kleinen Anschwel-
lungen oder Polstern an der äussersten Basis der Fühler; Fuss schmal, spitz ausgezogen,
vorn etwas breiter und mehr oder weniger abgerundet oder abgestutzt, zuweilen in der
Mitte zusammengedrückt und hinten zugespitzt; Sohle unterhalb der Mitte ausgehöhlt,
etwa in halber Länge gegen den Schwanz, woraus klebrige Fäden hervortreten, mittelst
welchen das Thier sich an andere Gegenstände oder die Oberfläche des Wassers aufhängen

kann. **Deckellappen** breit in zwei leisten- oder flügelartige Erweiterungen getheilt, die sich hinten vereinigen und hier, unter dem Deckel hervortretend, ragt rückwärts ein langes, fadenförmiges Anhängsel (Filamente) hervor, welches bei einzelnen Species doppelt oder dreifach werden kann. **Deckel** dünn, durchscheinend, hornartig mit häutigem Rand, oval bis rund mit aufgerolltem, seitenständigem Nucleus und sehr dichten Windungen. **Schale** eiförmig, mehr oder weniger hoch und lang ausgezogen, glatt oder mit Längssculptur oder solche mit Quersculptur, beide sehr ungleich, oder gleich (gegittert) oder mit stärker vortretender Spiralsculptur. **Mündung** ganz, mit zuweilen verdicktem Mundrand (innen gelippt und aussen varixartig verdickt) mehr oder weniger starker Spindelbelag, der zuweilen zahnartig verdickt, doch auch sehr einfach sein kann. **Embryonalende** glänzend glatt, immer sculpturlos.

Wie in der Einleitung zu der Familie erwähnt, schliesse ich nur Barleeia und Hydrobia als selbstständige Genera aus, Alvania und Cingula sehe ich als Subgenera an, die übrigen Adams'schen Ausscheidungen respectire ich als unnöthig nicht weiter oder lasse sie als selbständig hier aus.

Ich erwähne hier gleich, dass ich die Fig. 1—3 der Tafel 1 auf dem Umschlag mit Rissoa ulvae bezeichnet für diese Art nicht deuten kann, vielleicht liesse sie sich zu der Varietät octona L. ziehen, doch ist auch dies wegen der Form der Mündung nicht zulässig. Eine Beschreibung lässt sich also nicht geben. Mit dem Ausdruck des Zweifels habe ich die Figuren bei R. membranacea Var. = R. octona Nilson citirt.

Fig. 20—22 derselben Tafel mit R. sertularium D'O. bezeichnet, lässt sich ebenfalls nicht abhandeln, ich kann nirgends eine Art dieses Namens beschrieben finden und nach dem blossen Bild lässt sich keine Beschreibung machen.

Fig. 27—29 derselben Tafel soll R. porifera Lovén sein, ich muss dies bezweifeln und würde die Figuren ohne Weiteres zu Barleeia rubra citirt haben, wenn die eine nicht mit breitem Lippenwulst gezeichnet wäre; sie lässt sich also auch nicht verwenden.

Fig. 15. 16 der Tafel 2 soll Rissoa nana Philippi sein. Ich kann sie dafür nicht nehmen, unterlasse also auch die Behandlung dieser Art.

Fig. 26—29 der Tafel 2 mit Rissoa elongata Philippi bezeichnet, mag richtig sein; die Philippi'sche Art ist aber eine Odontostoma, gehört also nicht hierher.

Creuznach im März 1854. H. C. Weinkauff.

1. Rissoa membranacea Adams.

Taf. 1. ? Fig. 1—3 Fig. 4—10, 15—18.

„Testa ovato-elongata vel turrita tenuicula, membranacea, subhyalina; anfractibus 7—8 convexiusculis, laevibus sive longitudinaliter costatis: anfractu ultimo inflato, laevigato vel costis abbreviatis, obsoletis ornato; apertura magna, ovata vel oblonga, superne angustata, inferne rotundatorepanda; labro paullo incrassato, labio reflexo ad basim libero; columella subtruncata; colore corneo fuscescente vel bruneo, lineis undulatis irregulariter inflexis rubro-fulvis ornata, ad labrum maculis tribus." (Schwarz von Mohrenstern).

Var. angustissima.

Long. 7—9, diam. 2,5—3,5.

Turbo membraneus Adams in Linn. Transact V t. 1 f. 14. 15.

Rissoa membranacea Lovén Ind. Moll. Sc. p. 156. Schwarz von Mohrenstern Rissoiden
p. 19 t. 1 f. 7. 7a. Jeffreys Brit. Conch. IV p. 30. V t. 67 f. 8.
Weinkauß Mitt. Meer Conch. II p 290. Aradas et Benoit Conch.
viv. p. 190. Monterosato Nuove riv. p. 26. Sowerby Conch. Ic.
t. 8. f. 67.

Helix labiosa Montagu Test. brit. p. 460 t. 14 f. 7 ed. Chenu p. 176 t. 5 f. 7.

Turbo — Maton et Racket Trans. Linn. Soc. VIII p. 164. Dillwyn Cat. II p. 840.
Wood Ind. test. t. 31 f. 59.

Cingula — Fleming brit. An. p. 307. Thorpe br. Mar. Conch. p. 179.

Rissoa — Brown Ill. Conch. 2 ed p. 10 t. 8 f. 18. Forbes et Hanley brit. Moll. III
p. 169 t. 76 f. 5. t. 77 f. 1—3. Sowerby Ill. Ind. t. 13. f. 21. Meyer et
Möbius Kieler Bucht p. 204. Sowerby Conch. Ic. t. 2 f. 12.

Turbo costatus Pultheney Dors. Cat. p. 45.

Rissoa fragilis Michaud Sur les Rissoa p. 12 t. 1 f. 9. Deshayes-Lamarck 2 ed. VII p. 474.

— Souleyetana Recluz in Rev. zool. 1842 p. 5.

— pulla Brown Ill. Conch. Gr. brit. 2 ed p. 13 t. 9 f. 25.

var. angustissima (? t. 1 f. 1—3.)

Rissoa octona Nilson Moll. Sued. p. 98. (Paludina) non Helix octona Linné.

— — Schwarz von Mohrenstern Rissoiden p. 21 t. 1 f. 8.

Schale oval verlängert oder thurmförmig, mehr oder weniger eng, hornartig, halbdurchscheinend; Spira hoch und spitz ausgezogen, besteht aus 7—8 schwach gewölbten
Umgängen, die bald glatt, bald mit Längsrippen versehen sind, Hauptumgang bauchig
aufgetrieben entweder glatt oder mit verkürzten Längsrippen geziert. Embryonalende
ziemlich dick, stumpf, glänzend-glatt 2½ Umgänge. Mündung gross und weit, oval-
verlängert, im obern Winkel zusammengezogen, unten zugerundet und etwas erweitert
umgeschlagen; Mundrand innen wenig- meistens gar nicht verdickt, aussen varixartig
verdickt, zuweilen fehlt diese Verdickung; Spindel unten faltenartig abgebogen und
einen deutlichen Absatz bildend, Spindelplatte oder Lippe stark umgeschlagen, aber abgelöst und freistehend. Die Färbung der Schale ist hornbraun, mehr oder weniger licht
oder ins grünliche fallend mit, wenn vorhanden, helleren Rippen und mit oder ohne rothbraunen wellenförmig gebogenen Längslinien, die äussere Lippe ist oft mit 3 Flecken gezeichnet. Die Varietät ist sehr eng und lang ausgezogen.

Vaterland: Norwegen und Dänemark, Norddeutschland, Grossbritanien, Belgien,
Frankreich, Spanien, Portugal, Marocco und Canaren. Im Mittelmeer an den Küsten von
Spanien, Südfrankreich, Piemont, Corsica, Malta, in der Adria und Tunis.

Diese Art bildet mit R. monodonta und oblonga, eine eng verknüpfte Gruppe, es ist dabei
ganz gleichgültig ob man sie zusammenziehen soll oder nicht oder ob man die Zwischenform R. elata,
grossa und venusta zu der einen oder der andern dieser Arten als Varietäten beigeben will. Forbes

et Hanley und Jeffreys stellen sie alle ausgenommen monodonta zu membranacea, ich halte oblonga und membranacea auseinander und stelle die im Süden vorherrschenden Varietäten zu dem südlichen und die im Norden lebende Varietät zu dem Nordischen Typus. Es sind wie gesagt Nützlichkeitsgründe, die hier entscheiden.

Auf dem Inhaltsverzeichniss das Dr. Küster den Tafeln beigegeben hatte sind fig. 4—6 als R. cornea Lovén f. 7—10 als R. vittata Don. bezeichnet; beides unrichtig, die 4—6 stellen eine ächte membranacea aus dem Norden vor, fig. 7—10 nehme ich für R. cornea, R. vittata Don. ist = R. (Cingula) cingillus.   Wk.

2. Rissoa cornea Lovén.

Taf. 1. Fig. 7—10. Taf. 17. Fig. 1—3.

„R. testa cornea, ovata, tenui, hyalina; anfractibus 6 convexis, laevibus vel superne longitudinaliter costatis, ultimo ventricosa; apertura magna, ovata; labro acuto, interdum varici incrassato; columella parum subtruncata; colore corneo vel bruneo, lineis obscuris distantibus longitudinalibus undulatis." (Schwarz von Mohrenstern).

Long. 4,1; lata 2 Mm.

Rissoa cornea Lovén Ind. Moll. Sc. p. 24. Schwarz von Mohrenstern Fam. der Rissoiden II. p. 22 t. 1 f. 9.

Schale eiförmig, dünn, durchscheinend mit 6 gewölbten Windungen, von denen die letzte gross und glatt ist; bei manchen Exemplaren sind die obern Windungen mit Längsfalten versehen; die Mündung ist gross, oval, in beiden Winkeln abgerundet, etwas schiefer gestellt als bei R. membranacea. Die Aussenlippe ist in der Regel scharf, doch auch zuweilen durch eine Wulst verdickt; Spindel nur wenig abgestutzt, doch ist eine deutliche Abbiegung an ihr noch zu bemerken. Die Farbe des Gehäuses ist dunkel hornartig oder braun mit wellenförmig gebogenen, entfernt stehenden dunklen Linien.

Fundort: im Kattegat und der Ostsee; Bergen in Norwegen.

Es lässt sich an dieser Art die nahe Verwandtschaft mit der glatten, braunen Varietät der R. membranacea Adams noch recht gut erkennen, so dass es keinem Zweifel unterliegt, dass sie wie die vorhergehende Art (R. octona Nilson) ein Glied dieser Gruppe bildet. Sie zeigt noch mehr wie jene die Eigenschaft wenig gesalzenes Wasser zu ertragen und wenn, wie ich alle Ursache habe anzunehmen, die R. chiliensis ein und dieselbe Art ist, so reicht sie sogar bis in die Mitte des finnischen Meerbusens. (Schwarz).

Jeffreys sagt: Sie mag eine Localvarietät der R. membranacea sein. Auf Taf. 17 Fig. 1—3 habe ich die Schwarz'schen Figuren copiren lassen, zur Ergänzung der Küster'schen, die nicht ganz sicher sind und von ihm mit R. vittata bezeichnet waren, während er die Fig. 4—6 als R. cornea bezeichnet hatte, die ich ganz entschieden für R. membranacea ansehe.   Wk.

3. Rissoa albella Lovén.

Taf. 1. Fig. 12—14. 23—26.

„R. testa ovata, hyalina, subinflata, anfractibus 5—6 convexis, laevigatis, interdum longitudinaliter costatis; apertura ovata, angulo superiore obtuso, labro acuto vel paullo incrassato, labio libero, fissuram umbilicalem formante, columella parum subtruncata; colore albello vel carneo, ad suturam flammulata atque ad basim ultimi anfractus fasciata (aut maculata Wk.); apice violacea."
(Schwarz von Mohrenstern).

Long. 2,9—3,7, lata 0,1—2,1 Mm.

Rissoa albella Lovén Ind. Moll. Sk. p. 24. Schwarz von Mohrenstern Rissoiden II p. 22
t. 1 f. 10. Meyer et Moebius Kieler Bucht p. 204. Jeffreys Brit. Conch.
IV. p. 29. V. p. 207 t. 67 f. 6. 7. Monterosato nuove Riv. p. 26.
— Benzi Aradas et Benoit Conch. viv. p. 195.
— inconspicua Var. Forbes et Hanley brit. Moll. III p. 115 t. 83 f. 7. 8.
— Sarsi Lovén Ind. Moll. Skand. p. 24. Schwarz von Mohrenstern l. c. p. 23.
t. 1 f. 11.
— supracostata Sowerby in Reeve Conch. Ic. t. 4 f. 38.

Schale mässig stark, oval, durchscheinend, etwas aufgeblasen, mit 5—6 glatten
oder mit Längsfalten gezierten, gewölbten Umgängen. Die Mündung ist oval, im obern
Winkel zugerundet; die Aussenlippe scharf oder durch einen Wulst verdickt. Die Innenlippe ist wenig umgeschlagen, steht frei und bildet einen kleinen Nabelspalt; Spindel nur
unmerklich abgebogen. Die Farbe ist licht hornartig mit violetter Spitze; am obern Theil
der Windungen an der Naht röthlich getupft oder geflammt und an der Basis des letzten
Umgangs gewöhnlich mit einer dunklen, zuweilen unterbrochenen Binde (Schwarz).

Die Varietät- R. Sarsi Lovén ist dünner, die Binde ist zu blosen Flecken aufgelöst
und die Mundrandverdickung fehlt meistens.

Hab.: Bohuslän (Lovén), Kattegat (Schwarz), Kieler Bucht (Möbius), Christianiafjord
(Jeffreys), Bantrybai in England (Jeffreys), Palermo (Monterosato), Catania (Aradas). Die
Varietät zu Bergen in Norwegen (Sars), Schottland (Jeffreys).

Jeffreys zählt im Nachtrag V p. 207 noch R. Benzi Aradas und Oenonensis Brusina hierher; beide werden jedoch von Monterosato zu R. Ehrenbergi Philippi gezählt, die er dann als Varietät zu der R. lineolata Michaud also falsch zieht; diese wird von Jeffreys ebenso unrichtig zu
R. parva gerechnet. R. lineolata kann als die grösste Rissoa weder zu der einen noch zu der
andern Art gezogen werden und ist höchst selbstständig. Wie aus dem Synonymenregister hervorgeht halten Aradas und Benoit die Meinung fest, dass R. Benzi hierher gehört und vindiziren diesem
Namen die Priorität. Wk.

4. Rissoa pulchella Philippi.

Taf. 2. Fig. 1. 2.

„R. testa ovato-conoidea, subperforata, anfractibus 6—7 convexis, tribus vel quaduor superioribus laevibus, reliquis oblique plicatis; ultimo plicis abbreviatis ornata vel laevi; apertura ovata, labro scindente vel interdum varice incrassato; labio infra recta. Colore sordide flavo, lineis undulatis fulvis longitudinalibus inter costas, ad basim labri unimaculata." (Schwarz von Mohrenstern).

Long. 4,7, lata 2,3 Mm.

Rissoa pulchella Philippi En. Moll. Sic. I p. 155 t. 10 f. 12 idem II p. 127. Deshayes-
Lamarck 2 ed. VIII p. 480. Schwarz v. Mohrenstern Rissoiden II p. 33
t. 2 f. 21. 21a. Weinkauff M. M. Conch. II p. 294. Monterosato Nuo.
Riv. p. 24. Aradas et Benoit Conch. viv. p. 192.

Labanes — Monterosato in Nat. Sic. Febr. 1884 p. 16.

Schale ziemlich stark, halbdurchscheinend, eiförmig oder verlängert eiförmig mit konischem Gewinde; von den 6—7 gewölbten Umgängen sind die 3 oder 4 obersten glatt, die übrigen mit 14—18 schiefen Längsfalten bedeckt; die letzte Windung mit verkürzten Rippen oder ganz glatt. Die Mündung ist oval, die Aussenlippe einfach zuweilen mit einem Wulst verdickt. Innenlippe unten senkrecht, meistens eine kleine Nabelspalte bildend. Die Farbe ist schmutzig gelb mit wellenförmigen feinen braunen Längslinien zwischen den Rippen, an der Aussenlippe unten ein dunkler Fleck. Sehr stark und breitgerippte Exemplare zeigen zuweilen auch eine Querstreifung zwischen den Rippen. (Schwarz).

Vorkommen im Mittelmeer an den Küsten von Frankreich, Italien, Sicilien, Adria, Rhodus, Algerien.

Nächst verwandte Art ist R. lineolata Michaud aus dem Brackwasser, die aber viel grösser wird.

5. Rissoa variabilis Mühlfeld.

Taf. 4. Fig. 31. 32. ? 36. 37.

„R. testa solida, magna, turrita vel turrito-elongata; spira conica, acuta, interdum acuminata; anfractibus 7—9 convexis subangulatis; costis 10—12 elevatis longitudinalibus, et lineis impressis transversis, punctulatis; apertura ovato-elongata superne rotundata, inferne expansa; labro extus et intus varice incrassato; labio ad basim libero; Colore variabili, uniformi albido, vel bruneo, lineis obscuris transversis, punctulatis, non raro etiam ad basim fascia obscura ornata, peristomate violaceo, (Schwarz von Mohrenstern).

Long. 9, diam. 3,4 Mm.

Turbo variabilis v. Mühlfeld Berl. Verh. 1824 Hft. IV. p. 212.

Rissoa — v. Middendorf Mal. rossica p. 44 pars. Schwarz von Mohrenstern Rissoiden
p. 44 t. 3 f. 35, 35a. Hidalgo Cat. in Journ. de Conch. XV p. 390.

Weinkauff Mittel Meer Conch. II p. 298. Sowerby in Reeve Conch.
Ic. t. 9 f. 77.

Rissoa costata Desmarest in Bull. Phil. Bord. p. 7 t. 1 f. 1. 2. Payraudeau Moll. de
Corse p. 105. Deshayes Expl. Morée p. 151 idem Encycl. méth. III p. 888
idem Lamarck 2 ed. VIII p. 471. Philippi En. Moll. Sic. I p. 157 II p. 123.
— costulata Risso Eur. mér. p. 119. non Alder.
Turbo Rissoanus Delle Chiaja-Poli III p. 213. 223.
Rissoa Desmaresti Recluz in Revue zool. 1843 p. 9. Forbes Aeg. Inv. p. 137.
— splendida Sowerby in Reeve Conch. III. t. 9 f. 79.
— nodulifera ⎫
— punctulata ⎭ Küster Inhalt auf dem Umschlag Taf. IV.

Schale stark, gross, mehr oder weniger langgestreckt-eiförmig, ganz weiss, grau,
bläulich mit röthlichen Punktstrichen oder lichtbraun mit dunkleren Strichen und zuweilen
Querbinden am untern Theil des Hauptumganges, Mundsaum violett; Spira thurmförmig
oder schlankthurmförmig, spitz zuweilen lang ausgezogen, besteht aus 7—9 convexen
etwas kantigen Umgängen, die der Länge nach gerippt und spiral eingeritzt und punktirt
gestreift sind, die Zahl der Rippen schwankt zwischen 7—9 je nachdem das Exemplar
mehr oder minder schlank ist. Mündung ziemlich gross, oval, nach unten verlängert,
der obere Winkel zugerundet, der untere bogenförmig erweitert; Mundrand geschweift
nach unten vorgezogen, innen zuweilen gelippt, aussen varixartig verdickt, Spindel mit
dem Rande unmittelbar verbunden, aussen ist ihr Rand frei und etwas umgebogen, ohne
jedoch eine Nabelritze zu bilden.

Vaterland: das Mittelmeer mit seinen Anhängseln, Pontus und Adria überall sehr
häufig, doch oft manigfaltig in Gestalt und Färbung. Sie kommt subfossil vor bei Nizza,
auf Sicilien und Rhodus.

Unsere Art steht zwischen den Gruppen, die durch R. similis und decorata und der die
durch R. ventricosa und splendida vertreten werden, mit allen hat sie etwas gemein. Ich habe
die von Dr. Küster als n. Sp. angesehenen und abgebildeten jedoch unbeschriebenen R. nodulifera
und punctulata auf unsere Art gedeutet, die typischen Formen sind also noch ohne Illustration.
Ich will sehen ob ich noch 1 oder 2 Bilder davon unterbringen kann.

Auf diese Art und ihre nächsten Verwandten R. ventricosa, R. splendida hat Monterosato
in seinem neuen Versuch, die Rissoiden zu gruppiren, das Genus Rissoa str. beschränkt, ich kann
diesen zahlreichen neuen Genera nur einen Gruppencharakter beilegen; dafür sind sie ganz brauchbar.
Bevor ich näher darauf eingehen kann, muss ich erst die Fortsetzung der Arbeit abwarten.

6. Rissoa monodonta Bivona.

Taf. 2. Fig. 3—6.

„R. testa crassa, ovato-oblonga, laevissima, nitida hyalina, spira conica, acuta, anfractibus 6
primis planis, ultimo satis inflato, interdum subangulato, apertura magna, ovata, spirae altitudinem
aequante, dilatata; labro varice incrassato infra expanso; columella unidentata; colore lacteo, lineis

fulvis flexuosis longitudinalibus, distantibus, ad varicem limbo colorato, apice et columella nonnunquam violacea." (Schwarz von Mohrenstern).

Long. 5,8 lata 2,8.

Loxostoma monodonta Bivona (ubi?) teste Philippi.

Rissoa   —   Philippi En. Moll. Sic. I p. 151 t. 10 f. 9. Deshayes-Lamarck 2 ed. VIII p. 474. Philippi l. c. II p. 125 t. 23 f. 1. Schwarz von Mohrnstern Rissoiden II p. 17 t. 1 f. 6. Weinkauff M. M. Conch. II p. 288 (auch für die Localliteratur) Aradas et Benoit Conch. viv. Mer. II p. 189. Monterosato Nuov. Riv. p. 26. Sowerby in Reeve Conch. fc. t. 8 f. 73.

Schale stark, eiförmig verlängert, sehr glatt und glänzend, oft durchscheinend, mit zugespitzten konischen Gewinde, das aus 6 Umgängen besteht, von welchen die oberen flach, der untere dagegen bauchig aufgeblasen und zuweilen die Neigung zeigt, sich kielartig zu erweitern. Die Mündung ist sehr gross und nimmt die halbe Länge der ganzen Schale ein, ist oval verlängert, im obern Winkel zugerundet, in untern erweitert und etwas ausgebreitet; die äussere Lippe ist oben stark vorgezogen, unten zurücktretend und trägt aussen einen Wulst, der auch auf der innern Seite noch zu bemerken ist und zuweilen den Schlund etwas verengt. Die Spindel trägt etwas unter der Mitte eine zahnartige Anschwellung. Die Farbe der Schale ist milchweiss mit entfernt stehenden, wellenförmig gebogenen gelben Längslinien. Hinter dem Mundwulst bemerkt man ebenfalls eine gelbe Färbung, die an mehreren Stellen intensiver hervortritt und die den 3 charakteristischen Punkten der andern Arten der Gruppe entspricht. Bei vielen Individuen ist die Spindel und die Spitze licht violett oder rosa gefärbt. (Schwarz).

Vorkommen häufig an zahlreichen Punkten des Mittelmeeres und der Adria; im atlantischen Ocean an der Küste von Portugal. Kommt auch subfossil und fossil vor.

Diese Art bildet mit R. oblonga, R. membranacea und R. auriscalpium eine natürliche Gruppe; die vorbeschriebene steht bei den Gebrüder Adams als Typus des Genus Rissoa s. str. Die Spindelverdickung ist bei dieser Art am deutlichsten und stärksten ausgebildet, so sehr, dass man sie leicht für eine Spindelfalte anzusehen geneigt ist, sie ist dies aber entschieden nicht.   Wk.

7. Rissoa auriscalpium Linné Sp.

Taf. 2. Fig. 9—12.

„R. testa subulato-elongata, lucida, hyalina apice acutissima, anfractibus 10 convexiusculis vel subplanis, laevigatis vel obsolete longitudinaliter late-costatis; ultimo anfractu costis evanescentibus; ad basim tribus vel quaduor striis spiralibus subtilissime punctatis ornata; apertura semiovata, superne subangulata, inferne expansa; labro valde dilatato, extus varice incrassato; colore albo vel flavescente, lineis fuscis longitudinalibus; ad labrum incrassatum maculis tribus fulvis." Schwarz von Mohrenstern).

Long. 7,6, lata 1,75 Mm.

14 *

Turbo auriscalpium Linné Syst. nat. ed XII p. 1240 idem ed XIII per Gmelin p. 3611. Hanley Ipsa Linnei Conch. p. 352.

Rissoa — Philippi En. Moll. Sic. II p. 125 t. 23 f. 2. Forbes et Hanley brit. Moll. III p. 118. Schwarz von Mohrenstern Rissoiden II p. 13 t. 1 f. 1. Weinkauf Mittel Meer Conch. II p. 285 (auch für die Local-literatur) Aradas et Benoit Conch. viv. mar. II p. 189. Montero-sato Nuov. Riv. p. 26. Sowerby Conch. Ic. t. 2 f. 11.

Acme — H. et A. Adams Gen. of sh. p. 330.

Turbo marginatus Laskey Mem. of. Wer. Soc. I p. 406 non Montagu. Wood Ind. test. t. 31 f. 105.

Rissoa marginata Bronn It. tert. geb. p. 75.

— acuta Desmarest in Bull. Phil. VIII. t. 1 f. 4. Deshayes-Lamarck 2 ed. VIII p. 470 idem Encycl. méth. III p. 888. Potiez et Michaud Gal. de Douai I p. 266. Philippi En. Moll. Sic. I p. 151.

— acicula Desmarest l. c. t. 1 f. 3. Delle Chiaja-Poli III p. 224 t. 86 f. 3. 6. Reeve Conch. Sist. II t. 208 f. 4.

Acme — H. et A. Adams Gen. of shells p. 330.

Zippora Drummondi Leach Syn. Moll. Gr. Br. p. 169.

Acme — H. et A. Adams Gen. of sh. p. 330.

Schale verlängert pfriemenförmig, glänzend halbdurchscheinend mit scharf zugespitz-tem Gewinde, das aus 10 schwach gewölbten oder auch fast flachen, längsgefalteten Um-gängen besteht, Längsfalten ungefähr 7 — 8 in den untern Windungen, stumpf, breit und wenig hervortretend, an manchen Exemplaren auch ganz fehlend. An der Basis der letz-ten Windung verflachen sich die Längsfalten, dagegen zeigen sich 4 fein punktirte Spiral-streifen. Die Mündung ist halboval, mit trompetenartig ausgebreitetem Mundsaum; äussere Lippe durch einen Wulst verdickt. Frische Exemplare sind licht hornfarbig mit wenig zahlreichen dunkleren Längslinien und 3 gelbbraunen Flecken hinter dem Mundwulst; in gebleichten Zustande milchweiss mit röthlicher oder licht violetter Spitze. (Schwarz).

Die Verbreitung ist über das ganze Mittelmeer an beiden Seiten, in der Adria und im aegeischen Meere. Das Vorkommen im atlantischen Ocean noch nicht sicher bestätigt.

Das Thier dieser Art unterscheidet sich in Nichts von dem der R. oblonga, membranacea und andern der Gruppe, die Abtrennung zu einem Subgenus Zippora ist daher gar nicht gerechtfertigt; die nahe Beziehung der Art zu den schlanken Abänderungen der R. membranacea u. A. der R. octona Lovén liegt auf der Hand. Von Monterosato ist kürzlich der ganzen Gruppe der Name Zippora beigelegt worden (S. Conch. littorali Med. in Naturalista Siciliana 1884 p. 15).

8. Rissoa radiata Philippi.

Taf. 2. Fig. 7. 8. Taf. 3. Fig. 21. 22.

„R. testa ovato-elongata vel turrita, tenui, hyalina, spira conica, anfractibus 6—7 planiusculis, subplicatis aut eplicatis, plicis obtusis 7 in quoque anfractu, in ultimo evanescentibus; apertura ovata, labro simplice interdum subincrassato; colore virescente strigis rufo-fulvis longitudinalibus distantibus, ad basim ultimi anfractus taenia transversa; labro unimaculato." (Schwarz).

Long. 4,2, diam. 2 Mm.

Var. simplex, laevissima, alba vel flavescens, lineis luteis undulatis.

Rissoa radiata Philippi En. Moll. Soc. I p. 151 t. 10 f. 15. Deshayes-Lamarck 2 ed. VIII p. 475. Philippi l. c. II p. 128. Schwarz von Mohrenstern Rissoiden II p. 37 t. 2 f. 26. Weinkauff M. M. Conch. II p. 296 (auch für die Localliteratur). Aradas et Benoit Conch. viv. p. 193. Monterosato Nuove riv. p. 26 excl. Var. I.

Sabanea — Monterosato Nat. sic. Febr. 1884 p. 16.

Rissoa simplex Philippi En. Moll. Soc. II p. 129 t. 23 f. 17. Schwarz von Mohrenstern Rissoiden p. 36 t. 2 f. 24. Weinkauff l. c. p. 291. Aradas et Benoit l. c. p. 192.

Sabanea — Monterosato Nat. sist. Febr. 1884 p. 16.

Rissoa parva Var. Jeffreys brit. Conch. IV. p. 26.

Schale eiförmig-länglich, dünn und durchscheinend, glatt oder undeutlich längsgefaltet, weiss, gelblich oder grünlich, entweder mit feinen undulirten Längslinen (simplex) oder entfernt stehenden Längsstriemen, erstere von gelber, letztere von rothgelber Farbe; Spira thurmförmig, besteht aus 6—7 fast ebenen Umgängen, das vorletzte meist mit 7 undeutlichen Längsfalten, die auch auf dem Hauptumgang verschwinden. Mündung oval, innen gelb mit durchscheinenden Striemen, Spindel mit schwacher Lippe belegt, unten fast grade; Mundrand scharf, meistens einfach, doch auch zuweilen leicht aussen verdickt und mit einem braunen Fleck gezeichnet.

Vaterland: nur das Mittelmeer an den Küsten von Spanien und Balearen, Corsica, Neapel und Sicilien; Adria-Triest und Dalmatien, Aegeische Inseln, Rhodus und Beyrut, Algerien.

Diese Art setzt Jeffreys noch unter die Varietäten seiner R. parva wahrscheinlich nur als zu der R. interrupta gehörig. Die Mündung ist jedoch zu verschieden, auch fehlen die diese Art charakterisirenden Zeichnungen auf der äusseren Randseite; das Wachsthumverhältniss ist ein verschiedenes, die Schalen sind viel solider etc. Monterosato rechnete hierher noch die subfossile R. plicatata Schwarz, was ich deshalb nicht billige, weil dann die Schranke weggenommen wäre, die diese Arten von R. lineolata Michaud trennen und man müsste zu der Anschauungsweise Jeffrey's gelangen, alle diese Arten sowie noch R. marginata Michaud mit R. parva zu vereinigen. Dies wäre kein wünschenswerthes Resultat. In den neuesten Schriften hält er jedoch alle diese Arten auseinander und gibt der Gruppe den Leach'schen Namen Sabanea (Conch. litt. Med. 1884 p. 16).

9. Rissoa (Cingula) soluta Philippi.

Taf. 2. Fig. 13. 14. Taf. 3. Fig. 23. 24.

Testa minutissima, subglobosa, ovaliconica, transalucida, spiraliter exilissime striata, pallide flavida; spira brevis, anfractibus 5 convexis, suturis profundis, anfractus ultimus $^2/_3$ altitudinis spirae; apertura subcircularis, columella rotundata, inferne reflexa, postice rimata; labrum arcuatum, extus incrassatum.

Long. ½''' lata ⅖''.

Rissoa soluta Philippi En. Moll. Soc. II p. 130 t. 23 f. 18. Forbes et Hanley brit. Moll. III p. 131. t. 75 f. 3. 4. Sowerby Ill. Ind. t. 14 f. 2. Jeffreys brit. Conch. III p. 45. V. t. LXVIII f. 7. Weinkauff Mitt. Conch. II p. 281. Sowerby in Reeve Conch. Ic. t. 6 f. 42.

— Alderi Jeffreys in Ann. and. Mag. N. H. Ser. III p. 127 t. 5 f. 5 a—c.

Setia soluta H. et A. Adams Gen. of shells p. 333.

Schale sehr klein, aufgetrieben ovalkonisch, durchscheinend, unter starker Vergrösserung spiral gestreift, hell gelblich; Spira kurz mit sehr feiner Spitze, besteht aus 5 convexen Umgängen, die durch eine tiefe Naht getrennt sind. Hauptumgang gross ⅔ der Höhe der Spira einnehmend. Mündung mehr rund als oval, Spindel gebogen, unten ausgebreitet, aussen mit feinem Nabelritz; Mundrand gebogen und aussen verdickt.

Vorkommen local, doch weit verbreitet an den Küsten von Finnmark und Norwegen (Sars) Grossbritanien von Shetland's Insel bis zu jenen des Kanals an vielen Orten; West-Frankreich; im Mittelmeer an den Küsten der Provence und jener von Sicilien. Kommt subfossil und fossil vor.

Diese kleine Art ist sehr variabel und kommt auch völlig glatt vor (Philippi's Type) auch ist das Verhältniss der Dicke zur Höhe wechselnd. Wk.

10. Rissoa violacea Desmarest.

Taf. 2. Fig. 17—19. Taf. 16. Fig. 4. 6.

„R. testa solida, ovato-elongata, spira conica, acuminata, anfractibus 8 superioribus 5 laevibus, penultimo et ultimo decomplicatis, ultimo plicis abbreviatis et punctulis impressis, transversis, ornato; Apertura ovata, labro valde incrassato; labio reflexo; colore albo, zona violacea in mediis anfractibus, peristomate violacea, varice albo, linea longitudinali aurea." (Schwarz von Mohrenstern).

Long. 5,3, diam. 2,4 Mm.

Var. a. t. cornea aut viridescens, labro rubro. (R. rufilabrum).

b. t. cornea, ecostata, peristomate rubescente. (R. porifera).

Rissoa violacea Desmarest Bull. Soc. Phil. p. 8 t. 1 f. 7. Deshayes-Lamarck hist. nat. ed 2 VIII p. 475. Philippi En. Moll. Sic. I p. 150. II p. 124. Jeffreys brit. Conch. IV p. 34. V t. 67 f. 9. Schwarz von Mohrenstern Rissoiden p. 51 t. 3 f. 42. Weinkauff MM. Conch. (auch für Localliteratur). Manzoni Journ. de Conch. XVI p. 248. Aradas et Benoit Conch. viv. p. 195. Monterosato Nuove Riv. p. 26. Sowerby in Reeve Conch. Ic. t. 8 f. 74. Watson On Mad. Moll. t. 35 f. 14. O. Sars M. R. A. N. p. 180 t. 10 f. 8 a. b.

— punctata Potiez et Michaud Gal. de Douai p. 274. t. 28 f. 3. 4.

Rissoa rufilabrum Alder in Ann. and Mag. N. H. XIII p. 325 t. 8. f. 10. 11. Forbes
    et Hanley Brit. Moll. III p. 106 t. 77 f. 8. 9. Sowerby Ill. Ind. t. 13
    t. 20. Schwarz von Mohrenstern Rissoiden p. 50 t. 3 f. 41. Sowerby
    in Reeve Conch. Ic. t. 4 f. 33. (R. rufilabris).
 — porifera Lovén Ind. Moll. Sc. p. 24. Schwarz von Mohrenstern Rissoiden II
    p. 52 t. 3 f. 21.
Persephona rufilabris Leach. Syn. p. 189.
 — violacea Monterosato Nat. Sic. Febr. 1884 p. 18.

Schale stark, länglich-eiförmig mit konischem Gewinde, das in eine feine Spitze
ausläuft und 8 flachen Windungen, von welchen die 5—6 oberen glatt und nur die vorletzte und die obere Hälfte der letzten, oder auch nur die letzte ganz allein mit 10 flachen
und breiten Längsrippen versehen sind; die Oberfläche der Schale ist sehr deutlich vertieft punktirt gestreift. Die Naht kaum sichtbar. Mündung oval, im oberen Winkel
zugerundet, unten erweitert. Aussenlippe unten etwas zurücktretend, aussen mit einem
starken und breiten Wulst verdickt. Der Theil der Innenlippe, welcher auf der letzten
Mündung aufliegt, ist breit umgeschlagen und die Spindel etwas eingedrückt; die Grundfarbe ist licht mit einer violetten Querbinde auf der Mitte der Windungen, welche an
der oberen ganz schwarz anfängt und allmählig ins dunkelbraune oder violette übergeht,
an den untern Windungen immer breiter und lichter wird, so dass sie auf der letzten
Windung nur mehr licht violett oder röthlich erscheint; der Mundsaum ist dunkelviolett
und der äussere Wulst weiss, durch orange gelben Längsstreifen begränzt. (Schwarz).

Die britische Varietät (R. rufilabrum) ist hornbraun oder grünlich, das Peristom
ist roth, der Wulst ist beiderseits roth begränzt.

Die norwegische Abänderung (R. porifera) ist dünnschalig, hornfarbig, ohne
Rippen, Spitze und Mündung sind röthlich. Für diese Art wird der Leach'sche Sippen-
name Persephona von Monterosato aufgewärmt.

Vorkommen an den Küsten von Norwegen und Dänemark, Grossbritanien, Frankreich,
Spanien und Portugal, Madeira, im ganzen Mittelmeer bis ins aegeische und adriatische Meer.

Die auf der t. 1 fig. 27—29 abgebildete und auf dem Inhaltsverzeichniss R. porifera benannte
Art ist mir undeutbar, kann unmöglich zu R. porifera gehören, ich lasse sie daher ganz ausser Betracht und gebe t. 16 f. 4. 6 Figuren nach Schwarz copirt.   Wk.

11. Rissoa (Alvania) cimex Linné Sp.

Taf. 3. Fig. 1—3.

Testa ovata, ventricosa, granulata, alba pallide fulva vel rubro-fusca unicolor, vel alba pallide
fulvo vel rubro fusco bifasciata vel pallide fulva, fusco bifasciata, fasciis series duabus granularum
accupantibus, superiore suturali; spira conica, apice acuta, anfractibus 5 planiusculis, spiraliter granulatis, granulis subrotundatis per series 5 in anfractu penultimo, 8—9 in ultimo dispositis; apex

glaber, nitidus, anfr. 2—3; apertura ovata, labrum acutum, intus labiatum et sulcatum, extus varicosum, varice albo; columella arcuata, minute labiata.

Long. 6, diam. 3 Mm.

Turbo cimex Linné Syst. nat. ed XII p. 1233 idem ed XIII per Gmelin p. 3589 Dillwyn
Cat. II p. 821. Wood Ind. test. t. 30 f. 6. Hanley Ipsa Linnei Conch. p. 327
non Brochi.

Rissoa — Forbes et Hanley brit. Conch. III p. 148. Aradas et Benoit p. 198.

Alvania — H. et A. Adams Gen. of shells p. 331. Weinkauff M. M. Conch. II p. 303
(auch für die zahlreiche Localliteratur).

Turbo calathiscus Montagu Test. brit. Suppl. t. 30 f. 5 ed Chenu p. 321 t. 12 f. 12.
Dillwyn Cat. II p. 821. Turton Conch. dict. p. 211.

Rissoa calathiscus Brown Ill. Conch. Gr. brit. p. 10 t. 9 f. 4. Philippi En. Moll. Sic.
II p. 125.

Cingula calathiscus Fleming Brit. Anim. p. 305.

Rissoa cancellata Desmarest Bull. Soc. Phil. 1814 t. 1 f. 5. Potiez et Michaud Gal. de
Douai p. 267. Deshayes-Lamarck 2 ed VIII p. 464.

— granulata Philippi En. Moll. Sic. I p. 153.

— europaea Petit in Journ. de Conch. III. p. 86. Sowerby in Reeve C. J. t. 1 f. 2.

Alvania — Risso Eur. mer. IV. p. 142 f. 116. Chenu Man. I p. 307 f. 2185.

— Freminvillei — — — p. 141 f. 128.

— mamillata — — — p. 145 f. 128.

Turbo Boryanus Delle Chiaja Memoria (ubi.?).

R. (Alvania) calathisca Sowerby in Reeve Conch. Ic. t. 1 f. 10 t. 5 f. 10 b.

R. (Acinus) cimex Monterosato in Nat. Sic. März 1884 p. 20.

Schale eiförmig, bauchig und wohl abgerundet, gekörnelt, weiss, gelblich, gelb
oder rothbraun, entweder einfarbig oder weiss mit gelben oder braunen oder gelblich oder
gelb mit braunen Binden; die Binden nehmen je zwei Körnerreihen ein, die eine steht
unterhalb der Mitte, die andere an der Naht. Spira kegelförmig mit spitzen Ende,
besteht aus 5 fast ebenen Umgängen auf denen Reihen von rundlichen Körnern stehen,
wovon 5 auf den vorletzten und 8—10 auf den letzten Umgang kommen; Naht leicht
rinnenförmig. Embryonalwindungen 2—3 glatt und glänzend. Mündung eiförmig
innen je nach der äussern Färbung verschieden; Mundrand scharf, innen gelippt und
gefurcht, aussen mit einem stets weissen Varix verdickt; Spindel gebogen nur kurz
gelippt, oben und aussen meistens ganz frei, daher die Mündung kein vollständiges Peristom besitzt.

Im ganzen Mittelmeere verbreitet und häufig, selbst gemein, im atlantischen Ocean
nur von den Küsten von Südspanien und den Azoren bekannt.

Bekannte schöne Species die mit keiner andern verwechselt werden kann; ihre Merkmale sind
scharf und leicht zu erkennen. Wk.

12. Rissoa (Alvania) lactea Michaud.

Taf. 3. Fig. 4. 5.

Testa ovalis, tenuicula, translucida aut opaca, longitudinaliter costellata, spiraliter lirulata, decussata, albido-flavescens aut lactea; spira conica abrupte accrescens, anfractibus 5 – 6 subconvexis, ultimo ³/₄ totius testae aequante, suturis distinctis sed linearibus; apex minimus, glaber, anfr. 2; apertura ovalis, superne producta et angulata, inferne dilatata, extus non expansa; labrum parum incrassatum; labium columellae obtectum et reflexum. Operculum pallide corneum, inconspicue striatum, spira brevi.

Long. 6, diam. maj. 4,5 Mm.

    Rissoa lactea Michaud Broch. sur les Rissoae p. 9. t. 11 f. 12. Philippi En. Moll. Sic. I.
        p. 152. Potiez et Michaud Gal. d. Douai I. p. 371. Deshayes-Lamarck 2 ed.
        VIII. p. 466. Philippi l. c. II. p. 129. Forbes et Hanley Brit. Moll. III.
        p. 76 t. 79 f. 3. 4. Sowerby Ill. Ind. t. 13 f. 12. Jeffreys brit. Conch. IV
        p. 7 V. t. 66 f. 2. Weinkauff Mitt. Meer Conch. III p. 309 (auch für die
        Localliteratur). Aradas et Benoit Conch. viv. p. 203. Monterosato Nuove
        Riv. p. 27. Sowerby in Reeve C. J. f. 22.

    —   cancellata (Lamarck) Petit Cat. in Journ. de Conch. III p. 85 non Jeffreys.

    Alvania   —   H. et A. Adams, Gen of shells p. 331.

    Schale oval, ziemlich dünn und durchscheinend (frisch) oder matt (trocken) decussirt durch dünne Längsrippchen (circa 20 auf dem Haupt- und 10 auf dem vorletzten Umgange) und Spiralleistchen, die schwächer als die Rippchen sind (15 resp. 9) die Kreuzpunkte zeigen sich als schwache Erhöhungen; weisslich mit sehr blassgelblichem Anhauch im frischen und milchweiss im trockenen Zustand; Spira kegelförmig, sehr rasch an Dicke zunehmend, besteht aus 5 – 6 leicht convexen, oben eingezogenen Umgängen, die durch feine aber deutliche Nähte getrennt sind, der letzte nimmt ³/₄ der Höhe der ganzen Schale in Anspruch. Embryonalende sehr klein, ohne jede Sculptur, hat 2 Windungen. Mündung oval nach oben verlängert und winklig, unten erweitert und nicht ausgebreitet am Rande; an der Vereinigungsstelle der Mundränder, in der obern Ecke verdickt; Mundrand mässig dick; Spindellippe über die Spindel ausgebreitet und sie verdeckend. Deckel fast hornfarbig, mit kaum sichtbaren Streifen, Nucleus eine kurze Spira bildend.

    Vorkommen: Südengland, Frankreich, Spanien, Portugal und Marokko; im Mittelmeere und der Adria bis nach Morea, weit häufiger, als im Norden.

    Ich habe mich nicht überzeugen können, dass dies eine Lamarck'sche Species sei, ich habe daher kein Motiv, diese Art R. cancellata zu nennen, was jedenfalls hätte geschehen müssen, wenn es feststände, dass sie so von Lamarck benannnt gewesen wäre. Wk.

13. Rissoa (Alvania) Montagui Payraudeau.

Taf. 3. Fig. 6—8.

Testa ovato-conica, ventricosa, crassa, spiraliter lirata, longidutinaliter plicata, fusca, rubro-fusca vel flava, unicolor vel albo uni vel biplicata; spira conica, subito accrescens; anfractibus 5 convexiusculis, longitudinaliter plicatis plicis circa 12—14 in anfractu ultimo, ad basim interdum evanescentibus, spiraliter liralis, liris 8 — 9 in ultimo, 5 in penultimo; sutura distincta, subcanaliculato; apex minutissimus, glaber, anfr. 2 — 3; apertura subovata; intus pallida albo limbata, limbo sulcato; extus grosse varicosa, varice alba; columella labio tenui, reflexo obtecta.

Long. 5 Mm. diam. 3 Mm. apert. 2,15 Mm.

Rissoa Montagui Payraudeau Moll. de Corse p. 111 t. 5 f. 11. Philippi En. Moll. Sic. I
       p. 153. Potiez et Michaud Gal. de Douai I. p. 273. Philippi l. c. II.
       p. 126. Hoernes Foss. Moll. d. W. B. p. 569 t. 48 f. 13. Weinkauff
       M. M. Conch. II p. 306 (auch für die Localliteratur). Aradas et Benoit
       Conch. viv. p. 199 Monterosato Nuove Riv. p. 27. Sowerby Reeve
       C. J. t. 1 f. 3.
   —   lineata Risso Eur. mer. IV. p. 142 f. 120. Weinkauff l. c. p. 307.
   —   buccinoides Deshayes Ex. sc. de Morée III p. 151. t. 19 f. 40. 42 idem Lamarck
       hist. nat. 2 ed. VIII p. 465.
   —   peloritana Aradas et Benoit Conch. viv. p. 205.
Alvania Montagui H. et A. Adams Gen. of shells p. 331.
   —   Sardea Risso Eur. mér. IV. p. 145.
   —   Schwarziana Brusina Contr. p. 25 t. 3 f. 9. Weinkauff l. c. p. 307.
Turbo Montagui Delle Chiaja Mém. t. 86 f. 25—31.

Schale conisch-eiförmig, bauchig, stark, spiral mit 8 — 9 Leisten umzogen, die breite Längs-Falten durchkreuzen, die 12 — 14 an der Zahl entweder bis an die Basis reichen und sich hier allmählich verlieren, oder etwas weiter oben plötzlich abbrechen, nachdem sie sich hier etwas verdickt hatten, gewöhnlich enden sie auf einem Spiralgürtel; gelblich rothbraun, braun oder schwarzbraun von Farbe, einfarbig oder mit meistens nur einer, seltener zwei Spiralbinden von weisser Farbe geziert; Spira konisch, kurz zugespitzt, sehr schnell an Wachsthum zunehmend, besteht aus 5 — 6 leicht convexen Umgängen, die wie erwähnt gegittert sind, (8 bis 10 Rippen 5 Leisten auf dem vorletzten Umgang) Die Hauptwindung nimmt nicht ganz die Hälfte der Gesammthöhe ein. Naht deutlich und beinahe rinnenförmig. Embryonalende äusserst klein und sculpturlos 2 — 3 Windungen. Mündung rundlich-eiförmig, innen braunroth mit weissem Lippensaum, der eng gefaltet ist. Mundrand scharf, aussen mit dickem Varix von weisser Farbe; Spindel mit einer dünnen Lippe überzogen, die sich darüber hinaus ausbreitet.

Vorkommen im atlantischen Ocean an den Küsten von Spanien und Portugal, Madaira; im Mittelmeere überall verbreitet und gemein.

Die Varietät A. lineata Risso ist gelb mit braunroth gefärbten Spiralgürtel; A. Schwarziana ist klein, schwärzlich mit abgesetzten Rippen; A. Peloritana ebenso, etwas heller und mit mehr seitlich zusammen gedrückter Mündung. R. bucciuoides ist vorzugsweise auf fossile Abänderungen gegründet, bei denen die abgestutzten Rippen am Ende sich verdicken, und mit weniger gewölbten Basis.

Monterosato trennte in seinen spätern Arbeiten R. lineata Risso und Peloritana Ar. et Bon. und machte aus der Varietätenreihe noch 2 neue Arten dazu, von denen ich eine angenommen habe und später bringen werde. Wk.

14. Rissoa (Alvania) crenulata Michaud.
Taf. 3. Fig. 9—12. Taf. 19. Fig. 6. 7.

Testa ovato-conica, solida, opaca interdum nitida, longitudinaliter costata et spiraliter lirata, costis lirisque fortis; flavidulo-alba rubido tincta, indistincte rubro-fusco bifasciata aut lactea unicolor; spira mucronata, anfractibus 6 — 7 convexis, primis 2 glabris minutissimis, ultimo $\frac{2}{3}$ totius testae aequante, suturis late canaliculatis; apertura late-ovata, expansa, intus longitudinaliter tenue et anguste sulcata, rubro-fusca; labrum tenue extus late varicosum, varice crenulato; columella labio tenue seu late obtecta, inferne dilatata, tuberculo crasso munita. Operculum parum tenue, nucleo spirali, distincte et anguste arcuato-striatum.

Long. 5, diam. 3,5 Mm.

Rissoa crenulata Michaud Broch. sur les Rissone p. 15. t. 11 f. 1. 2. Deshayes-Lamark 2 ed. VIII p. 465. Potiez et Michaud Gal. de Douai 1 p. 269. Philippi En. Moll. Sic. II p. 126. Forbes et Hanley brit. Moll. III p. 80 t. 89 f. 1. 2. Sowerby Ill. Ind. t. 13 f. 9. Weinkauff M. M. Conch (auch für die local lit.) Fischer Gironde Suppl. p. 139. Aradas et Benoit Conch. viv p. 197. Sowerby in Reeve C. I f. 33.

Alvania crenulata H. et A. Adams Gen. of shells p. 331.

Turbo cimex Donovan brit. sh. 1 t. 2 f. 1 ed Chenu t. 1 f. 3. Montagui Test. brit. p. 315. ed. Chenu p. 144. Dillwyn Cat. II p. 821. Wood Ind. test. t. 30 f. 15. non Linné nec Brocchi.

Cingula cimex Fleming brit. An. p. 305.

Rissoa cancellata (Da Costa) Jeffreys brit. Conch. IV. p. 8 V. t. 66 f. 3. Monterosato Nuove rivista p. 27. Watson on Maduira Moll. p. 367 t. 34 f. 2.

Alvania   —   Brusina Contr. p. 25.

Acinopsis   —   Monterosato in Nat. Sic. März 1884 p. 22.

Schale konisch-eiförmig, solid, matt oder seltener glänzend, längsgerippt und spiral geleistet, und zwar trägt der Hauptumgang in der Regel 16 resp. 6 der folgende 15 resp. 4 der nächstfolgende 14 resp. 3 die folgenden obern 7 resp. 2 sich kreuzende Rippen-Leisten, die obersten sind ganz glatt, zeigen jedoch unter sehr starker Vergrösserung ganz feine Spiralsculptur; die Längsrippen setzen sich bis zur Basis fort und endigen mit einer kantigen Verdickung, die der Spindelseite am nächsten stehenden fliessen zu einer Erweiterung zusammen, auf der die charakteristische Spindelverdickung steht; an den Kreuzpunkten

15*

entstehen ziemlich scharfe Erhöhungen und die Zwischenräume bilden viereckige, vertiefte Felder, wodurch die Schale sich rauh anfühlt. Die Färbung ist gelblichweiss mit einem Stich ins Röthliche, zwei undeutliche rothbraune Binden, eine schmale längs der Naht und eine breitere in der Mitte umziehen die Schale spiral; zuweilen ist die Farbe ein einfarbiges Milchweiss, sehr selten schwärzlich. Spira kurz und rasch zunehmend, besteht aus 6 — 7 convexen Umgängen, die obern zwei- drei Anfangswindungen sind unverhältnissmässig klein und glatt, die Hauptwindung nimmt ²∕₃ der Höhe der ganzen Schale ein. Naht weit und rinnenförmig. Mündung breit-eiförmig, ausgebreitet; Mundrand dünn, aussen weit verdickt und hier ausgezackt oder gezähnt; Spindel von dünner weiter Lippe bedeckt, trägt unten auf einer Erweiterung einen dicken Knopf. Deckel nicht dünn, mit deutlichen Anwachsstreifen, die leicht gebogen sind und dem spiralgewundenen Nucleus.

Vaterland: im atlantischen Ocean an den Küsten von Grossbritanien von Shetland bis zu den Kanalinseln, Frankreich, Spanien, Portugal, Marokko, Canaren, Madaira und Azoren; im Mittelmeere an allen Küsten bis Morea. Fossil in jungtertiären Schichten in England und Irland, Calabrien, Sicilien und Rhodus.

Die beiden Figuren sind schlecht und erheuschten eine neue Darstellung.

Der Name R. cancellata nach Da Costa ist unacceptabel. Bild und Beschreibung können ebensogut R. calathus, R. reticulata oder cimicoides darstellen. Von dem charakteristischen Knopf ist keine Spur vorhanden und keine Rede. Wk.

15. Rissoa Ehrenbergi Philippi.

Taf. 3. Fig. 13. 14.

„R. testa solida, ovata, spira brevi, conica, acuta; anfractibus 5 — 6, tribus superioribus laevibus, reliquis duodecim vel quadnordecim plicatis et transversim striatis; anfractu ultimo in medio latissimo declivi, plicis abbreviatis; apertura suborbiculari, labro acuto, rarius incrassato; colore lacteo, margaritaceo vel pallide flavo, sub sutura maculis fulvis flammulatis; labio violaceo, labro ad basim unimaculato." (Schwarz von Mohrenstern).

Long. 3,7, diam. maj. 2,1 Mm.

Rissoa Ehrenbergi Philippi En. Moll. Sic. II p 127. t. 23 f. 9. Schwarz von Mohrenstern Rissoiden p. 35. t. 2 f. 23. Weinkauff M. M. Conch. II p. 295.

— lineolata pars Monterosato Nuove Riv. p. 26.

Schale stark, eiförmig mit kurzem zugespitztem konischem Gewinde, von den 5 — 6 gewölbten Umgängen sind die 3 obersten glatt, die unteren mit 12 — 14 ziemlich gradstehenden Längsfalten versehen, zwischen welchen eine äusserst feine Spiralstreifung sichtbar ist. Die letzte Windung ist in der Mitte auffallend breit und fällt nach unten gegen die Spindel sehr rasch ab, auch sind die Längsfalten auf ihr abgekürzt. Die Mündung ist verhältnissmässig breit und rundlich; Aussenlippe gewöhnlich scharf doch auch zuweilen verdickt. Die Farbe ist weiss, perlmutter glänzend oder sehr licht gelb, unterhalb der Naht mit kurzen flammenartigen gelbbraunen Flecken zwischen den Rippen. Die Spindellippe ist violett oder rosa gefärbt und am untern Theil der Aussenlippe ist ein dunkler Fleck zu bemerken. (Schwarz).

Fundort: Cattaro in Dalmatien und Rhodus, alle übrigen Fundorte sind zweifelhaft.

16. Rissoa similis Scacchi.

Taf. 3. Fig. 15. 16.

„R. testa tenui, pellucida, vitrea; turrito-elongata, anfractibus 6 — 9 convexis, longitudinaliter costatis; costis 10 — 14 dorso rotundatis, medio ultimo anfractu evanescentibus; striis transversis tenuissimis punctatis impressis, versus basim valde conspicuis; apertura parva, producta, rotundata, labro scindente rarius extus leviter marginato; colore vitreo-lacteo, peristomate violaceo." (Schwarz).

Long. 5, diam. 2 Mm.

Rissoa similis Scacchi. Cat. sist. p. 11. 2. Not. 28. Philippi En. Moll. Sic. II p. 124 t. 23 f. 5. Schwarz von Mohrenstern Rissoiden II p. 38 t. 3 f. 28, 28a. Weinkauff M. M. Conch. II p. 297 auch für die Localliteratur. Aradas et Benoit Conch. viv. p. 193. Monterosato Nuove Riv. p. 26. Manzoni Riss. Can. p. 16. Watson On Mad. Moll. p. 379 t. 35 f. 16, 16a.

— arata Risso Eur. mer. IV. p. 6.
— ovatella Forbes Rep. Aeg. Ind. p. 189.
— apiculata Danillo et Sandri Elengo nom. p. 54.
— rubrocincta — — — — p. 54.
— costulata Var Jeffreys Brit. Conch. IV. p. 37.
Apicularia similis Monterosato in Nat. Sic. Febr. 1884 p. 17.

Schale thurmförmig-verlängert, dünn, durchscheinend, glänzend, längs gerippt und fein spiral punktirt-gestreift, glas- oder perlmuttergrau, oft in den Zwischenräumen rothbraun gefärbt, oder mit 2 braunen Binden gezeichnet. Spira thurmförmig, spitz ausgezogen, besteht aus 6 bis 9 gewölbten Umgängen, von denen die 3 obern Embryonalen glatt und sculpturlos sind; die übrigen tragen die Sculptur der Schale; der Hauptumgang hat 10—14 gerundete Rippen, die an der untern Hälfte verschwinden, dagegen verstärkt sich da die Spiralsculptur sehr. Eine grössere und stärkere Varietät hat weniger Rippen. Mündung klein, fast rund oder nach unten verlängert-oval; zuweilen unten erweitert ausgeschlagen; Mundrand scharf unten etwas zurücktretend, aussen schwach verdickt, oder mit starkem Lippenwulst versehen; Spindel leicht gebogen, gelippt und violett oder dunkel lila gefärbt.

Vorkommen im atlantischen Ocean an den Küsten von Madaira (Manzoni); im Mittelmeer an beiden Seiten und bis in die hintere Ecke desselben.

Die Verwandtschaft mit R. costulata und R. decorata ist gross; viele Autoren vereinigen sie alle drei, dazu würde noch R. Frauenfeldiana Brusina (nicht R. Frauenfeldi Schwarz) und

R. Guerini (Recl.) Schwarz zu rechnen sein. Ich enthalte mich des Urtheils über die beiden Letzten, die ich nicht kenne; in Bezug auf Erstere mag R. costulata als atlantischer Vertreter und R. decorata als zur Art gewordener Ausläufer unsrer Art gelten, die reicher geziert, auch in der Gestalt etwas abweichend ist und den Uebergang zur R. variabilis bildet. In den neuesten Arbeiten trennt Monterosato die Arten wieder, hält sogar R. subcostulata Schwarz mit der er R. Guerini vereinigt von R. costulata verschieden. obschon Schwarz nur den Namen geändert und seine Bilder nach britischen Exemplaren von Cuming gezeichnet hatte. Reine Tendenzarbeit. Wk.

17. Rissoa (? Cingula) rudis Philippi.

Taf. 3. Fig. 17. 18.

Testa elongata, spiraliter circulata, interdum superne longitudinaliter costulata, hyalina, strigis rufo-fuscis picta; spira subturrita anfractibus 5, convexis, superioribus 3 cancellatis, sequentibus spiraliter lirulatis (liris 6 in anfractu penultimo 10 in ultimo) apex glaber, translucidus anfr. 2; apertura late ovata, dimidiam spiram aequans, labrum columellaque simplex.

Long. 3, diam. maj. 1 Mm.

Rissoa rudis Philippi En. Moll. Sic. II p. 128 t. 23 f. 12. Monterosato Nuove riv. p. 17.
Aradas et Benoit Conch. viv. p. 202.
Alvania — Weinkauff Mittel Meer Conch. II. p. 308.

Schale länglich, spiral mit Leistchen umzogen und oben noch dünn längs gerippt, glänzendweisslich mit rothbraunen Längsstriemen, zuweilen ganz braunroth gefärbt. Spira fast thurmförmig, besteht aus dem sculpturlosen, glänzend glatten Embryonalende (2 Umgängen) und 5 gewölbten Umgängen, wovon die 3 obersten gegittert und die beiden übrigen nur mit spiralen Leistchen umzogen sind (6 auf dem vorletzten und 10 auf dem letzten); Mündung breit-eiförmig, halb so hoch als die Spira. Mundrand und Spindel einfach.

Vorkommen selten an der Küste von Sicilien.

Weil ich die Art nicht kenne habe ich die Diagnose aus der Philippi'schen und dessen Beschreibung zusammengesetzt.

Monterosato erwähnt noch einer glatten Varietät, neben der schon oben gedachten ganz rothen.

18. Rissoa (Alvania) Canariensis D'Orbigny.

Taf. 3. Fig. 19. 20.

„Testa oblongo-conica, solida, imperforata, alba; spira elongata, acuta; anfractibus quinis, convexis; costis trinis antice transversim ornatis, postice longitudinaliter tranversimque nodulosis; sutura profunda; apertura rotunda; labro marginato, incrassato, laevigato." (Dr. Manzoni).

Long. 1,75 — 2,66, lata 0,75 — 1,25 Mm.

Rissoa canariensis D'Orbigny Moll. Can. p. 78 t. 6 f. 6. 7. Manzoni Rissoae de Can. in
Journ. de Conch. 1868 p. 13. Monterosato Nuove riv. p. 27. So-
werby in Reeve Conch. Ic. t. 9 f. 82. Watson On Mad. Moll.
t. 35. f. 12.

Schale länglich-kegelförmig, solid, mit sich kreuzenden Längs- und Spiralleisten
von verschiedener Stärke und auf den Kreuzpunkten entstehenden Knötchen, die bei entfernt stehenden Leisten sich verdicken, weiss mit gelben Flecken; Spira mehr oder
weniger lang ausgezogen, besteht aus 5 convexen Umgängen, wovon die obern 3 Spiralleisten tragen; der letzte ist mehr oder weniger winkelig; im ersten Fall trägt die obere
Hälfte ebenfalls 3 Querleisten, in einzelnen Fällen verschwindet oder tritt die Spiralsculptur sehr zurück (wie auf der Küster'schen Zeichnung) und die Längsleisten werden zu
Rippen; Sutur tief bis sehr tief; Mündung rund, zuweilen etwas zusammen gedrückt.
Mundrand stark verdickt und gerundet; Spindel fast grade mit ausgebreiteter Lippe;
Peristom vollständig.

Vorkommen an den Küsten von Madeira (M'Andrew) Tenerifa (Manzoni) und Algier
(Weinkauff), Palermo (Monterosato).

19. Rissoa (Alvania) costata Adams.
Taf. 3. Fig. 25. 26.

Testa elongato-ovata, spiraliter dense lirata, longitudinaliter costulata, costulis acutis, elevatis
superne nodosis; alba, aureo tincta; spira acuminata; anfractibus convexis, compressis, longitudinaliter costulatis et spiraliter lirulatis, ultimus ⅔ longitudinem spirae aequans, ad basim spiraliter cari-
natus, sutura profunde incisa; apex minutus, tumidus, glaber, anfr. 2 — 3; apertura rotundato ovalis;
labro labioque continuo, peristomate duplice, peristoma interna glabra, rotundata externa ubique reflexa
lata, tenue sulcata.

Long. 3, lata 1,3 Mm.

Turbo costatus Adams in Trans. Linn. III p. 13 f. 13. 14. Montagu Test. brit. II p. 311
t. 10 f. 6 ed Chenu p. 139 t. 4 f. 1. Turton Conel. Dict. p. 211. Dillwyn Cat. II. p. 860. Wood Ind. test. t. 31 f. 107.
- alba Donovan brit. shells.
- plicatus von Mühlfeld Verh. der Berl. Ges. I. p. 203 t. 9 f. 2.

Cingula costata Fleming brit. Anim. p. 305.

Rissoa exigua Michaud Broch. sur les Rissoae p. 18 f. 29. 30. Deshayes-Lamarck 2 ed.
VIII. p. 481. Potiez et Michaud Gal. de Douai p. 269. Philippi En. Moll.
Sic. II p. 125.

Rissoa carinata Philippi En. Moll. Sic. I. p. 150 t. 10 f. 10.
- costata Brown Ill. Conch. Gr. Brit. p. 11 t. 9 f. 71. Forbes et Hanley brit. Moll.
III. p. 92 t. 78 f. 6. 7. Sowerby Ill. Ind. t. 13 f. 24. Jeffreys brit.
Conch. IV. p. 22 V. t. 67 f. 2. Aradas et Benoit Conch. viv. p. 203.
Manzoni in Journ. de Conch. 1868 p. 14. Monterosato Nuove riv. p 26.

Sowerby in Reeve Conch. Ic. t 2 f. 20. Watson On Mad. Moll. p. 369
t. 34 f. 5.

Alvania costata H. et A. Adams Gen. of shells p. 331. Weinkauff Mittelmeer Conch.
II. p. 310 auch für die Localliteratur.

Manzonia   —   Monterosato in Nat. Siciliana Maerz 1884 p. 22.

Alvania exigua Chenu Manuel I. p. 307 f. 2178.

—   carinata —   —   —   f. 2179.

Schale länglich-eiförmig, matt oder licht, zuweilen glänzend, spiral mit feinen,
engstehenden Spiralleistchen umzogen, die über scharfe, hohe, oben etwas verdickte
Längsrippen hinweglaufen, weiss zuweilen mit goldigem Schimmer; Spira lang und spitz
ausgezogen, besteht aus 6 stark gewölbten, unten und oben eingezogenen Umgängen mit
der erwähnten Sculptur; die Längsrippen nehmen von oben nach unten an Zahl ab, von
12 bis auf 9 des letzten Umgangs, der selbst etwa ³⁄₅ der Höhe der Spira gross ist; auf
ihm reichen die Rippen bis zu einem starken Spiralkiel, der zuweilen doppelt ist. Naht
tief eingesenkt; Embryonalende klein, stumpf, ohne Sculptur, glatt, 2—3 Windungen.
Mündung mehr rund als oval, unten etwas ausgeweitet, Mundrand und Spindel
sind von einem breiten völlig zusammenhängenden, fein gefurchten und Cyclostomartig
ausgebreiteten Peristom bedeckt, das im Innern sich kordelartig verdickt und so ein dop-
peltes Peristom bildet. Zwischen der Spindellippe und dem letzten Spiralkiel ist eine tiefe
Rinne vorhanden.

Vorkommen in Schottland und Norwegen selten, sonst bis zu den Canaren reichend,
überall häufig, ebenso im vordern Mittelmeer und der Adria; weiter hinten noch nicht
beobachtet.

Das Schneckchen ist nicht leicht zu verwechseln und überall leicht zu erkennen. Wegen des
doppelten Peristom's, das auch noch der R. Mac Andrewi Manzoni zukommt, schlug dieser Autor
vor eine besondere Gruppe zu bilden die er auch diagnosirt, ohne jedoch einen Namen dafür vorzu-
schlagen, es würden dazu noch einige fossile Formen wie R. biangula, R. Duboisi Nyst. und R.
Partschi Hoernes hinzutreten. R. zetlandica, der das doppelte Peristom fehlt müsste jedoch
ausgeschlossen werden. Man könnte diese Gruppe Manzonia heissen, wie auch Monterosata jetzt vorgeschlagen hat.

20. Rissoa (Alvania) dictyophora Philippi.
Taf. 3. Fig. 27. 28.

„R. testa oblonga, conoidea, lineis elevatis longitudinalibus transversisque aequidistantibus reticulata (transversis binis in anfractu superioribus); apertura rotundo-ovata, simplici, spiram subaequante." (Philippi).

Long. 0,5, lata 0,27 Linn.

Rissoa dictyophora Philippi En. Moll. Sic. II. p. 128 t. 23 f. 11. Aradas et Benoit
Conch. viv. p. 203.

Alvania   —   Weinkauff Mittel Meer Conch. II. p. 311.

Alvinia   —   Monterosato in Nat. Sic. Maerz 1884 p. 20.

Schale länglich, fast kegelförmig mit Längs- und Querleisten gegittert, durchscheinend, weisslich oben, gelb unten; Spira erhaben, besteht aus 6 gerundeten Umgängen, die gegittert sind; die obern Umgänge tragen 2 und die Hauptwindung 5 Spiralleisten. Mündung eiförmig-gerundet, der Spira an Höhe beinahe gleich. Mundrand einfach. Kolumella gebogen, leicht belegt, aussen beinahe geritzt (Nabel).

Vorkommen an der Halbinsel Thapsus (Philippi) Magnisi (Benoit).

Aradas et Benoit sagen, Alvania Weinkauffi Schwarz sei das, was die sicilianischen Sammler bisher für R. dictyophora gehalten hätten, sei aber verschieden; diese Auffassung veranlasste dann Jeffreys ohne weiters beide Arten für identisch zu erklären. Monterosato folgte natürlich dem, was sein Meister vorgeschlagen. Da er aber die ächte Philippi'sche Species nicht kannte, so half er sich in seinen spätern Schriften dadurch, dass er schrieb: R. dictyophora (Ph.) Autoren = R. Weinkauffi Schwarz, vindiziert also der Art der Autoren eine Priorität, die einzig dasteht und so recht beweist, welche Vorstellung manche Autoren von den Regeln der Nomenclatur haben. Er müsste schreiben R. Weinkauffi = R. dictyophora (Ph.) Autoren non Philippi. Wk. In den neuesten Schriften werden beide Arten wieder völlig getrennt (s. oben).

21. Rissoa elata Philippi.

Taf. 4. Fig. 22—24.

„R. testa turrito-elongata, acutissima, nitida, longitudinaliter plicato costata; anfractibus decem inaequalibus, 6 — 7 superioribus laevigatis planis, apicem subulatam formantibus, inferioribus multo majoribus convexis, late plicatis, in ultimo plicis abbreviatis; apertura elongato-ovata, labro producto varice incrassato, labio valde reflexo, inferne libero, fissuram formante; colore albo, inter costas fulvoflammulato et ad labrum maculis tribus fulvis." (Schwarz von Mohrenstern).

Long. 8, diam. 2,8 Mm.

Rissoa elata Philippi En. Moll. Sic. II. p. 124 t. 23 f. 3. von Middendorf Mal. ross. p. 42. Schwarz von Mohrenstern Rissoiden p. 14 t. 1 f. 2 Weinkauff M. M. Conch. II p. 286 (auch für die Localliteratur). Aradas et Benoit Conch. viv. p. 189. Manzoni Rissoa Can. p. 16.

— membranacea Var. Jeffreys brit. Conch. IV p. 31. Monterosato Nuove riv. p. 26. Zippora elata Monterosato in Nat. sic. Febr. 1884 p. 16.

Schale thurmförmig verlängert, sehr spitz ausgezogen, glänzend, der Länge nach breit gefaltet, weiss oder schmutzig gelb, zwischen Falten am obern Theil der Umgänge gelbroth geflammt, hinter der Mundwulst stehen drei braune Flecken und die Anfangswindungen sind oftmals rosenroth oder blass violett; Spira spitz ausgezogen thurmförmig, besteht aus 10 ungleichen Umgängen, wovon die obersten 6 — 7, glatt und fast eben sind und eine pfriemenartige Spitze bilden, die drei letzten nehmen rasch an Grösse zu, haben breite, leicht gewölbte wenig zahlreiche Längsfalten, die nur an der untern Hälfte etwas stärker gewölbt sind, am letzten Umgang der etwa ¼ der Gesammthöhe beträgt, sind die Falten abgekürzt und verschwinden oft ganz. Mündung ist gross, verlängert-oval, innen

14

verengt, unten abgerundet und erweitert. Mundrand etwas ausgeschlagen und durch einen Varix verdickt; Spindel durch eine dünne, stark umgeschlagene, überstehende Lippe bedeckt, die aussen eine Nabelritze bildet.

Vorkommen nur im Mittelmeer und im Schwarzen Meer nicht häufig.

Diese Art verbindet die R. auriscalpium mit der R. oblonga, ist indess auch manchen Abänderungen der R. membranacea ähnlich, mit der sie Jeffreys geradezu vereinigt. Wk.

22. Rissoa oblonga Desmarest.

Taf. 4. Fig. 23 — 27. Taf. 16. Fig. 7. 9.

„R. testa oblonga, turrita, nitida, hyalina, apice acuta, anfractibus 7 — 8 convexiusculis, longitudinaliter late plicatis, plicis duodecim in intractu sup. obtusis, in ultimo abbreviatis; sutura mediocriter impressa, subundulata; apertura obliqua, semilunata angulo superiori et basali contracta, labro varice incrassato; columella subplicata; colore lacteo, inter costas fulvo substriata vel flammulata, ad labrum incrassatum maculis tribus." (Schwarz von Mohrenstern).

Long. 5,0, diam. 2,4 Mm.

Rissoa oblonga Desmarest Bull. Soc. Phil. p. 7 t. 1 f. 3. Philippi En. Moll. Sic. I p. 150. idem II p. 121. Potiez et Michaud Gal. de Douai I. p. 273. Deshayes-Lamarck 2 ed. VIII. p. 470. Middendorf Mal. ross. p. 12. Schwarz von Mohrenstern Rissoiden p. 15 t. 1 f. 3. Weinkauff Mitt. Meer Conch. II. p. 237 (auch für die Localliteratur) Aradas et Benoit Conch. viv. II. p. 189.

— membranacea Var.; Jeffreys brit. Conch. IV. p. 31. Monterosato Nuove riv. p. 26.

Zippora oblonga Monterosato in Nat. Sic. Febr. 1884 p. 16.

Schale länglich, glänzend, halbdurchscheinend, längs gefaltet, milchweiss zwischen den Rippen mit rothen, undeutlichen Längsstriemen oder Flammen gezeichnet; Spira lang ausgezogen, thurmförmig, besteht aus 7 — 8 leicht convexen Umgängen, die 12 breite Längsfalten tragen, die auf dem letzten Umgang abgekürzt sind; Naht mässig tief eingeritzt, leicht undulirt; Embryonalende glatt, 2 Windungen. Mündung schief, halbmondförmig, in beiden Winkeln zusammengedrückt; Mundrand scharf, aussen wulstig verdickt und dreimal braun gefleckt, Spindel etwas faltenartig abgebogen, Lippe wenig ausgebreitet.

Vorkommen an allen Küsten des Mittelmeers und auch im schwarzen Meer.

Auch für diese Art kann ich es nicht zugeben, dass sie eine Varietät der R. membranacea sei, viel eher würde ich die vorhergehende Art sowie venusta und grossa als Varietäten hieher stellen, ihre dicken Schalen verbieten eine Vereinigung mit R. membranacea. Es sind eben analoge Gruppen verschiedener Verbreitungsgebiete. Wk.

23. Rissoa venusta Philippi.

Taf. 4. Fig. 33 — 35.

„Testa crassa, ovata, conica, apice acuta; anfractibus 6 — 7 convexiusculis vel subplanis, superioribus tribus laevigatis, reliquis costatis, costis longitudinalibus 14 — 16 elevatis, anfr. ultimo magno in medio subangulato, plicis abbreviatis; sutura undulata; apertura paullo obliqua, ovata, superne contracta; labro subreflexo; varice incrassato; columella subplicata; colore fuscescente, lineis longitudinalibus subtilissimis, numerosis, fuscia nonnunquam flexuosis ornata, costis lacteis, ante varicem albidam maculis tribus." (Schwarz von Mohrenstern).

Long. 7,1 diam. 3,3 Mm.

Rissoa venusta Philippi En. Moll. Sic. II. p. 124 t. 23 f. 4. Schwarz von Mohrenstern
      Rissoiden p. 16 t. 1 f. 5. Weinkauff Mitt. Meer Conch. II. p. 288. Sowerby Reeve Conch. Ic. t. 2 f. 13.

—   oblonga v. Middendorf Mal. Ross. p. 26.

—   membranacea Var. Jeffreys brit. Conch. IV. p. 31. Monterosato Nuove riv. p. 26.

Schale sehr stark, oval, längsgerippt, gelblich mit äusserst feinen, zahlreichen braunen, wellenförmigen Längslinien, von welchen immer 2 oder 3 zwischen den Rippen verlaufen. Spira kegelförmig, besteht aus 6 - 7 mässig gewölbten Umgängen, wovon die 3 obersten glatt, die übrigen, rasch an Grösse zu nehmenden 14—16 erhabene, sehr ausgesprochene Längsrippen tragen. Die Wölbung am letzten Umgang, der sehr gross ist, ist in seiner Mitte fast eckig hervortretend und bildet dort die breiteste Stelle der ganzen Schale; unterhalb dieser Erweiterung verschwinden die Rippen gänzlich. Naht wegen der Rippen undulirt. Mündung schiefstehend, oval, oben verengt, unten ausgeweitet, innen gelb mit durchscheinenden braunen Streifen, Spindel faltenartig leicht verdickt und abgebogen; Mundrand scharf, ausgeschlagen, aussen varixartig verdickt und hier vor dem Wulst stehend, der weiss ist, dreimalig gefleckt.

Vaterland: das schwarze Meer, die Lagunen von Venedig und jene Südfrankreichs.

Diese Art steht der vorigen nahe, kann indess geschieden werden. Es ist dies eine gute Gruppe R. auriscalpium, elata, oblonga, grossa und venusta, die die südlichen Gegenden bewohnt und im Norden durch R. membranacea und Verwande ersetzt ist. Sie bilden das von Monterosato neu angewendete Genus Zippora Leach. Sie alle zusammen zu ziehen (ausser R. auriscalpium) wie es Jeffreys gethan, halte ich nicht für vortheilhaft. Dieser zieht auch noch R. ventricosa dazu, da muss er doch eine andere Auffassung von dieser Art haben, wie ich, dann ich rechne diese Art zu der Gruppe R. variabilis wozu ihre Spiralsculptur nöthigt.

24. Rissoa ventricosa Desmarest.

Taf. 4. Fig. 28—30. Taf. 16. Fig. 5.

„R. testa solida, ovata, oblonga, spira conica, acuminata, anfractibus 8 planiusculis, infra versus suturam convexioribus, celeriter acrescentibus; costis circa 12 latis, paullo elevatis, anfractu ultimo permagno, ventricoso, costis abbreviatis et striis subtilissimis punctulatis transversis; apertura magna ovato-elongata, superne expanso-rotundato; labro repando intus et extus varice incrassato; colore corneo vel viridescente, peristomate rufo, varice albo." (Schwarz von Mohrenstern).

Long. 8,1, diam. maj. 3,8 Mw.

Rissoa ventricosa Desmarest in Bull. Soc. Phil. p. 7 t. 1 f. 2. Philippi En. Moll. Sic. I. p. 149 II. p. 124. Potiez et Michaud Gal. de Douai I. p. 276. Schwarz von Mohrenstern Rissoiden p. 45 t. 3 f. 36. Weinkauff M. M. Conch. II. p. 299 (auch für die Localliteratur). Sowerby in Reeve C. J. f. 21. Monterosato in Nat. Sic. Febr. 1884 p. 18.

— membranacea Var. Jeffreys brit. Conch. IV. p. 31. Monterosato Nuove riv. p. 26.

Schale stark, länglich-eiförmig, längsgerippt und spiral fein punktirt-gestreift, horngelb oder grünlich mit rothen Mundrändern und weissen Rippen und Varix; Spira kegelförmig, spitz ausgezogen, besteht aus 8 beinahe ebnen, unten convexen Umgängen, die mit 12 weiten, wenig erhabenen Längsrippen geziert sind; der Hauptumgang ist bauchig, unten wohl abgerundet, mit verkürzten, zuweilen ganz fehlenden Rippen und der erwähnten Spiralsculptur; Embryonalende glatt und sculpturlos, 2 Windungen. Mündung gross, verlängert eiförmig, im obern Winkel auch abgerundet; Mundrand oben sehr vorgezogen, unten ausgebreitet, aussen Wulstartig verdickt, innen oben dick gelippt; Spindel leicht bedeckt, Lippe nicht ausgebreitet.

Vorkommen nur im Mittelmeer aber überall verbreitet und gemein bis zur Insel Rhodus.

Nächste Verwandte ist die R. variabilis nicht aber R. membranacea wohin sie von Jeffreys und seinen Nachbetern unbegreiflicher Weise gestellt worden ist. Wk.

25. Rissoa parva Da Costa.

Taf. 5. Fig. 14. 17 nat Gr. 15. 16. 18. 19 vergr. Taf. 2. Fig. 23—25.

Testa subsolida laevi, nitida, coloribus diversis, plerumque lucide fasciata nec non in labro maculis flexuosis binotata; spira ovato-conica. anfractibus 6—7 convexis, superioribus laevibus, inferioribus plurimum costatis, costis subter dimidium anfractus ultimi subito absistentibus, interdum obtuse transversim striata, sutura simplice distincta; apertura recta, ovata, intus laevi; labro recto non sinuato sed varice albo incrassato, margine columellari subimpresso. (Küster).

Turbo parvus DaCosta brit. Conch p. 104. Montagu test. brit. II. p. 310 ed Chenu p. 139. Dillwyn Descr. Cat. II. p. 857. Wood. Ind. test. t. 31 f. 99.

Rissoa parva Gray in Proc. zool. Soc. 1883 p. 116. Potiez et Michaud Gal. de Douai
p. 274. Delessert Rec. de Coq. t. 37 f. 8. Recluz in Revue zool. Cuv. Soc.
1843 p. 7. Brown Ill. Conch. Gr. br. p. 11 t. 9 f. 16—19. Forbes et Han-
ley brit. Moll. III. p. 98 pars t. 74 f. 6 t. 77 f. 6. 7. non t. 76 f. 2 t. 82
f. 1—4. Schwarz von Mohrenstern Rissoiden p. 24 t. 2 f. 12. 12a u. b.
Jeffreys brit. Conch. IV. p. 23 pars V. t. 67 f. 5. Weinkauff M. M. Conch.
II. p. 291 (auch für die Localliteratur). Aradas et Benoit Conch. viv. p. 190.
Monterosato Nuove riv. p. 26. Manzoni Riss. Car. p. 17. Sowerby in Reeve
Conch. Ic. t. 4 f. 36 a. b.
Cingula — Flemming Brit. An. p. 306. Thorpe brit. Mar. Conch. p. 176.
Turbo sublutens Adams in Trans. Linnei Soc. III. p. 65 t. 13 f. 15.
— aeneus — idem. t. 13 f. 29. 30.
— albulus — idem. t. 13 f. 17. 18. Montagui l. c.
p. 322.
Pyramis albulus Brown Ill. Conch. 1. Ausg. t. 50 f. 16—19.
Turbo lactens Donovan brit. shells III. p. 50 t. 19 f. 4 idem ed Chenu p. 67 t. 23 f. 14—18.
Cingula alba Flemming brit. An. p. 309. Thorpe brit. Mar. Conch p. 183.
Rissoa — Brown Ill. Conch. p. 12 t. 9 f. 16—19.
— obscura Philippi En. Moll. Sic. II. p. 127 t. 23 f. 10.

Diese sehr bekannte und häufige Art ist grossen Abänderungen unterworfen, welche
nach dem Fundort mehr oder weniger von der Grundgestalt abweichen, wie sie anfangs
aufgestellt wurde. Von den am häufigsten vorkommenden charakteristischen Formen ist
die Schale mässig stark, glatt, glänzend und halbdurchscheinend. Ihre Farbe wechselt
vom dunkelsten Braun bis ins Milchweisse, sie sind entweder einfarbig oder haben weisse
Binden auf der Mitte der Windungen, bei den lichteren Exemplaren ist die Spitze des
Gewindes meist violett angelaufen, und die äussere Lippe trägt unmittelbar hinter einer
weissen Wulst zwei gebogene verlängerte braune Flecken, welche selbst bei allen Varietäten ein bleibendes Merkmal bilden. Die seltneren ganz dunklen Varietäten, zu welcher
die obscura Phil. und die plicata Benson gehören, zeigen manchmal auch statt der
weissen Binde, weisse Längsstreifen auf dem Rücken der Längsrippen. Das Gewinde ist
oval-konisch, seltener verlängert konisch, in eine scharfe Spitze ausgehend, mit 6 bis 7
mässig gewölbten Windungen, die ersten oberen sind glatt, die unteren, in der Mehrzahl
aber die unterste, mit 10—12 wenig schiefen und geschweiften Längsrippen versehen,
welche jedoch etwas unter der Hälfte der letzten Windung plötzlich aufhören; an manchen Exemplaren ist zwischen diesen Längsrippen auch noch eine undeutliche Querstreifung zu entdecken, dagegen giebt es Andere, die weder Rippen noch Streifung haben und
gänzlich glatt erscheinen. Die Naht ist deutlich und gerade, die Mündung geradestehend oval, im oberen Mundwinkel eher zugerundet, im unteren bogenförmig
und unbedeutend sich auswärts erweiternd. Aeusserer Mundsaum geradestehend,
die Schneide scharf, hinter ihr aber einen weissen Wulst tragend, auf dem die verlaufenden Enden den beiden eigenthümlichen Flecken zu erkennen sind. Innenlippe Anfangs
schmal, nach abwärts sich erweiternd etwas geschweift, der Spindelrand durch die eiför-

mige Mündung in der Mitte eingedrückt, von da an senkrecht mit der Spindel abfallend und braun oder violett gefärbt. Die grössten Exemplare messen in der Länge 4,3 mill., Breite 2,1 mill.

Aufenthalt: von der Nord- und Ost-See bis in das mittelländische Meer, besonders häufig an der Küste von Frankreich bei Granville, Cherbourg und Brest; die Varietät obscura Phil. in Sicilien und Corsica.

Die vielen örtlichen und andere Abänderungen der R. parva haben vorzugsweise zur Aufstellung einer Menge von Arten Veranlassung gegeben, welche zum Theil wieder mit ihr vereinigt werden müssen, insbesondre ist die grosse Verschiedenheit in der Färbung häufig die Ursache gewesen, eine neue Art in ihr zu sehen; so sind der Turbo albulus, aereus, lacteus, subluteus und die Rissoa obscura wirklich nur Varietäten dieser vielgestaltigen Schale. Die neueren englischen Autoren vereinigen sogar noch mit ihr die Rissoa interrupta Mont., costulata Alder, rufilabris Alder, labiosa Mont., membranacea Mont., Sarsi Lovén und discrepans Brown. Dass diese Arten alle zu ein und derselben Gruppe gehören, ist nicht zu verkennen, ob aber geflissentliches Auseinanderhalten constant bleibender Varietäten und wohl bezeichneter Arten zur Erkenntniss der Individuen, insbesondere von verschiedenen Localitäten nicht mehr Nutzen brächte, ist noch zu entscheiden.

Diese Vereinigung so vieler Arten, die doch in der äusseren Form ihrer Schalen so bedeutend von einander abweichen, gründet sich hauptsächlich auf die geringe Verschiedenheit der Thiere derselben. Nach Clark, welcher das Thier der Rissoa parva genau beschreibt, und an lebenden Exemplaren beobachtet hat, ist es gelblichweiss von Farbe, in einen einfachen Mantel gehüllt, der die Länge des Gehäuses hat, der Kopf ist mit einer kurzen dunkelbraunen Schnautze unten mit einer senkrechten Spalte versehen, deren Scheibe (discus) gelb ist, die Fühlfäden sind lang, schlank, cylindrisch, gelb, mit einer Längsreihe von einander getrennten Flecken (oft auch weiss mit gelben Flecken), die Augen sitzen auf kurzen Stielen an der äusseren Basis derselben. Der Fuss ist oben und unten weiss gefleckt, lang, schmal, vorne abgestumpft etwas geöhrt, hinten mit stumpfer Spitze, auf der ein kleiner oberer Lappen oder eine geflügelte Haut entspringt, an welchen ein fast eirunder horniger Deckel mit braunrothen spiralen Streifen, und am Ende ein einzelner kurzer weisser fühlfadenartiger Faden sitzt. Die Kiemenfeder besteht aus 12—18 kleinen, unten an dem Mantel und der Rückseite des Halses angewachsenen Gefässen.

Die Thiere leben in beträchtlichen Tiefen im Meere; an den Orkney-Inseln sind sie in einer Tiefe von 40 Faden gefischt worden, ihr gewöhnlicher Aufenthalt aber ist die Tiefe der Laminarien-Region. (Schwarz von Mohrenstern).

26. Rissoa interrupta Adams.

Taf. 5. Fig. 20. 23 nat. Gr. 21. 22. 24. 25 vergr.

Testa tenui, prope pellucida, laevi, modice nitenti, colore claro cornea, fasciis atrofuscis transversalibus duabus interruptis, labrum macula flexuosa notata; spira ovata vel conico-elongata, anfractibus 6 subconvexis laevibus, sutura distincta; apertura recta ovata superne rotundata, labro inferne subresupinato, plerumque acuto nec non raro subincrassato; ultimo anfractu subventricoso et subumbilicato. (Küster).

Turbo interruptus Adams in Trans. Linnéan Soc. V. t. 5 f. 20, 21. Montagu Test. brit.
p. 329. Donovan brit. sb. V. t. 178 f. 2 ed Chenu p. 116 t. 48 f. 7.
8. Montagu Suppl. t. 20 f. 8. Ed. Chenu p. 146. Dillwyn Cat. II. p.
841. Turton Conch. Dict. p. 205, Wood Ind. test. t. 31 f. 68.

Cingula interrupta Flemming Brit. Anim. p. 308. Thorpe Brit. Mar. Conch. p. 181.

Rissoa   —   Johnston Berw. Club I. p. 271. Brown Ill. Conch. Gr. Brit. p. 12
t. 9 f. 44. Lovén Ind. Sk. p. 24. Forbes et Hanley brit. Moll. III.
p. 101. Schwarz von Mohrenstern Rissoiden p. 27 t. 2 f. 14. 14a.
Weinkauff M. M. Conch. II. p. 292 (auch für die Locallitteratur). O.
Sars Moll. reg. Arct. p. 180 t. 10 f. 9a. b.

—   Matoniana Recluz in Rev. zool. Cuv. Soc. p. 9.

—   parva var. Forbes et Hanley brit. Moll. III. p. 101 t. 76 f. 6 t. 80 f. 1—4. Jeffreys brit. Conch IV. p. 24 V. t. 67 f. 4. Monterosato Nuove riv. p. 26.

Das Gehäuse ist schwach, glänzend, halbdurchscheinend, Farbe licht hornartig mit
zwei unterbrochenen Spiralbändern, welche gelbe oder braune Flämmchen oder Flecken
bilden, eine Reihe dieser Flämmchen unter der Naht, eine zweite an der untern Hälfte
der letzten Windung; bei einigen sind diese Flecken streifenartig verschmälert und pa-
rallel, bei andern an der Naht, von der sie auslaufen, mit breiter Basis aufsitzend und
auf dem Bauch der Windung in eine Spitze auslaufend. Ferner findet man hinter dem
äussern Mundsaum und gleichlaufend mit diesem einen breiten ausgerundeten braunen
Längsstreifen mit zwei gegen die Schneide greifenden Strahlen, ähnlich wie jene Flecken
an der Rissoa parva. Das Gewinde ist oval konisch, seltener oval gethürmt, mässig
zugespitzt, und hat 5—6 glatte zugerundete Windungen, welche durch eine deutliche
Naht getrennt werden. Die Mündung ist geradestehend eiförmig, fast rund, der obere
Winkel zugerundet, unten bogenförmig und eine Neigung zum Ausbreiten andeutend.
Aussenlippe scharf, in der Richtung unten, eher hinter der Mittellinie der Schale zurücktretend, an der Aussenseite nur selten etwas verdickt. Innenlippe anfangs schmal und
aufliegend, in der Mitte durch die Mündung eingedrückt, gegen unten sich erweiternd,
etwas geschweift, freistehend und dadurch auf der letzten etwas bauchigen Windung einen
kleinen Nabel bildend. Länge 4,3 Mm.; Breite 2 Mm.

Aufenthalt: von Finnmarken bis an die Westküste von Frankreich, doch im Norden
häufiger zu treffen.

Die Thiere gleichen jenem der R. parva, und es scheint, als könne man in ihrer Organisation
nicht die mindeste Verschiedenheit auffinden, wie es doch der Fall bei den meisten Arten dieser Gattung ist.

Sie leben in der Seegrasregion, und lebende Exemplare werden nicht tiefer als 12 Faden gefunden.

Man sieht dass diese Art in ihrem Vorkommen, wie in der äusseren Bildung der Schale von
Rissoa parva wesentlich abweicht, ich habe sie daher als eigene Art beibehalten. Dass die Flecken
auf der Schale ihren Ursprung in der Abreibung von zwei Querbinden finden sollen, wie jene behaup-
ten, welche sie der R. parva einverleiben, ist mir nicht recht erklärlich; bei gefalteten Exemplaren

ist eine Abreibung an den erhöhten Rippen möglich, glatte Exemplare aber können sich nicht so gleichmässig abreiben, dass dadurch eine regelmässige Zeichnung in einer Längsrichtung entsteht.

Die Rissoa interrupta ist bis jetzt nur in den nördlichen Meeren beobachtet worden und scheint dem Mittelmeere zu fehlen, obgleich man auch in diesem Exemplare findet, welche weder zu R. lineolata Mich., noch zu R. Ehrenbergi oder pulchella Phil. gehören und ihr näher stehen, als diesen Letzteren. Ihr Habitus, Grösse, Farbe und Zeichnung stimmen vollkommen mit der interrupta überein, nur sind einzelne von ihnen mit schwachen Längsrippen versehen. Vielleicht sind sie die Repräsentanten dieser nördlichen Art.

In Fig. 23—25 füge ich die Zeichnung von Individuen bei, wie sie an der Küste von Dalmatien Rhodus und Sicilien vorkommen. (Schwarz von Mohrenstern).

Ich bin doch der Meinung, dass diese Art einzuziehen und als Varietät der R. parva zu führen sei. Wk.

27. Rissoa spendida Eichwald.

Taf. 6. Fig. 1 nat. Gr. 2. 3. vergr.

Testa subsolida vix pellucida, splendida, lactea, punctis rufis subtilibus regulariter dispositis ornata; apice et peristomate violaceo; spira ovato-conica; anfractibus 6 — 7 convexiusculis, costis 14 planis, raroque striis transversalibus obtectis; apertura suborbiculari, superne valde rotundata, spiram subaequante, labro obliquo, infra valde resupinato, extus varice incrassato; labio late reflexo.

Rissoa splendida Eichwald Nat. hist. Skizze p. 219 idem Fauna Caspio-Care. p. 196 idem Lethea ross. p. 266. Schwarz von Mohrenstern Rissoiden II. p. 46 t. 3 f. 37. Brusina Contr. p. 23. Weinkauff M. M. Conch. II. p. 300.

— violaestoma Krynitzki in Bull. Soc. Mosc. 1830 p. 60.

— ornata Philippi Zeitschr. für Mal. 1846 p. 97. Aradas et Benoit Conch. viv. p. 191.

— strangulata Brusina Contr. p. 23 t. 3 f. 3. Montrositae teste Montr.

— variabilis var. Monterosato Nuove riv. p. 26.

Das Gehäuse ist mässig stark, glänzend, glatt, halbdurchscheinend und milchweiss, zuweilen opalisirend, mit rosenrother oder violett gefärbter Spitze und Mundsaum, auf der ganzen Oberfläche mit rostgelben Tupfen dicht bestreut. Das Gewinde ist oval-konisch zugespitzt mit 6—7 schnell zunehmenden, mässig gewölbten Windungen, welche durch eine seichte Naht getrennt werden. Die ersten Embryonalwindungen sind glatt, die folgenden mit Längsrippen versehen, von welchen man auf der letzten mehr bauchigen Windung 12—14 zählt, sie sind flach, etwas geschweift und verschwinden ungefähr auf der Hälfte der letzten Windung; Querstreifen sind nur an vereinzelten Exemplaren zu bemerken und dann nur äusserst schwach zwischen den Rippen der letzten Windung. Wenn man die gelbbraunen Pünktchen genauer untersucht, welche die ganze Oberfläche bedecken, so sieht man, dass ihrer Vertheilung eine gewisse Regelmässigkeit zu Grunde liegt, man kann nämlich Reihen von ihnen in der spiralen Richtung der Querstreifen und ebenso in der Richtung der Längsrippen verfolgen. Die Mündung ist fast rund, im oberen Winkel stark zugerundet, im unteren bogenförmig, breit und etwas nach aussen sich orweiternd. Aussenlippe schief in der Richtung nach unten, hinter der Mittellinie der Schale stark zurücktretend und daher schief nach Art der Litorinen; an der Aussenseite hinter der Schneide mit einem Wulste verdickt, welcher zuweilen auch die Dicke der Schale durchdringt und die Mündung etwas verengt. Innenlippe breit umgeschlagen und etwas geschweift. Manche Exemplare zeigen die Windungen mehr gegen unten gewölbt, und nehmen dann eine mehr konische Gestalt an; abgeriebene gebleichte Exemplare erscheinen auch ganz weiss. Länge 5,4 Mm. Breite 2,6 Mm.

Fundorte: im schwarzen Meer (Eichwald), Bosporus (Küster), Dalmatinische Küste (Philippi). Schwarz v. Mohrenstern.

28. Rissoa lilacina Recluz.

Taf. 6. Fig. 4 nat. Gr. 5. 6 vergr.

Testa solida, ovato-conica, crassiuscula, porcellanea, nitida, lilacina; anfractibus 5—6, supremis planis, laevigatis, tribus inferioribus longitudinaliter costatis, sulcis sublente tenuiter transversim striatis, ultimo saepius obsoletissime subcancellato et punctis impressis dense notato, apice nigrescente-violaceo; apertura subrotundata, incrassata, alba, ambitu violacea, angulo superiore rotundata; labro marginato extus varice valde incrassato, lacteo et zona coloris lutei eleganter ornato, intus duobus dentibus mamillatis armato, margine collumellari in medio subexcavato.

Rissoa lilacina Recluz. Rev. Zool. p. 6. Fischer Girond. p. 12. Schwarz Rissoa t. 3 f. 40.

Schale stark, porzellanartig glänzend, lilafarbig mit brauner oder schwärzlicher Spitze gelbbrauner Spindellippe und einem breiten, weissen und orangegelben Längsstreifen auf dem Wulste der Aussenlippe. Das Gewinde ist eiförmig-konisch, rasch zunehmend mit stumpfer Spitze und 5—6 wenig gewölbten Windungen. Die drei oberen ziemlich flach und immer glatt, die unteren dagegen mit 14 flachen etwas geschweiften Längsrippen versehen, welche am untern Theil der letzten Windung ganz aufhören, zwischen ihnen sind undeutliche Querstreifen sichtbar. Die letzte Windung gross, auf dem Rücken mit entfernten farblosen eingedrückten Pünktchen regelmässig liniirt. Diese Punkte, welche genauer betrachtet, quadratische Grübchen sind, scheinen die Reste einer früheren Gitterung zu sein, welche ich jedoch selbst an verschiedenen Hunderten von Exemplaren nicht deutlich erhalten auffinden konnte. Die Naht ist schwach aber deutlich. Mündung fast rund, im obern Winkel zugerundet, unten sich mässig erweiternd und etwas weniges sich ausbreitend; äusserer Mundsaum wenig geschweift, in der Richtung unten zurücktretend, aussen durch einen starken und breiten Wulst verdickt, der selbst an der inneren Seite noch sichtbar wird, und die Mündung der Schale durch zwei abgerundete Knoten verengt; Innenlippe breit, etwas geschweift und aufliegend; Spindelrand in der Mitte vertieft und etwas schief. Länge 5 Mm., Breite 3 Mm.

Fundort: die Westküste von Frankreich.

17

Eine äusserst leicht erkennbare Art, welche nur an der Westküste von Frankreich incl. dem Kanal mit dieser eigenthümlichen Stärke des Gehäuses und ihren auffallenden Farben vorkommt — selbst an der englischen Seite des Kanals findet man keine so lebhaft gefärbte Schale dieser Gattung. Sie wurde im 3. Bande p. 106 der Brit. Moll. als wahrscheinlich identisch mit der R. rufilabrum Alder angeführt, und es ist nicht zu leugnen, dass die Beschreibung auf beide sich anwenden lässt; wenn man aber die Exemplare selbst mit einander vergleicht, so ist der Unterschied so bedeutend dass man sie kaum als Varietäten nebeneinander zu stellen sich getraut. Jedenfalls müsste der R. lilacina von Recluz die Priorität eingeräumt werden.

Auch ist es merkwürdig, dass eben diese rufilabrum Alder auch nur an den Brittischen Inseln mit ihren beständigbleibenden Merkmalen gefunden wird, welches mich veranlasst, auch sie als besondere Art zu betrachten, besonders da es mir nicht gelingen konnte, sie irgend einer Form aus dieser Gruppe einzureihen; sie steht der Rissoa lilacina, costulata, violacea und porifera Loven gleich nahe, sie hat gleich wichtige Eigenschaften mit jeder von ihnen gemein und doch lässt sie sich mit Bestimmtheit von keiner derselben ableiten.

Diese Art wird von Jeffreys nebst R. rufilabrum unter die Varietäten der R. violacea gestellt. Weinkauff.

29. Rissoa (Alvania) striatula Montagu Sp.

Taf. 6. Fig. 7 nat. Gr. 8. 9. vergr.

Testa subsolida, opaca, ovato-acuminata, spira brevi, colore lento flavo candida; anfractibus 5 gradatis (superioribus planis, infero ventricoso et inflato) transversim valde striatis et longitudinaliter tenue plicatis, in ultimo anfractu etriis 3 transversalibus superioribus carinatis, sulcisque interjacentibus subtiliter striatis; apertura ampla ovata, superne angustata, inferne subdilatata; labro recto, rotundato, extus incrassato et transversim striato, margine columellari leviter incurvato.

Turbo striatulus Montagu Test. brit p. 3?6 t. 10 f. 5. Dillwyn Cat. II p. 857. Turton
Conch. Dict. p. ?02. Wood Ind. test. t. 31 f. 100, non Linné, qui est
Turbonilla pallida Philippi.
Cingula striatula Fleming brit. Anim. p. 305.
Rissoa — Recluz in Rev. zool. 1843 p. 9. Brown Ill. Conch. Gr. Br. p. 17 t. 10
f. 53. Forbes et Hanley brit. Moll. III p. 73 t. 79 f. 7. 8. Sowerby
Ill. Ind. t. 13 f. 5. Jeffreys brit. Conch. IV p. 315. V. t. 66 f. 1. Sowerby
in Reeve C. S. t. 2 f. 16.
Alvania — Weinkauff M. M Conch. II p. 315 (auch für die Localliteratur). Aradas et Benoit Conch. viv. p. 204.
Rissoa trochlea Michaud Nouv. esp. de Rissoa t. 16 f. 3. 4. Potiez et Michaud Gal. de
Douay p. 267.
— labiata Philippi En. Moll. Sic. 1. p. 155 t. 10 f. 7. II. p. 127. Deshayes-Lamarck
2 ed. VIII p. 467.
— carinata (Da Costa) Schwarz von Mohrenstern. Ms. zu dieser Beschreibung. Monterosato Nuova riv. p. 27.

Alvania — H. et A. Adams Gen. of shells p. 331.
— trochlea — — — — p. 331.
Galeodina striatula Monterosato in Nat. Sic. März 1884 p. 27.

Das Gehäuse dieser Art ist mässig stark, kurz, oval, zugespitzt aufgeblasen, matt, gelblichweiss, ausgewitterte Exemplare auch schneeweiss. Das schnell zunehmende Gewinde besteht aus 5 stark treppenförmig abgesetzten Windungen, welche durch eine einfache aber deutliche Naht getrennt sind. Die Spitze, wenn sie erhalten, ist eher scharf; die oberen Windungen ziemlich eben, oben eckig abgesetzt und dann flach zur Naht laufend; die untere Windung bauchig aufgeblasen und sehr gross; alle sind stark quergestreift und fein längsgefaltet, besonders machen sich am obern Theil der letzten Windung die drei ersten kielartig sehr hervorstehenden Querstreifen bemerkbar, von welchen der oberste manchmal so hervorragt, dass er selbst über den stufenförmigen Absatz noch hinausreicht und der Absatz dadurch wie ausgehöhlt erscheint, er begränzt überdies die Kanten der Stufen an allen Windungen und lässt sich bis zur Spitze verfolgen. Die ausgehöhlten Furchen, welche von diesen drei entfernter stehenden Querleisten gebildet werden, sind mit äusserst feinen Längsfältchen versehen; am untern Theil der letzten Windung ist die Querstreifung einfach und setzt sich bis an den Mundsaum der Schale fort. Die Mündung ist gross, oval, im oberen Winkel verengt, im unteren breit gerundet und etwas weniger ausgeschlagen; die Aussenlippe ist geradestehend, gerundet, ohne Schneide, aussen mit einem schmalen Wulste verdickt, auf dem die Querstreifung noch sichtbar ist; die innere Lippe ist aufliegend und schmal oben, nach unten sich ausbreitend und glatt. Spindelrand sanft bogenförmig gekrümmt.

Nicht selten ist an der letzten Windung dieser Art noch ein zweiter anwachsstreifenartiger Wulst zu treffen, welcher von einer Unterbrechung des regelmässigen Wachsthums herzurühren scheint. Länge 4,5 mill. Breite 3 mill.

Von Fundorten sind bekannt: die Südküste von England und Irland, die Küste von Calvados und Cap Couronne in Frankreich, Sicilien und Dalmatien. Fossil von Mardoleo in Neapel (Philippi).

An allen diesen Fundorten ist sie nicht häufig und bis jetzt noch nicht lebend beobachtet worden. Schwarz von Mohrenstern.

30. Rissoa (Cingula) semistriata Montagu Sp.
Taf. 6. Fig. 10 nat. Gr. 11. 12 vergr.

Testa subsolida, vix pellucida, ovato-conica, subsplendida, flavo-candida, maculis fuscis in seriebus 2 rarius 3 interruptis ornata, anfractibus 5 convexis transversim striatis, striis ad suturam magis profundis, ultimo anfractu ventricoso; sutura distincta et profunda; apertura ovata superne subangustata; labro acuto, labio supra adnato, tenui, infra subsoluto fissuramque umbilicalem formante, margine columellari subobliquo in medio subexcavato.

17 *

Turbo semistriatus Montagu Test. brit. II p. 136 t. 21 f. 5 (Suppl.) Dillwyn Cat. II
p. 842. Turton Conch. Dict. p. 201.
Cingula semistriata Fleming brit. Anim. p. 300. Thorpe brit. Mar. Conch. p. 183 f. 90.
Rissoa — Johnston Berw. Club. l. p. 271. Brown Ill. Conch. p. 11 t. 9 f. 3.
Forbes et Hanley brit. Moll. III p. 118 t. 80 f. 4. 7. Sowerby Ill.
Ind. t. 13 f. 25. Jeffreys Brit. Conch. IV. p. 46 V. t. 68 f. 8. Weinkauff M. M. Conch. II p. 282 (auch für die Localliteratur). Sowerby
Conch. Ic. t. 3 f. 23.
— tristriata Thompson Ann. et Mag. Nat. hist. V. p. 96 t. 2 f. 10.
— marmorata Cantraine in Bull. Acad. belg. IX p. 317.
— subsulcata Philippi En. Moll. Sic. II p. 129 t. 23 f. 16.

Die Schale ist oval konisch und in Berücksichtigung ihrer Kleinheit eher stark zu
nennen, mässig glänzend, halbdurchscheinend, gelblichweiss oder schmutziggelb von Farbe,
mit 2 Binden von braungelben viereckigen oder geflammten Flecken umgürtet; die eine
Binde unmittelbar neben der tiefen Naht laufend, die zweite unter der Hälfte des letzten
Umgangs, eine dritte accessorische, welche aus einer Theilung der unteren Binde zu entstehen scheint, zeigt sich zuweilen noch zwischen beiden. Das Gewinde besteht aus 5
convexen Windungen, welche schnell zu einer etwas stumpfen Spitze zulaufen, und ist
mit feinen Spiralstreifen umzogen, von welchen der zunächst unter der Naht gelegene
etwas deutlicher hervortritt als die andern; die Querfurchen, welche durch die Streifung
gebildet werden, mit starker Vergrösserung, betrachtet, sind durch in die Schale dringende
Grübchen fein punktirt und laufen auf der letzten bauchigen Windung bis zum Mundsaum
Die Mündung ist etwas schief, oval, am oberen Winkel verengt, unten zugerundet; die
äussere Lippe scharf ohne Verdickung, in der Richtung zur Achse unten etwas zurücktretend, sonst wenig geschweift; Spindelrand in der Mitte nur unmerklich vorgezogen.
Innenlippe schmal und etwas geschweift, Spindelrand in der Mitte etwas eingedrückt und
von da senkrecht abfallend, etwas freistehend und dadurch einen schmalen Nabelritz längs
der Spindel bildend. Länge 2,3 mill., Breite 1,25 mill.

Fundorte: Die englische und irländische Küste bis an die Westküste von Schottland
Im Mittelmeer Cap Couronne, Sardinien, Sicilien, Civita vecchia, Dalmatien.

Im wohlerhaltenen Zustande ist die ganze Schale mit Querstreifen bedeckt, es kommen aber
auch Exemplare vor, bei welchen die Windungen fast glatt sind, oder nur wenige Streifen an den
mehr geschützten Stellen der Schale zeigen. Diese mehr oder weniger deutlich ausgesprochene Querstreifung und Färbung, durch Abreibung der Streifung veranlasst, ist die Ursache, warum diese Art
mehrere Namen bekommen hat. Doch ist ihre Erkennung von ihren Verwandten, welche ähnliche
Färbung zeigen, leicht, wenn man ihre Gestalt berücksichtigt, welche stets kürzer und gedrungener ist.
Das Thier dieser Art ist frei und schnell in seinem Bewegungen und bewohnt alle Tiefen, vor-
züglich aber die oberen Schichten der Korallenregion.
Nach Clark, der das Thier zuerst untersuchte und neuerdings in seinen Brit. Marin. Test. Mollusca beschreibt, ist es weiss mit sehr blasser gelber Färbung; die Länge des Mantels gleich der Länge
der Schale, ausserdem einen kleinen Faden am oberen Winkel der Mündung, welchen es nach Willen

hervorstrecken oder zurückziehen kann. Die Bestimmung dieses Fortsatzes ist zweifelhaft, er hat weder die Lage noch das Ansehen eines Reproduktionsorgans und hat bei einigen Rissoen eine röhrige Gestalt; dieser Anhang, den man bei vielen, vielleicht bei allen Rissoen findet, ist noch wenig beobachtet worden, er steht weder mit dem deckeltragenden Lappen, noch mit dessen Flügeln oder Schwanzfäden, sondern nur mit dem Rande des Mantels in Verbindung. Kopf mit einer kurzen Schnautze, oben in der Mitte etwas ausgehöhlt und am Ende unten gespalten. Fühlfaden etwas flachgedrückt, ziemlich lang divergirend, an den Enden leicht kenlentförmig, blassgelb oder weiss, die Augen auf kleinen Erhöhungen an deren äusseren Basis tragend. Fuss in der Mitte zusammengezogen, hinten zugespitzt, mitunter ausgerandet, verhältnissmässig länger, breiter und dicker als bei der R. parva, ohne Vertiefung oder Längslinie auf der Sohle, der obere Lappen breitet sich nach vorn in schmalo weisse Flügel aus und endet hinten in 3 Schwanzfäden, deren mittlerer der längste ist. Der fast eirunde hellhornfarbige Deckel sitzt in einiger Entfernung von dem Ende des Fusses auf. Die zwei ersten Spiralwindungen sind kaum sichtbar, die dritte mit deutlichen schiefen Anwachsstreifen nimmt fast die ganze Oberfläche des Deckels ein. Schwarz von Mohrenstern.

3i. Rissoa decorata Philippi.

Taf. 6. Fig. 13 nat. Gr. 14. 15 vergr.

Testa subsolida, splendida, vix pellucida, turrito-elongato, conica-acuminata; anfractibus 8 convexis suturam versus inferiorem latissimis; costis 12 robustis elevatis et rotundatis, striis transversalibus subtilissimis punctis impressis dense notata; apertura recta, ovata, superne rotundata, labro directo, subsinuato, scindente, extusque varice incrassato, labio parte dimidia adnato, submarginato, inferne soluto nec vero umbilicato. Color albo vitreus, glaberrimus, apex violaceus, inter costas lineae longitudinales fuscae, interdum versus suturam in duo divisae. Apertura fusco violacea, varix albus.

Rissoa decorata Philippi in Zeitschr. f. Malakoz. 1846 p. 97. Schwarz von Mohrenstern Rissoiden p. 42 t. 3 f. 33. 33a. Brusina Contr. p. 21. Weinkauff M. M. Conch. II. p. 298.

— pulchella (Lanza) Danillo et Sandri Elengo nom. p. 56.

— similis Var. Monterosato Nuova Riv. p. 26.

Das Gehäuse dieser schönen Rissoa ist mässig stark, sehr glänzend, halbdurchschoinend, thurmartig verlängert, konisch zugespitzt, mit fast geraden Aussenlinien und 8 gewölbten Windungen, welche die Wölbung mehr an der unteren Hälfte tragen. Ausgenommen die ersten Embryonal-Windungen sind alle mit breiten erhabenen, am Rücken zugerundeten Längsrippen versehen und sehr fein punktirt quergefurcht, welches zwischen den Rippen am deutlichsten ist. Die Rippen, von denen man 12 auf der letzten Windung zählen kann, sind etwas unter ihrer Mitte am erhabensten, verschwinden aber am unteren Theil derselben allmählig. Die Mündung ist gerade eiförmig, im oberen Winkel zugerundet, im unteren der Rand etwas nach aussen erweitert; Aussenlippe gerade in der Richtung zur Achse, unten eher etwas zurückstehend, in der Mitte unmerklich vorgezogen, hinter dem scharfen Rande auf der äusseren Seite einen starken weissen Wulst tragend; Innenlippe schmal, zur Hälfte aufliegend, etwas ausgerandet, unten freistehend ohne eine

Nabelritze zu lassen. Spindelrand nach der Mündung sanft gebogen. Die Farbe ist weiss mit braunen starken Längsstreifen zwischen den Rippen, Spitze und Mundsaum violett oder rosenroth, der Mundwulst weiss. Zuweilen theilen sich die braunen Längsstreifen gegen die Naht gabelartig auseinander, so wie sie sich an abgeriebenen gebleichten Exemplaren auch auf braune Flämmchen verkürzen. Länge 5 mill., Breite 2 mill.

Fundort: im Mittelmeer — besonders schön gefärbte Exemplare kommen von der Insel Lesina in Dalmatien.

Die Art steht der R. variabilis Mühlf. (R. costata Desm.) sehr nahe, doch ist sie leicht durch die farbige Längsstreifung zu unterscheiden, da die variabilis unerachtet ihrer grossen Veränderlichkeit immer nur farbig punktirte Querstreifen oder förmliche Binden trägt; zudem ist die Letztere nahezu um das Doppelte grösser.

Eine schöne Abänderung in der Färbung kommt zuweilen in Dalmatien vor, welche damenbrettartig fein gefleckt oder zickzack längsgestreift ist, solche Exemplare sind dann immer dünner im Gehäuse und haben auf der letzten Windung auch schwächere Rippen und fast keine Verdickung auf der äussern Lippe. Es ist nicht unwahrscheinlich, dass die an der Westküste von Frankreich vorkommende Rissoa Guerini Recluz (Rev. Zool. Cuv. Soc. 1843 p. 7 zu dieser Abänderung gehört.

Schwarz von Mohrenstern.

32. Rissoa (Cingula) cingillus Montagu Sp.

Taf. 6. Fig. 16 nat. Gr. 17. 18 vergr.

Testa subsolida, minus splendida, vix pellucida, flavo-fusca, 2 vel 3 fasciis badiis transversalibus ornata, spira conica vel ovato conica, acuminata, anfractibus 6 planis subtiliter transversim striatis; labro acuto, non incrassato; labio sublato adnato solummodo infra ad columellam subsoluto.

Turbo cingillus Montagu Test. brit. p. 328 t. 12 f. 7 idem Suppl. p. 125. Dillwyn Cat. II p. 811. Turton Conch. Dict. p. 205. Wood Ind. test. t. 31 f. 61.

Cingula — Fleming brit. Anim. p. 309. Thorpe brit. Mar. Conch p. 152 f. 51. H. et A. Adams Gen. of shells p. 334. Chenu Man. I f. 219.

Rissoa — Michaud Broch. sur les Rissoes p. 14 f. 19. 20. Potiez et Michaud Gal. p. 268. Deshayes-Lamarck 2 ed. VIII p. 468. Forbes et Hanley brit. Moll. III p. 122 t. 80 f. 9. Sowerby Ill. Ind. t. 13 f. 26. Jeffreys brit. Conch. IV p. 43. V. t. 68 f. 9. Weinkauff M. M. Conch. II p. 283 (auch für die Localliteratur). Monterosato Nuov. Riv. p. 26. Sowerby in Reeve Conch. Ic. t. 2 f. 15.

Turbo vittatus Donovan Brit. shells V. t. 178 f. 61.

Rissoa vittata Recluz in Revue zool. 1843 p. 10. Lovén Ind. Moll. Sk. p. 24.

Turbo graphicus Brown in Mém. Wernerian Soc. II. p. 521 t. 24 f. 6. Turton Conch. Dict. p. 200 f. 24.

Rissoa graphica Brown Ill. Conch. Gr. Brit. p. 12 t. 9 f. 83.

— rupestris Forbes in Ann. et. Mag. N. II. V p. 107 t. 2 f. 3. Thorpe brit. Mar. Conch. p. 184.

Schale mässig stark, wenig durchscheinend mit einem fettartigen Glanz, horn- oder leberfarbig mit 2 oder 3 braunen oder röthlichen dunklen ununterbrochenen Querbinden, fast von derselben Breite wie die Zwischenräume. Die obere Binde an der untersten Windung läuft ziemlich nahe der Naht, die mittlere auf dem Bauche ist die breiteste, und die untere oder dritte nahe der Spindel, welche durch sie auch dunkler gefärbt erscheint. Das Gewinde ist konisch eiförmig oder auch etwas verlängert, konisch zugespitzt, mit fast geraden seitlichen Aussenlinien und 6 flachen Windungen, welche durch die einfache Naht deutlich getrennt werden. Zuweilen erscheint die letzte Windung auf ihrer breitesten Stelle etwas eckig und schnell gegen die Spindel abfallend. Alle Windungen sind mit feinen aber deutlichen Querstreifen bedeckt, welche nach unten an Stärke zunehmen und bis zur Mündung der Schale fortlaufen. Bei sehr wohlerhaltenen und ausgebildeten Exemplaren beobachtet man auch feine Anwachsstreifen, welche die Querstreifen kreuzen. Die Mündung ist oval, innen glatt, im oberen Mundwinkel zugespitzt, im unteren bogenförmig erweitert; Aussenlippe scharf, nicht verdickt, unmerklich geschweift und in der Richtung zur Axe unten etwas zurückweichend; Innenlippe mässig breit, aufliegend, nur ganz unten an der Spindel etwas freistehend, ohne jedoch einen eigentlichen Nabel zu bilden. Länge 4,3 mill. Breite 2 mill.

Aufenthalt: überall an der Küste von England und den Hebriden, in Bergen an der norwegischen Küste, im Kanal bei Cherbourg, im Mittelmeer bei Toulon und an Corsica.

Die Rissoa rupestris Forbes, obgleich ohne farbige Binden und ganz licht in der Färbung ist sicher nur eine Varietät dieser R. cingillus, und es ist wahrscheinlich, dass äussere örtliche Einflösse ihre Farblosigkeit bedingen.

Das Thier nach Forbes und Hanley in Brit. Moll. p. 122 ist gelblich weiss, etwas lohfarbig in den mit farbigen Binden versehenen Exemplaren, in der Varietät rupestris mehr milchig. Die Schnautze ist vorgestreckt, verengt, und durchscheinend, so dass man Kiefer und Zunge durchsieht; die Fühler sind sehr lang und linearisch, am Grunde ihrer äusseren Seite die sehr sichtbaren schwarzen Augen auf weisslichen Erhöhungen tragend. Der Fuss ist schmal und verlängert, vorn abgestutzt mit zugerundeten Ecken, hinten stumpf zugespitzt; die Schweif-Filamente sind, wenn welche vorhanden, sehr klein.

Ist das Thier in Ruhe, so ist der Fuss sehr zusammengezogen und die Fühler legen sich gegen die Schale zurück, in Bewegung dagegen schwingt es die Fühler hin und her, eine Eigenschaft, welche auch andern Rissoen eigen ist.

Diese Art ist vorzugsweise littoral und kommt in der Region zwischen Fluth und Ebbe häufig vor.

Noch darf nicht unerwähnt bleiben, dass die Helix pelfa Linné (Syst. Nat. p. 1248 Nr. 699.) nach den rastlosen Nachforschungen, welche Herr Sylvanus Hanley immer noch fortsetzt, um die Linnéischen Arten zu identificiren, welche mühevolle Arbeit nur ihm allein gelingen kann, da die Sammlung von Linné selbst ihm zur Verfügung steht, höchst wahrscheinlich eine Rissoa ist und dann nur die Rissoa cingillus sein kann. Schwarz von Mohrenstern.

33. Rissoa doliolum Philippi.

Taf. 6. Fig. 19 nat. Gr. 20. 21 vergr.

Testa minima, solida, subsplendida, alba vel flava, spira ovata, obtusissima, supra et infra fere pariter rotundata; anfractibus 5—6 subplanis costisque 14—16 rectis et planis obtecta, sutura tenui, costas versus undulata; parte superiore ultimi anfractus latissima costisque maxime conspicuis, apertura parva subobliqua, augustato-ovata, angulo superiore et inferiore contracto; labro interne subretracto, non incrassato, labio tenui, adnato.

Rissoa doliolum Philippi Enum. Moll. Sic. II p. 122 t. 23 f. 19.

Das Gehäuse dieser eigenthümlich gestalteten Rissoa ist klein, mässig glänzend, weiss oder auch weissgelb, vielleicht im ganz frischen Zustande auch dunkler gefärbt. Das Gewinde ist oval oder eiförmig, etwas verlängert, mit stumpfer zugerundeter Spitze; die Aussenlinien sind bauchig und die höchste Wölbung in der Mitte der Schale; Spitze und Basis erscheinen fast gleich stark zugerundet; die 5—6 flachen wenig gebogenen Windungen tragen ungefähr 14—16 gerade, flache Längsrippen und sind durch eine seichte aber nach den Rippen etwas wellenförmig gebogene Naht getrennt. Etwas unter der Naht sind die Windungen und die Rippen ein wenig zusammengeschnürt und die Rippen am deutlichsten. Die letzte Windung ist oben an der Naht am breitesten und verengt sich allmählig gegen die Basis; die Mündung ist klein, etwas schief verschmälert, eiförmig, in beiden Mundwinkeln sich zusammenziehend; Aussenlippe ohne Verdickung. in der Richtung zur Axe unten etwas zurücktretend; Innenlippe schmal und aufliegend. Länge 2,3 mill., Breite 1,1 mill.

Fundort: im rothen Meer und nach Philippi auch fossil bei Tarent.

Dies ist eine von den in Sammlungen selten vorhandenen Arten unsers gelehrten Landsmannes Dr. Philippi. Ich war so glücklich, sie im Sande des rothen Meeres wieder zu finden, welchen Dr. Frauenfeld aus Aegypten mitgebracht hat. Schwarz von Mohrenstern.

34. Rissoa Frauenfeldi Schwarz.

Taf. 6. Fig. 22 nat. Gr. 23. 24 vergr.

Testa solida, subsplendida, atrofusca, ovato conica; anfractibus 6 convexiusculis, varicibus incrementi subtiliter obtectis, duobus ultimis plane et oblique costatis, infra suturam nonnunquam constrictis, apertura recta more Pupae generis valde producta, orbiculari et solum supra subsinuata; labro simplici et directo; labio libero et in fissuram umbilicato.

Rissoa Frauenfeldi Schwarz apud Frauenfeld Novaritisc Moll p. 10 tab. 2 fig. 13.

Die Schale dieser Rissoa ist stark, wenig glänzend, von dunkler Färbung, braun oder röthlich; oval konisch, mässig zugespitzt, mit fast geraden Aussenlinien und 6 wenig gewölbten Windungen, welche mit feinen schiefen Anwachsstreifen bedeckt sind, diese Anwachsstreifen werden auf den unteren Windungen so stark, je selbst regelmässig, dass sie vollkommene Längsrippen bilden, welche besonders auf dem letzten Umgange deutlich hervortreten. Die Naht ist einfach aber deutlich, unter ihr läuft zuweilen noch eine vertiefte Linie, welche die Windungen und Rippen oben etwas zusammenschnürt. Die Mündung ist gerade, bedeutend vorgezogen, wie die Mündung bei der Gattung Pupa, kreisrund, und nur im oberen Mundwinkel unmerklich ausgebuchtet. Die Aussenlippe ist scharf, ohne Verdickung, wenig geschweift, geradestehend, aber über die Mittellinie der Schale stark hervorgezogen. Innenlippe nur wenig aufliegend, oben sanft gebogen, ohne Ausrandung, sonst überall freistehend und dadurch einen Nabelspalt bildend. Der Schlund ist glatt und etwas verengt. Länge 3,3 mill. Breite 1,5 mill.

Fundort: Sidney in Neuholland.

Diese interante Art ist mir durch Herrn Hugh Cuming, den berühmten Sammler und Förderer der Wissenschaft übersendet worden; sie steht offenbar den Paludinen ebenso nahe wie den Rissoen und ich kenne unter den Rissoen nur eine einzige Art, welche ihr verwandt ist, nämlich die äusserst kleine Rissoa sabulum Cantr. aus dem mittelländischen Meere, welche mit ihr die kreisrunde und vorgezogene Mündung gemein hat; hätte diese Art die ausgesprochenen Längsrippen nicht aufzuweisen, so stände sie den Paludinen durch der Nabelspalt, den sie zeigt, näher als den Rissoen. Wegen dieser nahen Verwandtschaft zu den Paludinen habe ich sie zu Ehren meines verehrten Freundes des Dr. Frauenfeld benannt, von dessen unermüdlichem Fleisse eine ausführliche Arbeit über Paludina zu erwarten steht.

Deckel und Thier sind leider unbekannt, doch ist es nach den Angaben des Herrn Cuming eine rein marine Art und eine von den wenigen Repräsentanten der Gattung Rissoa aus jenen Meeren, in welchen bis jetzt vorzugsweise Rissoinen beobachtet wurden. Schwarz.

Darf nicht verwechselt werden mit R. Frauenfeldiana Brusina die eine Varietät der R. similis zu sein scheint. Wk.

35. Rissoa dolium Nyst.

Taf. 2. Fig. 10. 16. Taf. 17. Fig. 4. 6.

„R. testa parva, hyalina, nitida, spira ovato-elongata, anfractibus 5 convexis, duobus vel tribus superioribus laevibus, reliquis sulcato-plicatis; plicis 14 obliquis in ultimo anfractu abbreviatis et truncatis. Apertura ovata, labro simplici, colore lacteo interdum vitreo.

Long. 2,3 diam. 1,2 Mm.

Rissoa dolium Nyst Coq. foss. belg. p. 417. Schwarz von Mohrenstern Rissoiden p. 26
         t. 2 f. 13. Weinkauff Mittel-Meer Conch. II p. 292.

—   pusilla Philippi En. Moll. Sic. I p. 151 t. 10 f. 13. Monterosato Nuova rivista
         p. 26 non Brocchi.

—   nona Philippi En. Sic. II p. 127. Aradas et Benoit Conch. viv. p. 163 non Lamarck nec Grateloup.

—   pulchra Forbes Report Aeg. Inv. p. 117. 180 teste Schwarz.

Schale klein, durchscheinend, glänzend, bernsteingelb oder milchweiss, oval verlängert mit konischem Gewinde, das aus 5 stark gewölbten Windungen besteht, von denen

I. 22.   18 die 2 oder 3 obersten glatt, die übrigen längsgefaltet sind, die Falten, 12 — 14 an der Zahl, sind etwas schief stehend und setzen unterhalb der Mitte des letzten Umganges plötzlich ab; Mündung oval, Mundrand einfach und etwas geschweift. (Schwarz von Mohrenstern).

Vaterland: Mittelmeer an den Küsten von Südfrankreich (Martin), Piemont (Jeffreys), Sicilien (Philippi), Adria und zwar Zara (Brusina), Insel Paros (Forbes), Algerien (Weinkauff). Kommt auch fossil in Calabrien und auf der Insel Rhodus vor, nicht im Oligocän von Cassel, dies ist eine andere früher auf R. nana Lamarck gedeutete Art.

Der Name wurde von Nyst nicht einer in Belgien vorkommenden Art gegeben, sondern nur der Philippi'schen Art, als er erkannte dass diese einen schon früher von Lamarck und Grateloup verbrauchten Namen trug, der geändert werden musste.

36. Rissoa grossa Michaud.

Taf. 16. Fig. 8.

„R. testa crassa, oblonga, turrita, ventricosa, plicata; anfractibus 6 — 7 subconvexis superne interdum subgradatis; superioribus 4 laevigatis, inferioribus cylindrice inflatis, plicis distantibus obtusissimis, in ultimo anfractu abbreviatis ornatis. Apertura semiovata, angulo superiore acuminato, paulle dilatato; columella subplicata; colore luteo-albo in anfractu ultimo striis subtilissimis longitudinalibus rufo-fulvis et maculis tribus ad labrum." (Schwarz).

Long. 8 diam. 4 Mm.

Rissoa grossa Michaud Descript. p. 10 t. 1 f. 21. 22. idem Gal. de Donai I p. 270. Deshayes-Lamarck 2 Ed. VIII p. 172. Schwarz von Mohrenstern Rissoiden II p. 16. Weinkauff Mitt. Meer Conch. II p. 237.

Schale verlängert-eiförmig, dick und bauchig, gefaltet, gelblich-weiss mit einer zarten, feinen Längsstreifung, die jedoch meist nur auf dem Hauptumgang sichtbar ist und 3 rothbraunen Flecken auf dem Mundrand; Spira kegelförmig, kurz, besteht aus 6 — 7 leicht gewölbten, durch eine wellenförmige Naht getrennten Umgängen, von denen die obersten glatt und die 2—3 unteren walzenförmig aufgetrieben, zuweilen treppenartig abgesetzt sind, auf diesem Theil befinden sich gegen 10 — 12 entferntstehende flache und breite Längsfalten, die auf der untern Hälfte des Hauptumganges verschwinden; Mündung schief, länglichoval, im obern Winkel ausgespitzt, unten erweitert; Spindel gebogen, unten faltenartig abgebogen; Mundrand in der Mitte vorgezogen, aussen mit schwachem, aus mehreren Lamellen zusammengesetztem Varix versehen, hinter dem die Flecken stehen.

Findet sich an verschiedenen Punkten der Provence, Sicilien, in der Adria bei Triest und Zara.

Gehört in den ganz engen Formenkreis der R. oblonga und membranacea und scheint der mittelmeerische Vertreter der letzteren Art zu sein. Bekanntlich zieht Jeffreys die ganze Gruppe zu einer Art (R. membranacea) zusammen, der er auch noch die einer andern Gruppe angehörige R. ventricosa zuzieht. Ich kann hier diesem Beispiel, das mir in Bezug auf letzterwähnte Art auch völlig unrichtig erscheint, nicht folgen, obschon ich die Verwandtschaft der übrigen anerkenne.

37. Rissoa costulata Alder.

Taf. 10. Fig. 1—3.

„R. testa solida, ovato-elongata vel turrita, spira conica, acuminata, anfractibus 8, superioribus 4—5 laevibus planis, reliquis convexis et plicis 10 elevatis longitudinalibus, anfractu ultimo subventricoso costis abbreviatis ornato vel nonnunquam laevi, striis transversis punctulatis, subtilissimis; sutura impressa subundulata, apertura ovata, labro producto varice incrassato; colore sordide flava vel cornea, apice et peristomate violaceo." (Schwarz).

Long. 5,5 diam. 2 Mm.

Rissoa costulata Alder Ann. et Mag. Nat. hist. XIII p. 314 t. 8 f. 8. 9. Forbes et Hanley brit. Moll. III p. 109 t. 77 f. 4. 5. Sowerby Ill. Ind. t. 13 f. 19. Jeffreys brit. Conch. IV p. 35 V. t. 68 f. 1. Watson on Madeira Moll. p. 378 t. 35 f. 15.

— subcostulata Schwarz Rissoiden p. 41 t. 3 f. 32. 32a.

— similis var. Monterosato Nuova rivista p. 26.

Schale solid, mehr oder weniger lang gestreckt, fahlgelb oder hornfarbig mit violetten Apex und Mundrändern; Spira kegelförmig, spitz ausgezogen, besteht aus 8 durch vertiefte und wellenförmige Nähte getrennten Umgängen, von denen die 4—5 obersten eben und glatt sind, die übrigen sind dagegen gewölbt und tragen 10 starke in der Mitte verdickte Längsrippen, die Hauptwindung ist ziemlich angeschwollen und ihre Rippen sind verkürzt oder fehlen zuweilen ganz, die Spiralsculptur ist fein und nur in den Zwischenräumen der Basis deutlich zu sehen, wenn sie auch zuweilen in grösserer Ausdehnung zu sehen ist; Mündung oval, oft mehr rund als oval und von oben nach unten zusammengedrückt, seitlich leicht ausgedehnt, doch auch umgekehrt seitlich zusammengedrückt; Spindel stark gebogen, besonders gegen die Basis; Mundrand scharf nach unten vorgezogen, aussen callös verdickt, doch fällt dieser Callus meistens mit der letzten Rippe vor dem Mundrand zusammen. Deckel fast horngelb, mit 3 Umgängen und feiner Streifung.

Vorkommen an den Küsten von England, Westfrankreich, Spanien und Portugal, Madeira. Sporadisch im Mittelmeer an den Küsten der Provence und Sicilien, woselbst die ächte R. costulata wohl nur durch den Schiffsverkehr künstlich verpflanzt ist.

Diese Art steht der R. similis Scacchi sehr nahe und dürfte für den Faunisten nur als identisch gelten. Der Name R. similis Sc. hat aber Priorität und die R. costulata würde also die Varietät mit gedrungenem Wuchs und veränderter Färbung sein. In der neuesten Schrift Monterosato's Conchiglie Littorali Mediteranee in Naturalista Siciliano Febr. u. März 1884 bekundet er eine ganz neue Auffassung, indem er nicht nur die R. costulata wieder von R. similis trennt, sondern auch die

R. subcostulata von beiden abscheidet — Schwarz änderte nur den Namen — und aus dem engen Kreis dieser Apicularia genannten Gruppe noch 3 neue Arten dazu macht.

Rissoa (Cingula) elongata Philippi.

Taf. 2. Fig. 26—28.

Ist keine Rissoa sondern schlanke Abänderung mit obsoletem Spindelzahn von Odontostoma plicata Montagu, steht also irrthümlich an dieser Stelle.

38. Rissoa mirabilis Manzoni.

Taf. 16. Fig. 10. 12.

„T. elongato-conica, subtruncata, spira exserta, scalaris, acuminata, concolore flavo-violacea. — Aufractibus 6½, celeriter crescentibus, apicalibus laevibus, acuminatis, reliquis angulatis longitudinaliterque costatis; costis subrectis, ad suturam superiorem paulo sinuatis, ad angulum inflatis, dilatatis; interstitiis crebre transversim striatis. — Ultimo anfractu magno, angulato, costis striisque ad basin evanidis, ad dorsum deficientibus. — Basi depressa, fissura umbilicali perangusta praedita. — Apertura parva interdum minima, subrotundata, superne subcanaliculata; margine columellari arcuato, reflexo; labro simplici, callositate laevi indistincte incrassato; infra subproducto. — Peristomate continuo, albido." — (Manzoni).

Long. 2½, lat. 1½ Mm.

Rissoa mirabilis Manzoni Journ. de Conch. XIV p. 165. 238 t. X f. 5.

Schale schlank-konisch, etwas abgestutzt, einfarbig gelb mit einen Stich ins violette; Spira ausgezogen, treppenförmig, spitz ausgezogen, besteht aus 6½ rasch zunehmenden, durch eine deutlich eingedrückte Naht geschiedenen Umgängen, von denen die obern embryonalen glatt und spitz ausgezogen sind; die übrigen sind kantig und der Länge nach gerippt, die Rippen sind ziemlich grade und oben an der Naht wenig deutlich, an der Kante aber stark und breit, die Zwischenräume sind dicht spiral gestreift, der Hauptumgang ist gross, kantig, Rippen und Streifen verschwinden nach und nach und fehlen auf dem Rücken gänzlich; Mündung klein, zuweilen sehr klein, beinahe rund, oben kanalartig leicht ausgespitzt und die Rundung unterbrechend, unten völlig abgerundet; Spindel gebogen, dünn, umgeschlagen und an ihren in der Nabelgegend gelegenen Rand mit einer feinen Nabelritze versehen, die stets mehr oder weniger deutlich sichtbar ist. Mundrand einfach, wenig vortretend, aussen leicht callös verdickt.

Fundort: Kanarische Inseln (Manzoni).

39. Rissoa coriacea Manzoni.

Taf. 16. Fig. 11.

„T. oblongo-acuminata, apice fastigata, fragilis, coriacea, pallide flavo-sordida. — Anfractibus 6, tantum obliquiter involutis, celeriter crescentibus, admodum convexis, suturis profundis, canaliculatis discretis. Anfractu ultimo permagno, ventricosissimo, elevato, in aperturam elongatam, acuminatam effuso, una cum penultimo ad suturam superiorem lamellis tenuissimis, creberrimis, erectis, longitudinalibus, cito evanescentibus ornato; ultimo ad dorsum et juxta suturam modo calcaris minimi, et sensim versus junctionem crescentis disposito; lamellis supra decurrentibus sinuatis. — Apertura elongata, inferne acuminata, subcanaliculata; labro simplici, scindente, superne sinuato, inferne arcuato, producto; margine columellari simplici, gracili, ample arcuato, mediocriter reflexo, fissuram umbilicalem relinquente; marginibus peristomate conjunctis.

Long. 2?/,, lat. 1¹/₂ Mm." (Manzoni).

Rissoa ? coriacea Manzoni Journ. de Conch. XVI p. 166. 242 t. 10 f. 6. Watson on Madeira Moll. in Pr. Zool. Soc. London 1873 p. 389.

Schale länglich-eiförmig, mehr oder weniger schlank, schmutzig-gelb; Spitze ausgezogen mit spitzigem, zerbrechlichen und abgefressenen Ende, besteht aus 6 convexen, schief aufgerollten, schnell wachsenden, durch tiefe canalartige Naht separirten Umgängen, die da, wo sie nicht abgefressen, mit engstehenden, dünnen gebogenen Längslamellen geziert sind; Hauptumgang sehr gross, sehr aufgetrieben; Mündung länglich-eiförmig, doch zuweilen auch mehr rein oder selbst kurz-eiförmig; Spindelrand einfach, dünn, weit gebogen, mässig umgeschlagen und eine schmale Nabelritze sehen lassend; Mundrand einfach, leicht abweichend, oben gegen die Naht oft eingebogen, unten gebogen und vorgezogen; Peristom ganz.

Vaterland: Madeira (Manzoni, Mac Andrew), Santa Cruz 10—15 Faden; Machio 10—15 Faden, Piedade (Canical) 25—35 Faden, Ponta de S. Laurenco 25—45 Faden; Funchalbai bis zu 50 Faden (Watson).

Manzoni nimmt diese Art nur mit ? ins Genus Rissoa auf und ist geneigt, sie näher mit Odontostomia in Beziehung zu bringen, ogleich der Spindelzahn fehlt. Nach Watson wäre Jeffreys geneigt, die Species unter Fossarus zu stellen, er selbst schlägt aber vor R. coriacea und tenuisculpta Watson als neues Genus ans Ende der Rissoiden zu stellen.

Watson kennt eine wohl markirte Varietät dieser Art, die im Verhältniss grösser, länger, mehr delicat, weniger zerfressen und seltener ist, die er auch abbildet.

40. Rissoa marginata Michaud.

Taf. 15d. Fig. 15.

„R. testa ovata, solida, nitida, spira conica, anfractibus 6 convexiusculis, superioribus 4 laevibus, penultimo et medio ultimo saepissime costulatis; sutura interdum subundulata, albo marginata;

apertura ovata, labro varice albo incrassato; colore brunneo, apertura et basi ultimi anfractus alba, ad labrum bimaculata." (Schwarz v. Mohrenstern).

Long. 5, lat. 2,5 Mm.

Rissoa marginata Michaud Desc. de Coq. p. 13 fig. 16. Deshayes et Lamarck hist. nat. VIII. p. 468. Potiez et Michaud Gal. de Douai I p. 271. Petit Cat. in Journ. de Conch. III p. 86. Schwarz von Mohrenstern Rissoiden p. 29 t. 2 f. 16. Brusina Contr p. 19. Weinkauff M. M. Conch. II p. 293. Monterosato Nuova riv. p. 26.

Schale mässig stark, sehr glänzend, eiförmig mit konischem Gewinde und 6 mässig gewölbten Windungen, von denen die 4 obersten glatt, die vorletzte und die Hälfte der letzten Windung meist längsgerippt sind, Längsrippen flach und glänzend; Naht deutlich, zuweilen etwas wellenförmig gebogen und von einem weissen Streifen begleitet; Mündung eiförmig, äussere Lippe geschweift, unten zurücktretend und etwas ausgebreitet, aussen einen weissen Wulst tragend, hinter welchem 2 braune Flecken sichtbar sind. Innenlippe unten etwas freistehend und eine kleine Nabelspalte bildend. Die Grundfarbe der Schale wechselt zwischen licht und dunkelbraun, doch sind die obern Windungen unten dunkler in der Farbe; die Mündung und die Basis der letzten Windung weiss.

Fundort im Mittelmeer bei Cette und Martigues. Copie nach von Schwarz nach einen Michaud'schen Original gefertigten Bild.

Diese seltene Art erkennt man leicht an der weissen Binde an der Basis des letzten Umganges, wie auch an ihren eigenthümlichen Glasglanz, einige dunkle Varietäten der Rissoa parva (R. obscura Phil.) *) und (R. plicata Ben.) scheinen einen Uebergang zu ihr zu vermitteln, doch trägt ihre mehr gedrungene Gestalt einen so ausgesprochenen Charakter, dass sie füglich als selbstständige Art beibehalten werden kann. (Schwarz).

41. Rissoa inconspicua Alder.
Taf. 17. Fig. 7. 9.

Testa ovato-conica, subsolida, translucida, splendidissima, albida aut pallide flavido-alba, rara lactea, interdum maculis obscurioribus aut strigis brevibus rubente-fuscis variegata, apice corneo; spira brevis, acuta, anfractibus 6—7 subconvexis non tumidis, sutura districta sed parum profunda, aufr. ult. longitudine spirae; anfr. embryonalibus glabris, sequentibus longitudinaliter tenue et dense costatis, costis inaequalibus, in anfr. ultimo validioribus et minus numerosis, striis spiralibus exilissi-

_____

*) R. obscura Philippi, wie sie Bd. II t. 22 f. 10 abgebildet ist, also als Type aufzufassen ist, passt schlecht zur R. parva Auct. angl. zu der sie alle Autoren als dunkle Varietät gestellt, sie passt aber auch sehr schlecht zu der Küster'schen Figur (Taf. 2 f. 23—25, die nach einen Philippi'schen Original gezeichnet ist und unzweifelhaft als dunkle Varietät der R. parva gehört. Wie mag dies zu erklären sein?

mis cinctis; apertura ovata, inferne rotundata; columella labiata, inferne subreflexa, rimulata; labrum
tenue, superne contractum, extus albo-varicosum.

Long. 1,8 diam. 1,1 Mm.

Rissoa inconspicua Alder Ann. et. Mag. nat. hist. Bd. XIII p. 323 t. 8 f. 6. 7. Clark
ibidem p. 255. Forbes et Hanley brit. Moll. III p. 113 t. 126 f. 7.
8. t. 132 f. 5. 6. Clark Br. mar. Test. p. 358. Schwarz von Mohrenstern Rissoiden p. 34 t. 2 f. 22. Weinkauff Mitt. Meer Conch. II.
p. 295. Jeffreys brit. shells IV p. 26. Sowerby Ill. Ind. t. 13 f.
22—24. Caillaud Cat. 155. Jeffreys Brit. Conch. V. t. 68. f. 3.
Monterosato Nuova rivista p. 26. Brusina Contr. p. 18. Sars Moll.
reg. arct. Norv. t. 10 f. 11 t. 22 f. 5. 6.

— maculata Brown Ill. Conch. p. 12 t. 9 f. 5. 6.

— variegata Schwarz von Mohrenstern Rissoidae t. 2 f. 15.

Schale eiförmig-konisch, ziemlich solid, durchscheinend, sehr stark glänzend, weisslich oder gelblich-weiss, selten milchweiss, zuweilen mit dunkleren Flecken oder mit kurzen
rothbraunen Striemen, hornfarbener Spitze; Spira kurz, spitz, besteht aus 6—7 etwas
convexen nicht stumpfen Umgängen, die durch eine deutliche jedoch nicht tiefe Naht getrennt sind; Embryonalende glatt, die folgenden Umgänge tragen dichtstehende dünne
Rippchen, die durch äusserst feine, oft mikroscopische Spiralstreifen durchsetzt werden,
die Rippchen sind ungleich und verstärken sich auf dem letzten Umgang, während ihre
Zahl abnimmt; Mündung eiförmig, unten abgerundet; Spindel gelippt, Lippe unten
umgeschlagen und dahinter eine feine Nabelritze sehen lassend; Mundrand dünn, oben
eingezogen, aussen mit weissem Varix versehen.

Jeffreys gibt eine Var. ventrosa und eine Var. variegata, zu letzterer zieht er Schwarz' Figur
2 f. 15, die jedoch, da sie nur 4 Umgänge haben soll (nach der Schwarz'schen Beschreibung) eher als
Stat. juv. zu der Jeffreys'schen gestriemten Varietät gehören kann. Sars gibt 3 verschiedene Figuren,
die der Form nach alle sehr abweichend sind, die eine (Taf. 22 f. 6) möchte wohl eher zu R. interrupta gehören, zu der sie nach Sars nur hinführen soll. Er legt offenbar auf den Nabelritz eine zu
grosse Bedeutung; doch mag ich ohne Kenntniss des Materials nicht entscheiden.

42. Rissoa Guerini Recluz.

Taf. 17. Fig. 10. 12.

„R. testa turrito-elongata, apice acuminata, anfractibus 8 convexis, versus inferiorem convexioribus; costis longitudinalibus obtusis circa 10, et striis transversis punctatis impressis; anfractu ultimo
subinflato, saepius laevi; apertura ovata, labro varice incrassato. Colore fusco, lineis longitudinalibus
densis fulminatis, angulato-flexuosis ornato, apertura et apice violaceis.“ (Schwarz).

Long. 5,8, diam. 2,5 Mm.

Rissoa Guerini Recluz Revue zool. Cuv. Soc. p. 7. Schwarz von Mohrenstern Rissoiden
p. 43 t. 3 f. 34. Petit Cat. p. 86.

— costulata Var. Monterosato En. et sin. p. 24.

Schale schlank, mit spitz ausgezogenem Ende, hornbraun, mit engstehenden gestrichelten, dunkleren zickzackförmig ein und ausspringenden Längslinien geziert; Mündung und Anfangswindungen violett; Spira thurmförmig, besteht aus 8 convexen nach unten d. h. etwas unterhalb der Mitte nach convexen Umgängen; Embryonalwindungen sind glatt, die übrigen der Länge nach gerippt, Rippen flach und circa 10; spiral sind sie fein punktirt gestreift; Hauptumgang etwas aufgetrieben, zuweilen ohne Rippen; Mündung eiförmig; Spindel schief und in einem Winkel mit dem Peristom verbunden, gelippt; Mundrand scharf, oben ausgezogen, aussen mit einem Varix versehen.

Vaterland: Westküste von Frankreich und wahrscheinlich auch Nordspanien, schwerlich im Mittelmeer.

Ihre nächsten Verwandten sind R. decorata, R. costulata und R. similis, nicht R. violacea wie Jeffreys meinte. Mit Recht steht sie nebst decorata unter den Varietäten der R. costulata bei Monterosato, der auch in seinen neueren Schriften mit gleichem Recht R. similis ausschliesst.

43. Rissoa plicatula Risso.

Taf. 17. Fig. 5.

„R. testa ovato-elongata, spira conica, acuta; anfractibus 7, duobus vel tribus superioribus laevibus, reliquis plicis latis 12 — 14 longitudinalibus paullo obliquis; ultimo magno, plicis abbreviatis, basi laevi; apertura ovata, labro varice lato incrassato. Lineae fulvae coloratae, undulatae longitudinales inter costas nonnunquam in individuis bene conservatis videntur."

Long. 6,3, diam. 3 Mm.

Alvania plicatula Risso Enr. mer. p. 143 fig. 134.

Rissoa   —   Schwarz von Mohrenstern Rissoiden p. 36 t. II f. 25.

Sabanea   —   Monterosato Conch. Littor. Mid. in Naturalista Siciliano Febr. 1884 p. 16.

Schale oval verlängert, mit konisch zugespitztem Gewinde, das aus 7 wenig gewölbten Umgängen besteht, von denen die 2—3 obersten glatt, die übrigen mit breiten, etwas schiefstehenden Längsfalten versehen sind. Auf der letzten verhältnissmässig grossen, unten zuweilen knieförmig abgebogenen Windung befinden sich 12—14 flache Falten, die an der untern Hälfte verschwinden und zwischen denen öfter auch eine schwache Querstreifung sichtbar ist. Die Mündung ist oval, die Aussenlippe durch einen breiten Wulst verstärkt. Innenlippe ziemlich breit umgeschlagen, ihr unterer Theil vertical und freistehend, eine kleine Nabelspalte deckend. An wohlerhaltenen Exemplaren bemerkt man zwischen den Rippen wellenförmige Längslinien, welche zuweilen auch, wie bei der Rissoa interrupta unterbrochen sind und dann zwei Spirale bilden, von welchen eine oben an der Naht, die andern am untern Theil der letzten Windung sich befinden.

Fundort: Subfossil zu Nizza, Marseille, Rhodus (Schwarz). Seitdem auch lebend gefunden an verschiedenen Punkten Siciliens, Bona u. Tunis, Falera u. Proesa (Monterosato).

44. Rissoa lineolata Michaud.

Taf. 17. Fig. 11.

„R. testa ovato-oblonga, tenui, hyalina, vitrea, spira conica, acuta; anfractibus 7 convexis, duobus superioribus laevibus, reliquis 14—16 plicis longitudinalibus paullo obliquis, ultimo ventricoso, inflato, plicis abbreviatis, basi laevi; apertura subrotundata, infra subdilatata, labro simplici scindente. Colore pallide flavo vel corneo, lineis longitudinalibus fulvis, in basi nonnunquam flexuosis; labro inferne unimaculato." (Schwarz von Mohrenstern).

Long. 6,1, diam. 3,1 Mm. nach Schwarz — wird noch viel grösser; ich habe sie selbst in den Etangs bei Cette bis 10 Mm. lang gesammelt.

Rissoa lineolata Michaud Descr. de Coq. nouv. p. 11 fig. 13. 14. Deshayes in Lamarck 2
Ed. VIII p. 473. Schwarz von Mohrenstern Rissoiden p. 38 t. 2 f. 27.
Potiez et Michaud Gal. de Douai I p. 271. Weinkauff Mittelmeer-
Conch. II p. 296. Bucquoy pl. 31 fig. 16—20.

Schale länglich-eiförmig, mehr oder weniger dünnschalig, durchscheinend, oft glasglänzend; Spira kegelförmig, spitz, besteht aus 2 glatten Anfangswindungen und 7 convexen mit 14—16 Längsrippen, die ein wenig schief sind, geziert; Hauptumgang ist aufgetrieben, die Rippen fehlen auf ihm entweder ganz oder sind mehr oder weniger stark verkürzt; Mündung eiförmig, oben ausgespitzt, unten abgerundet; Spindel gebogen, gelippt, Lippe etwas abstehend und einen Nabelritz vorreckend, unten ohne die leiseste Unterbrechung in den dünnen, schiefen Mundrand verlaufend, der meistens ohne Varix ist, doch auch mit solchem, der etwas entfernt vom Rande, etwa an der Stelle der zweiten Rippe verläuft, immerhin aber meistens flach und wenig in die Augen fallend ist; Färbung: gelblich-hornfarben mit feinen, zahlreichen, gelbrothen Längslinien geziert, die zuweilen am untern Theil zickzackförmig ein- und ausgebogen sind, am Mundrand befindet sich unten noch ein dunkler Fleck.

Vorkommen im Brackwasser an der Südküste von Frankreich, bei Cette, Agde und Marseille in den grossen Lagunen. In der Seybousemündung bei Bona habe ich die Art auch gefunden, doch wenig zahlreich. Alle andern Fundorte sind wegen der Vermengung unsrer Art mit Rissoa Ehrenbergi Phil. und Oenonensis Brus. unsicher.

45. Rissoa aurantiaca Watson.

Taf. 18. Fig. 1.

Testa oblonga, crassa, haud transparens, subvitracea, subgradata; anfractus 4—5 regulariter crescentes, rotundati, sutura profunda subobliqua discreti, costis rotundatis, 18—20 in anfractu ultimo, quam interstitia duplo latioribus, basin versus evanescentibus, lirisque spiralibus 12—13 elevatis, rotundatis, quam interstitia parum angustioribus, costas super, praesertim superne, nodulos efformantibus. Apertura ovato-rotundata, superne obtuse angulata, labro acuto, tenui, sed extus mox costa in-

19

crassato; peristoma continuum, leviter reflexum, rimam umbilicalem indistinctam exhibens. Aurantiaca, interdum subfuscescens, labrum versus albida.

Long. 3 Mm.

Rissoa aurantiaca Watson Proc. zool. Soc. 1873 p. 367 t. 54 fig. 3. Reeve Conch. icon. sp. 106.

Gehäuse länglich, festschalig. undurchsichtig, etwas glasartig, mit leicht treppenförmigem Gewinde und niedergedrücktem rundlichem Apex; orangefarben mit leicht bräunlichem Anflug und weisslichem Mundrand. Die 4–5 gewölbten Umgänge nehmen regelmässig zu und werden durch eine tiefe, ziemlich schräge Naht geschieden. Die Skulptur besteht aus gerundeten Umgängen, die etwas breiter als die Zwischenräume sind; auf dem letzten stehen 18—20, die nach der Basis hin abnehmen; auf den oberen Umgängen sind sie schwächer und verschwinden schliesslich ganz; ausserdem sind 12—13 ziemlich hohe gerundete Spiralreifen vorhanden, durch etwas schmälere Zwischenräume geschieden, mit feinen Spirallinien in jedem Zwischenraum; die oberen sind, wo sie die Rippen schneiden, zu Knoten vorgezogen. Die Mündung ist rundlich, nur oben leicht eckig, der Mundsaum zusammenhängend, unten leicht ausgebreitet, die Aussenlippe eigentlich dünn und scharf, aber dann gleich durch eine varixartige, weissliche Rippenfalte verdickt, die Basallippe leicht umgeschlagen, so dass eine meist undeutliche, mitunter aber auch mehr offene Nabelritze bleibt. —

Aufenthalt an den Kanarischen Inseln. Abbildung und Beschreibung nach Watson l. c.

46. Rissoa Moniziana Watson.

Taf. 18. Fig. 2. 3.

Testa distincte rimata, ovato-conica, tenuiuscula, haud vitracea; spira brevis, subgradata, apice truncato, intorto; anfractus 4—5 convexi, regulariter crescentes, prope suturam subangulati, indistincte tantum costati, costis in anfractu ultimo nodulos irregulares tantum exhibentes, liris spiralibus 7—9 translucentibus, prominulis, inaequalibus cingulati, interstitiis multo latioribus, subtiliter striatis. Alba, liris pellucidis, interstitiis pruinosis. — Apertura sat ampla, subtriquetra, labro acuto, extus varice incrassato, subtus sinuatim producto, labro reflexo, rimam distinctam formante, in pariete aperturali vix conspicuo.

Long. 2³/₄ Mm.

Rissoa Moniziana Watson Proc. zool. Soc. 1873 p. 373 tab. 34 fig. 10. Reeve Conch. icon. sp. 109.

Gehäuse mehr oder minder deutlich geritzt, kegelförmig eiförmig, ziemlich dünnschalig, nicht glasartig, durchscheinend, wie bereift aussehend; Gewinde kurz, treppenförmig mit abgestutztem eingewundenem Apex. Die 4—5 Umgänge sind gut gewölbt und nehmen ganz regelmässig zu; sie sind an der Naht kantig abgeflacht, mit nur ganz undeutlichen Rippenfalten, meist nur mit einzelnen unregelmässigen Knoten an der Naht, von 7—9 durchsichtigen, vorspringenden Spiralreifen umzogen, die an Stärke ungleich

sind und durch mindestens viermal so breite, dicht spiral gestreifte Zwischenräume geschieden werden; die beiden obersten sind schwächer, manchmal obsolet. Die Färbung
ist weiss, die Reifen sind durchscheinend, die Zwischenräume wie bereift. Die Mündung
ist verhältnissmässig gross, stumpfdreieckig, da die Spindel fast geradlinig verläuft und
auch die Basis flach ist; die Aussenlippe ist stark aber scharf, aussen durch einen starken
Wulst verdickt, der durch eine Kerbe vom vorletzten Umgang geschieden ist; sie ist eigenthümlich gebogen und unten so vorgezogen, dass sie fast eine Bucht oder einen Kanal
bildet; die Innenlippe ist auf die Mündungswand umgeschlagen, kaum zusammenhängend.

Aufenthalt an Madera und Portosanto; Abbildung und Beschreibung nach Watson.

47. Rissoa Novarensis Watson.

Taf. 18. Fig. 4.

Testa ovato-conica, solidula, vitracea, nitens, subopalescens, spira breviter concidea, haud gradata, apice obtuso, planato; anfractus 4—5 vix convexi, sat rapide crescentes, sutura recta distincta,
sed angusta et plana discreti, costulis angustis. flexuosis 20—30, quam interstitia vix latioribus, basin
versus evanescentibus, liris-que spiralibus circa 14 supra peripheriam minus distinctis, interdum evanescentibus, quam inter-titia duplo latioribus, in interstitiis costarum magis conspicuis, lineisque numerosis sculpti; in anfractibus embryonalibus ad 12 lineae subtilissime puncticulatae observantur. Albido-
lutescens, seriebus tribus macularum fuscarum aperturam versus distinctiorum ornata. Apertura ovata
supra perparum acuminata, basi subexpansa; labrum externum acutum, extus mox incrassatum, costa
crassa, albida; labium cum labro continuum, rimam angustam formans.

Long. 1,5 Min.

Rissoa Novarensis Watson Proc. zool. Soc. 1873 p. 377 tab. 35 fig. 13. Reeve Conch.
icon. sp. 111.

Gehäuse schwach geritzt, ziemlich festschalig, glasartig, glänzend, etwas opalisirend,
mit kurz kegelförmigem, nicht treppenartigem Gewinde und stumpfem, abgeflachtem Apex,
in dessen Mitte die braune Spitze etwas vorspringt. Die 4—5 Umgänge sind kaum gewölbt und nehmen sehr rasch zu; sie werden durch eine gerade, deutliche, aber schmale
und kaum eingedrückte Naht geschieden. Die Skulptur besteht aus 20—30 schmalen gebogenen Rippen, die kaum breiter als die Zwischenräume sind und nach der Basis hin
verschwinden, und aus circa 14 Spiralreifen, welche über der Peripherie weniger deutlich
sind, mitunter ganz verschwinden, unter derselben breiter sind; sie sind ungefähr doppelt
so breit wie ihre Zwischenräume und zwischen den Rippen deutlicher als auf denselben;
nach dem Apex hin rücken sie enger zusammen, auf dem Apex erkennt man etwa ein
Dutzend fein punktirte Spirallinien. Die Färbung ist gelblich weiss, mit drei undeutlichen
Fleckenbinden, die nach der Mündung hin intensiver werden. Die Mündung ist oval, oben
nur wenig zugespitzt, an der Aussenseite etwas zusammengezogen, an der Basis ausgebreitet. Die Aussenlippe hat hinter dem scharfen Rand aussen eine starke weissliche

Rippe; die Innenlippe ist ziemlich dick, zusammenhängend, unten lostretend, so dass eine feine Ritze bleibt.

Aufenthalt an den Kanaren. Abbildung und Beschreibung nach Watson l. c.

48. Rissoa pulcherrima Jeffreys.

Taf. 18. Fig. 5.

Testa minuta, breviter ovato-globosa, tenuis, laevis, subtilissime tantum striatula, subperforata, alba, in anfractu ultimo seriebus 4 macularum fuscarum, interdum strigatim confluentium ornata; spira brevis, apice obtuso, mamillato. Anfractus 4 ventricosi, sutura profundissima discreti; ultimus ²/₇ spirae longitudinis aequans, aperturam versus expansus. Apertura fere circularis, labro tenui, labio reflexo, rimam parvam sed distinctam relinquente.

Long. 2 Mm.

Rissoa pulcherrima Jeffreys Ann. Mag. N. H. (2) II p. 351. British Conchol. IV p. 42.
Forbes and Hanley Brit. Moll. III p. 129 tab. 75 fig. 1. 2. Reeve
Conch. icon. sp. 47. Monterosato Nuova Rivista p. 28 Nr. 445.
Sowerby Illustr. Index tab. 14 fig. 4.
Cingula pulcherrima Weinkauff Mittelmeer-Conch. II p. 281.

Gehäuse klein, kurz kegelförmig-eiförmig mit verbreiterter Basis, dünnschalig, glatt, nur mit mikroskopisch feinen Anwachsstreifen und feinem, aber deutlichem Nabelritz; sie ist durchsichtig weiss mit vier Reihen brauner Flecken auf dem letzten Umgang; nicht selten fliessen die beiden über der Peripherie wie die beiden unter derselben zu kurzen Striemen zusammen; auf dem vorletzten Umgang sind noch zwei Fleckenreihen sichtbar, auf dem dritten nur eine. Das Gewinde ist kurz mit stumpfem zitzenförmigem Apex. Die vier Umgänge sind bauchig und werden durch eine sehr tiefe Naht geschieden; der letzte nimmt etwa drei Siebentel des Gehäuses ein und ist nach der Mündung hin deutlich verbreitert. Die Mündung selbst ist fast kreisrund mit dünnem Aussenrand und dünner umgeschlagener Innenlippe.

Aufenthalt von den Kanalinseln bis ins Mittelmeer; Abbildung und Beschreibung nach Jeffreys.

49. Rissoa tenuisculpta Watson.

Taf. 18. Fig. 6. 7.

Testa vix rimata, cylindrico-oblonga, tenuis, vitracea, pellucida, spira elongata, cylindrico-conica, apice obtusulo, leviter inverso; anfractus 5 — 6 convexi, regulariter crescentes, sutura parum obliqua, profunda discreti, striis incrementi lineisque spiralibus subtilissimis sculpti; unicolor lutescenti-albida. Apertura exacte ovalis, superne vix acuminata; labro tenui, sed haud acuto, basin versus protracto et leviter expanso, margine columellari haud appresso, rimam umbilicalem formante.

Long. 2 Mm.

Rissoa tenuisculpta Watson Proc. zool. Soc. 1873 p. 389 tab. 36 fig. 28. Monterosato Nuova Rivista p. 28 Nr. 456.

Gehäuse kaum eng geritzt, länglich, fast walzig, dünnschalig, glasartig durchsichtig, einfarbig gelblichweiss; Gewinde ziemlich lang, kegelförmig walzig, mit stumpflichem, leicht einwärts gewendetem Apex. Es sind fünf, bei ganz ausgewachsenen Exemplaren sechs Umgänge vorhanden, die regelmässig zunehmen und durch eine nur wenig schiefe, tiefe aber offene Naht geschieden werden; sie sind nur mit feinen Spirallinien und ganz feinen Anwachsstreifen skulptirt, aber durchaus nicht gegittert; auch die Embryonalwindungen haben feine Spirallinien, die aber gegen die der unteren Windungen deutlich absetzen. Die Mündung ist genau eiförmig, nur ganz wenig ausgeschnitten, oben kaum zugespitzt; die Aussenlippe ist dünn, aber nicht scharf, oben etwas vom letzten Umgang getrennt, unten etwas vorgezogen und ausgebreitet, aber keinen eigentlichen Kanal bildend; der etwas lostretende Basalrand hängt durch einen nicht ganz fest angedrückten dünnen Callus mit dem Aussenrand zusammen.

Aufenthalt an Madera, auch von der Porcupine im Mittelmeer auf der Adventure-Bank sowie an der algerischen Küste in 112 Faden Tiefe gedrakt. Abbildung und Beschreibung nach Watson l. c.

50. Rissoa (Setia) perminima Manzoni.

Taf. 18. Fig. 8.

Testa perminima, laevis, ovato-conoidea, spira brevi, apice subobtuso, fulvo-castanea Anfractibus 4 tantum obliquiter involutis, convexiusculis, sutura mediocriter distinctis, submarginatis. Anfractu ultimo magno, ²/₃ totius longitudinis subaequante, zona albo-luteola mediana picto, in os amplum, subrotundatum effuso; labro simplici, obtusiusculo, arcuato, producto, extus valde projecto; margine columellari ample arcuato, simplici; peristomate continuo, ad junctionem in canaliculum desinente. Basi imperforata, convexiuscula; dorso gibbosiusculo, prominulo. Linea subimpressa ab insertione ultimi anfractus oriente, basin circumlimitante, mox evanida. — Manzoni. —

Long. 1¼, lat. ⁴/₅ Mm.

Rissoa (Setia) perminima Manzoni Journal de Conch. 1868 p. 244 tab. 10 fig. 8. Watson Proc. zool. Soc. 1873 p. 383 tab. 36 fig. 22.
— perminuta Reeve Conch. icon. sp. 113.

Gehäuse sehr klein, glatt, eiförmig kegelförmig, kastanienbraun, mit kurzem Gewinde und ziemlich abgestumpftem Apex; es sind nur vier etwas schräg eingewundene Umgänge vorhanden; dieselben sind ziemlich gewölbt und werden durch eine ziemlich deutliche, leicht gerandete Naht geschieden; der letzte nimmt etwa zwei Drittel der Gesammtlänge ein und ist durch eine hellere Mittelbinde ausgezeichnet. Die Mündung ist weit, gerundet, geöffnet, mit einfachem, etwas abgestumpftem, gebogenem, vorgezogenem, stark nach aussen vorspringendem Aussenrand; der Spindelrand ist weit gerundet, ein-

fach, der Mundsaum zusammenhängend, in einen Kanal übergehend; die Basis ist undurchbohrt, gewölbt, am Rücken höckerig aufgetrieben; eine leicht eingedrückte Linie,
welche an der Insertion des Aussenrandes entspringt und sich schliesslich verläuft, gränzt
die Basis ab.

Aufenthalt an den Kanaren und Madera.

Diese Art ist sehr nahe mit R. pulcherrima verwandt, aber kleiner, mehr einfarbig, die Umgänge weniger konvex.

51. Rissoa albugo Watson.

Taf. 18. Fig. 9.

Testa oblongo-conica, subfusiformis, vitracea, pellucida, tenuis, laevis, vix rimata; anfractus $5\frac{1}{2}$
subangulati, sutura recta latiuscula plana discreti, sulco spirali angusto infra angulum, lineisque spiralibus minutissimis, striisque incrementi flexuosis sculpti, albido-pallescens, maculisque rufis quadratis
regulariter dispositis, interdum confluentibus et ad peripheriam serie unica macularum albarum opa-
carum ornata; spira elongata, regulariter attenuata, apice obtusulo, depresso. Apertura parva, irregulariter quadrangularis, columella strictiuscula, labro externo tenui, acuto, ad basin vix patulo, cum
margine columellari angulum distinctum formans; labio calloso, cum margine externo angulum rectum
exhibens.

Long. $1\frac{5}{3}$ Mm.

Rissoa albugo Watson Proc. zool. Soc. 1873 p. 379 tab. 35 fig. 17. Reeve Couch. icon.
sp. 114.

Gehäuse länglich kegelförmig, durch den etwas zusammengedrückten und in die
Länge gezogenen letzten Umgang fast spindelförmig erscheinend, glasartig durchsichtig,
dünnschalig, glatt, kaum geritzt. Die $5\frac{1}{2}$ Umgänge erscheinen etwas kantig, die Kante
tritt noch mehr hervor durch eine feine, aber deutliche Furche, die unmittelbar unter ihr
verläuft; sonst sind nur zahlreiche, oberseits weniger deutliche Spirallinien und feine gebogene Anwachslinien vorhanden; die Naht ist gerade, ziemlich breit und flach. Die
Färbung ist glashell oder blassgelb, mit viereckigen, regelmässig angeordneten, mitunter
zusammenfliessenden rothen Flecken geziert und ausserdem an der Peripherie mit einer
Reihe weisser undurchsichtiger Flecken versehen, (von denen der Name genommen ist).
Das Gewinde ist verlängert, regelmässig verschmälert, mit etwas abgestumpftem, niedergedrücktem Apex. Die Mündung ist klein, unregelmässig quadratisch mit fast gerader
Spindel und auch sonst geradlinigen Rändern; die Aussenlippe ist dünn, scharf, eher eingezogen als ausgebreitet, nur unten leicht geöffnet; sie trifft auf den Spindelrand in
einem deutlichen Winkel, und auch der Spindelumschlag trifft den Aussenrand in einem
nahezu rechten Winkel.

Aufenthalt an den Kanaren und Maderen. Abbildung und Beschreibung nach
Watson l. c.

52. Rissoa picta Jeffreys.

Taf. 18. Fig. 10.

Testa ovato conica, solidiuscula, semipellucida, nitida, spiraliter striata, luteolo-albida, maculis rubello-fuscis, oblongis, nequidistantibus, seriatim dispositis ornata; spira brevi, apice obtuso. Anfractus 5½ compressiusculi, sutura mediocri, submarginata discreti; ultimus ⅔ longitudinis aequans. Apertura ovato-rotundata, nec expansa, labro acuto, margine interno ad columellam latiusculam planatam reflexo, superne cum exteriore juncto. — Manzoni. —

Long. 1¾, diam. 1¼ Mm.

Rissoa picta Jeffreys Ann. Mag. Nat. Hist. Jan. 1867 p. 435. Manzoni Journal de Conchyl. 1868 p. 245. Watson Proc. zool. Soc. 1873 p. 381 tab. 35 fig. 18. Reeve Conch. icon. sp. 110.

Gehäuse eiförmig kegelförmig, ziemlich festschalig, halbdurchsichtig, glänzend, fein spiralgestreift, gelblich weiss mit drei Reihen länglicher, regelmässig angeordneter rothbrauner Flecken geziert; das Gewinde ist kurz mit stumpfem Apex, die 5½ Umgänge sind wenig gewölbt, durch eine mittelmässige, leicht gerandete Naht geschieden; der letzte nimmt zwei Drittel der Gesammtlänge ein; die Spirallinien sind auf seiner Mitte kaum sichtbar, an der Basis viel deutlicher, doch ist der Unterschied nicht so auffallend wie bei Rissoa semistriata Mtg. Die Mündung ist rundeiförmig, nicht ausgebreitet, mit scharfem Aussenrand; der Spindelrand ist über die breite, etwas abgeflachte Spindel zurückgeschlagen und verbindet sich oben mit dem Aussenrand.

Aufenthalt an Madera und den Kanaren, die Abbildung nach Watson l. c.

Jeffreys (Proc. zool. Soc. 1884 p. 127) ist nicht abgeneigt, diese Art mit allen ähnlichen, wie depicta Manz., granulum Phil., Galvagni Arad., maculata Mts., concinna Mts., tenuiplicata Seg. und aemula Granata zu R. semistriata zu stellen; er dürfte damit Recht haben.

53. Rissoa concinna Monterosato.

Taf. 18. Fig. 11.

Testa ovato-conica, tenuis, transparens, succinea, maculis rufo-brunneis seriatim dispositis ornata; spira conica, sat elata, apice obtuso; anfractus 5 convexiusculi, regulariter crescentes, sutura sat distincta discreti, subtilissime striatuli. Apertura subquadrato-ovato, supra acuminata, basi subangulata; columella obliqua; peristoma simplex, acutum. — Monterosato ital.

Long. 2, lat. 1⅓ Mm.

Cingula concinna Monterosato Testac. nuov. Sicilia p. 8 fig. 2.

Rissoa — Watson Proc. zool. Soc. 1873 p. 381 tab. 35 fig. 19. Monterosato Enum. e Sinon. p. 26.

— Galvagni var. id. Nuova Rivista p. 28 Nr. 443.

Gehäuse eiförmig-kegelförmig, dünnschalig, durchscheinend, bernsteinfarben, mit mehreren Reihen rothbrauner Flecken verziert; auf dem letzten Umgang meistens eine

Reihe grösserer viereckiger Flecken unter der Naht, dann folgt eine Reihe feinerer Punkte dicht darunter, dann kommen zwei ganz feine Linien und weiter unten wieder zwei Reihen viereckiger Fleckchen; das Gewinde ist kegelförmig und ziemlich hoch, mit flachem Apex. Die fünf Umgänge sind nur leicht gewölbt und nehmen regelmässig zu; sie werden durch eine ziemlich deutliche Naht geschieden; die Skulptur besteht nur aus ganz feinen Linien. Die Mündung ist etwas eckig eirund, oben spitz, unten etwas eckig, die Spindel schräg, der Mundrand scharf, einfach.

Diese Art steht der R. semistriata zum Mindesten sehr nahe, unterscheidet sich aber nach Watson durch geringere Grösse, mehr treppenförmiges Gewinde, deutlichere Spiralstreifen über der Naht, kleinere Mündung von rundlicherer Form, dickere Innenlippe und Spindel. — Monterosato zieht sie neuerdings zu Galvagni Arad.

Aufenthalt im Mittelmeer; falls Watson's Identifikation richtig ist, auch an Madera. — Die Abbildung nach Watson l. c. Man vergleiche übrigens die Bemerkung zur vorigen Art.

54. Rissoa depicta Manzoni.

Taf. 18. Fig. 12.

Testa solida, ovato-conica, spira brevi, apice obtusiuscula, semipellucida, grisea, depicta. Anfractibus 5½ planiusculis, suturis vix distinctis, marginatis discretis, omnibus laevigatis, basin praeterea spiraliter lirata; anfractu ultimo subamplo, gibbosiusculo, ³/₅ totius longitudinis aequante. Apertura subrotunda, superne subcanaliculata, labro valde incrassato, solido, infra producto; margine columellari arcuato, simplici, calloso; peristomate continuo, reflexo; basi imperforata. — Manzoni.

Long. 2, lat. 1½ Mm.

Rissoa depicta Manzoni Journal de Conchyl. 1868 p. 246 tab. 10 fig. 4. Watson Proc. zool. Soc. 1873 p. 382 tab. 35 fig. 20. Reeve Conch. icon. sp. 83.
— punctifera Watson mss.
— Galvagni var. Monterosato Nuov. Rivist. p. 28.
Cingula maculata Monterosato Testac. nuov. Sicil. p. 7 fig. 1, nec Sowerby.

Gehäuse festschalig, eiförmig-kegelförmig mit kurzem Gewinde und stumpflichem Apex, halbdurchsichtig, grau, ohne Zeichnung; die 5½ Umgänge sind ziemlich flach, durch eine wenig deutliche gerandete Naht geschieden, glatt, nur der letzte an der Basis mit einigen Spirallinien umzogen; der letzte Umgang ist ziemlich gross, etwas unregelmässig aufgetrieben; er nimmt drei Fünftel der Gesammtlänge ein. Die Mündung ist fast kreisrund, oben mit einer Art Kanal, der Mundsaum zusammenhängend, umgeschlagen, der Aussenrand sehr verdickt, stark, unten vorgezogen, der Spindelrand gebogen, einfach, schwielig; eine Perforation ist nicht vorhanden.

Aufenthalt an den Kanaren und Madera.

Monterosato vereinigt diese Art mit callosa Manzoni, seiner maculata und concinna unter dem Namen Galvagni Aradas; Jeffreys möchte die ganze Gruppe zu semistriata ziehen.

55. Rissoa cristallinula Manzoni.

Taf. 18. Fig. 13. 16.

Testa minima, ovato-conoidea, spira brevi, apice obtuso, solidiuscula, vitrea, translucida, elegantissima. Anfractus 5 convexiusculi, contigui, praeterque ultimum laeves; suturis marginatis; ultimus spirae dimidiam partem aequans, striis impressis numerosis spiraliter ornatus. Apertura mediocris, inferne rotundata, superne acuminata; labro subincrassato, solidiusculo, subproducto; margine columellari arcuato, simplici, peristomate continuo, basi spiraliter lirata, interdum subperforata. — Manzoni.

Long. 1¹/₃, lat. ²/₄ Mm.

Rissoa cristallinula Manzoni Journal de Conchyl. 1868 p. 165 tab. 10 fig. 4.

Gehäuse klein, aber sehr elegant, glänzend, eiförmig kegelförmig mit kurzem Gewinde und stumpfem Apex, ziemlich festschalig, aber doch glasartig durchsichtig. Die fünf Umgänge sind ziemlich gewölbt, einander berührend, durch eine gerandete Naht geschieden, glatt bis auf den letzten, der von feinen eingedrückten Spirallinien und an der Basis von Spiralreifen umgeben ist; er macht die Hälfte der Gesammtlänge aus. Die Mündung ist mittelgross, unten gerundet, oben spitz, der Mundsaum zusammenhängend, der Aussenrand leicht verdickt, ziemlich fest, etwas vorgezogen, der Spindelrand gebogen, einfach. Mitunter ist eine undeutliche Perforation vorhanden.

Aufenthalt an den Kanaren; Abbildung und Beschreibung nach Manzoni l. c.

56. Rissoa callosa Manzoni.

Taf. 18. Fig. 14. 15.

Testa imperforata, ovato-conica, solidissima, opaca, albicans, spira brevissima, apice obtusiusculo. Anfractus 5 planiusculi, conjuncti, suturis indistinctis, submarginatis, obtectis discreti; apicales laevigati, depresso-involuti, reliqui transversim impresso-striati; ultimus ²/₃ totius testae aequans, gibbosus, basi convexus, striis impressis, praesertim ad basin distinctis, regulariter ornatus, cinguloque suturali validiore. Apertura breviter ovata, superne acuminata et valde caniculata; labro simplici solido, callositate paulo distincta incrassato, infra subproducto; margine columellari solidissimo, arcuato, calloso; peristomate reflexo, continuo, ad junctionem in canaliculum effuso. — Manzoni. —

Long. 1²/₃, lat. 1 Mm.

Rissoa callosa Manzoni Journal de Conchyl. 1868 p. 166 tab. 10 fig. 3.

Gehäuse undurchbohrt, eiförmig kegelförmig, sehr festschalig, undurchsichtig, weisslich, mit sehr kurzem Gewinde und leicht abgestutztem Apex. Die fünf Umgänge sind flach, nur durch undeutliche Nähte geschieden; die embryonalen sind glatt, niedergedrückt eingewunden, die übrigen fein gestreift; der letzte, der ungefähr zwei Drittel der Gesammtlänge ausmacht, ist etwas unregelmässig aufgetrieben, an der Basis gewölbt mit regelmässigen, nach der Basis hin deutlicheren Spiralstreifen und einem stärkeren Nahtgürtel skulptirt. Die Mündung ist kurz eiförmig, oben spitz und rinnenartig zusammengedrückt, der Mundsaum zusammenhängend, zurückgeschlagen, unten mit einer Art Ausguss; der Aussenrand ist einfach, aber fest, durch eine wenig deutliche Wulst verdickt, unten etwas vorgezogen; der Spindelrand ist gebogen, schwielig verdickt.

Aufenthalt an den Kanaren. Abbildung und Beschreibung nach Manzoni l. c.

Monterosato zieht auch diese Art zu seiner R. Galvagni Arad.

57. Rissoa rosea Deshayes.

Taf. 19. Fig. 1.

„R. testa elongato-turrita, apice acuminata, rosea; anfractibus octonis convexiusculis, sutura submarginata junctis, longitudinaliter plicatis, varicibus aliquibus irregulariter sparsis interruptis; ultimo anfractu breviusculo, basi integro; apertura minima ovato-acuta, obliqua; columella basi subplicata; labro albo, late incrassato. — Deshayes. —

Long. 6, diam. 3 Mm.

Rissoa rosea Deshayes Moll. Réunion p. 61 tab. 7 fig. 29. Reeve Conch. icon. sp. 42.

Gehäuse verlängert, gethürmt, mit spitzem Apex, rosenroth; die acht Umgänge sind ziemlich gewölbt und werden durch eine leicht gezähnte Naht geschieden; die Oberfläche ist mit zahlreichen, dichtstehenden, regelmässigen, einfachen Faltenrippen skulptirt, von denen einige hier und da zerstreute stärker vorspringen und fast wie Varices aussehen. Der letzte Umgang ist länglich, ohne Spur von Perforation. Die Mündung ist klein, eirund, oben spitz; der Aussenrand wird durch eine breite, aber wenig dicke Leiste verstärkt; die Spindel trägt unten eine kleine stumpfe Falte. Die ganze Schale ist glatt, glänzend, einfarbig rosa.

Aufenthalt an der Insel Réunion; Abbildung und Beschreibung nach Deshayes l. c.

37. Rissoa (Onoba) striata Montagu.

Taf. 19. Fig. 2.

Testa oblongo-conica, solidula, opaca, vix nitens, lutea vel pallide flavescens, interdum fuscorufescenti fasciata, fasciis 2 in anfractu ultimo; spira sat producta, sensim attenuata, apice acutiusculo. Anfractus 6 — 7 leviter convexi sutura minus profunde impressa discreti, striis spiralibus impressis pliciseque concentricis ad suturam elevatis, versus peripheriam evanidis sculpti; ultimus magnus, subcylindricus, basi parum obliquata. Apertura ovata, inferne sat expansa, tertiam testae longitudinis partem occupans; labro arcuato, extus in adultis varice munito.

Long. 4 Mm.

Turbo striatus Montagu Testac. britan. p. 312.

— semicostatus Turton Dict. p. 201.

— — Wood Index test. tab. 30 fig. 50.

Turbo striatus Wood Index test. tab. 31 fig. 106.
Rissoa minutissima Michaud Rissoa p. 20 fig. 27. 28.
      —   communis Forbes Mal. Monens. p. 17.
      —   semicostata Brown Ill. Conch. p. 15 tab. 1 fig. 9.
Pyramis candidus   —   —   p. 14 tab. 9 fig. 31.
    —   discors   —   —   —   p. 14 tab. 9 fig. 32.
Rissoa gracilis Macgillivray Moll. Aberdeen p. 151.
Odostomia Marionae Macgillivray Moll. Aberdeen fide Forbes et Hanley.
Rissoa striata Forbes Rep. Aegean Invert. p. 137. Forbes et Hanley Brit. Moll. III p. 94
            tab. 78 fig. 8. 9. Sowerby Illustr. Index tab. 13 fig. 15. Jeffreys British
            Conch. IV p. 37 tab. 68 fig. 2.
Cingula striata Weinkauff Mittelmeer-Conch. II p. 284.
Onoba   —   Chenu Manuel I p. 307 fig. 2186. Sars Moll. reg. arct. Norveg. p. 172
            tab. 22 fig. 3.

Gehäuse ziemlich langkegelförmig, festschalig, undurchsichtig, kaum glänzend, mehr oder weniger blassgelblich, auf dem letzten Umgang meistens mit zwei rothbraunen Binden geziert, die nicht auf das Gewinde hinauflaufen; Gewinde ziemlich hoch, allmählig verschmälert, mit ziemlich spitzem Apex. Die sechs oder sieben Umgänge sind nur leicht gewölbt, durch eine nicht sehr tief eingedrückte Naht geschieden, mit deutlich einge-drückten Spirallinien umzogen und mit kurzen Falten skulptirt, die unter der Naht stark vorspringen, aber nach der Peripherie verschwinden; sie fehlen mitunter und diess hat zur Unterscheidung verschiedener Arten Ursache gegeben. Der letzte Umgang ist fast cylindrisch, ziemlich gross, mit etwas schräger Basis. Die Mündung ist nur ein Drittel so lang wie das Gewinde, eirund, unten ziemlich ausgebreitet; die Aussenlippe ist gebogen und hat nur bei ganz ausgebildeten Exemplaren aussen einen leichten Varix.

Aufenthalt im atlantischen Ocean von Hammerfest bis ins Mittelmeer; die Abbildung nach Jeffreys.

59. Rissoa (Onoba) proxima Alder.
Taf. 19. Fig. 3.

Testa cylindrico-conica, solidula, nitidula, albido-flavescens, semipellucida; spira elongata, perparum attenuata, apice abrupte obtusato, submutico; anfractus 6 valde convexi, sutura profunde impressa discreti, regulariter crescentes, fere laeves, sub lento tantum striis spiralibus subtilissimis obducti; ultimus spira paulo brevior, basi obliquatus. Apertura parva, rotundato-ovata, labro sat incrassato sed varice externo nullo.

Long. 3 Mm.

Rissoa striatula Jeffreys Ann. Mag. N. H. 1848 p. 16.
     —   proxima Alder apud Forbes and Hanley Brit. Moll. III p. 127 tab. 75 fig. 7. 8.
            Sowerby Illustr. Index tab. 13 fig. 28. Jeffreys Brit. Conch. IV p. 59
            tab. 68 fig. 3. Proc. zool. Soc. 1884 p. 125.
Cingula proxima Weinkauff Mittelmeer-Conch. II p. 279.

20 *

Onoba proxima Sars Moll. reg. arct. Norveg. p. 173 tab. 22 fig. 4.

Ceratia   —   II. et A. Adams Genera.

Gehäuse cylindrisch-kegelförmig, ziemlich festschalig, etwas glänzend, durchscheinend weisslichgelb; Gewinde verlängert, kaum verschmälert, mit ganz plötzlich abgestutztem Apex. Die sechs Umgänge sind gut gewölbt und werden durch eine tief eingedrückte Naht geschieden; sie nehmen regelmässig zu und sind fast glatt; nur unter der Loupe erkennt man eine feine dichte Spiralstreifung. Der letzte Umgang ist etwas kürzer als das Gewinde, die Basis schräg. Die Mündung ist relativ klein, rundeiförmig, der Aussenrand ist verdickt, hat aber aussen keinen eigentlichen Varix.

Aufenthalt von den Lofoten bis zum Mittelmeer. Die Abbildung nach Jeffreys l. c.

Die Adams haben auf diese Art die überflüssige neue Gattung Ceratia gegründet. — Jeffreys hat die Art bereits 1848 beschrieben, den Namen aber wegen Turbo striatulus Linné zurückgezogen, mit Unrecht, da diese Art zu Odostomia gehört; da er aber selber den eingebürgerten Alder'schen Namen bestehen lassen will, haben wir keine Ursache, ihm entgegenzutreten.

60.   Rissoa (Alvania) punctura Montagu.

Taf. 19.   Fig. 4.

Testa conico-ovata, parum solida, semipellucida, pallide fusca fasciaque brunnea extus ad aperturam ornata, spira sat producta, sensim attenuata, apice acutiusculo; anfractus 6 aequaliter convexi, sutura profunde impressa discreti, embryonalibus 2 subtiliter punctatis, sequentibus liris spiralibus et costellis concentricis subaequalibus numerosis reticulati; ultimus modice dilatatus, quam spira brevior. Apertura rotundato-ovata, labro externo leviter arcuato, varice parum incrassato.

Long. 3 Mm.

Turbo punctura Montagu Test. Britan. p. 320 tab. 12 fig. 5.

Rissoa puncturata Macgillivray Moll. Aberd. p. 327.

   —   punctura Forbes et Hanley Brit. Moll. III p. 89 tab. 80 fig. 8. 9. Sowerby Illustr. Index tab. 13 fig. 13. Jeffreys Brit. Conch. IV p. 17 tab. 66 fig. 8. Monterosato Nuov. Rivista p. 27 Nr. 431.

Alvania   —   Weinkauff Mittelmeer-Conch. II p. 308. Sars Moll. reg. arct. Norveg. p. 177 tab. 10 fig. 6.

Rissoa textilis Loven Ind. moll. Scand. fide Sars.

   —   Insenghae Calc. et R. striatissima Rayn. teste Monterosato.

Gehäuse eiförmig-kegelförmig, ziemlich dünnschalig, halbdurchsichtig, blassbräunlich, oft mit einer braunen Binde hinter der Mündung; Gewinde ziemlich hoch, allmählich verschmälert, mit ziemlich spitzem Apex. Die sechs gleichmässig gewölbten Umgänge werden durch eine tief eingedrückte Naht geschieden; die beiden Embryonalwindungen sind fein punktirt, die folgenden mit zahlreichen, fast gleichstarken Spiralreifen und Rippchen gegittert; der letzte ist mässig verbreitert, kürzer als das Gewinde. Die Mündung ist rundeiförmig, die Aussenlippe leicht gerundet mit schwachem Varix.

Aufenthalt an den europäischen Küsten vom Oxfjord in Westfinnmarken bis zum Mittelmeer. — Die Abbildung nach Jeffreys l. c.

61. Rissoa Leacocki Watson.

Taf. 19. Fig. 8.

Testa conico-oblonga, solida, tuberculata, transparens, lutescenti-albida, fasciis duabus rufis vel brunneis ornata, fascia alba interposita; spira conica, elongata, apice rotundato-obtusato. Anfractus 5—6 planiusculi, sensim accrescentes, sutura recta, distincta, profunda discreti, costulis fortibus, obliquis 15—18 lirisque spiralibus vix minoribus 8—9 regulariter tuberculati et subtilissime longitudinaliter spiraliterque striati. Apertura alba, obliqua, piriformis, supra subsinuata, subtus levissime expansa, intus haud dentata; labro externo extus valde incrassato, basali leviter reflexo, rimam parvam formante, callo parietali tenui.

Long. 2²/₃ Mm.

Rissoa Leacocki Watson Proc. zool. Soc. 1873 p. 365 tab. 34 fig. 1.

Gehäuse lang-kegelförmig mit fast geradlinigen, nur an den Suturen unterbrochenen Aussenkontouren, festschalig, doch durchscheinend, regelmässig höckerig, gelblichweiss mit zwei in frischem Zustand karmoisinrothen, bei weniger frischem braunen Binden, zwischen die sich ein schmales weisses Band einschiebt. Die 5—6 Umgänge sind fast ganz flach und nehmen sehr langsam zu; sie werden durch eine gerade, deutliche, tief eingedrückte Naht geschieden; die Skulptur besteht aus 15—18 starken schrägen Rippen und 8—9 kaum weniger starken Spiralreifen, welche eine regelmässige Höckerskulptur bilden; sie sind nach unten etwas schwächer, aber bis zur Basis sichtbar; zwischen den drei oberen erscheinen nach der Mündung hin meist noch schwächere; sie brechen am Beginne der Embryonalwindungen plötzlich ab. Ausserdem ist die ganze Oberfläche mit ganz feinen Streifen in beiden Richtungen bedeckt. Die Mündung ist weiss, schräg, birnförmig, oben mit einer kleinen Bucht, unten etwas ausgebreitet, innen ohne Zähnelung; der Aussenrand ist durch einen starken Varix verdickt, auf welchem die sämmtlichen Knoten gefärbt erscheinen, davor scharf vorspringend; er läuft bis zur Spindel, die ebenfalls ziemlich verdickt ist und einen schmalen Ritz freilässt, auf der Wand ist der Callus dünn.

Aufenthalt an Madera. — Abbildung und Beschreibung nach Watson l. c.

62. Rissoa crispa Watson.

Taf. 19. Fig. 9. 10.

Testa ovato-conica, solida, translucens, subvitracea, alba, quasi pruinosa, levissime aurantio tincta; spira gradata, breviuscula, apice prominulo, summo inverso; anfractus 5—6 convexi; sutura canaliculata, sed inter costas tantum conspicua; anfractus ultimus multo major; superficies costis angustis, distantibus, non flexuosis sed obliquis, suturam fere transgredientibus, circa 12, infra peripheriam anfractus ultimi ad sulcum abrupte terminatis, et liris spiralibus 7 in ultimo, 5 in penultimo sculpta, interstitiis crispatis; anfractus ultimus infra sulcum lira distincta ab angulo aperturae oriente et sulco altero munita; interstitiis exquisite crispatis. Apertura parva, rotundato-ovata, supra vix acuminata, inferne expansa; labrum incrassatum, extus valde nodosum, utrinque lira concentrica marginatum, supra leviter sinuatum, lira interna cum callo parietali crasso, quadrilirato continua.

Long. 2 Mm.

Rissoa crispa Watson Proc. zool. 1873 p. 369 tab. 34 fig. 6. Reeve Conch. icon. sp. 107.

Gehäuse eiförmig-kegelförmig, mit treppenartigem Aufbau, festschalig, durchscheinend, etwas glasartig, weiss, wie bereift, nur leicht orange gefärbt; das treppenförmige Gewinde ist kurz, der Apex vorspringend, doch das äusserste Ende wieder eingewunden. Die 5—6 Umgänge sind gewölbt; sie werden durch eine Naht geschieden, die aber nur zwischen den Rippen sichtbar wird und dort rinnenförmig ist; der letzte Umgang ist viel grösser. Die Skulptur besteht aus schmalen ziemlich entferntstehenden, nicht gebogenen, aber schräg von links nach rechts verlaufenden Rippen, die über die Naht vorspringen, ohne sich an den vorhergehenden Umgang fest anzulegen. Auf dem letzten Umgang stehen etwa 12, die sich nach unten nur wenig über die Peripherie hinaus erstrecken und dann plötzlich an einer breiten Spiralfurche abbrechen, welche genau an der Mündungsecke entspringt; unter ihr liegt eine starke Rippe und dann folgt eine zweite tiefere Furche; über der ersten Spiralfurche laufen auf dem letzten Umgang 7 Spiralreifen, von denen fünf auf den zweiten, drei auf den drittletzten hinauflaufen. Die Zwischenräume sind prachtvoll kraus gegittert. Die Mündung ist klein, rundeiförmig, oben nur wenig zugespitzt, unten etwas ausgebreitet; der Mundsaum ist zusammenhängend; die Aussenlippe hat einen dicken Wulst, auf dem die Spiralreifen und namentlich der Basalwulst stark vorspringen; auf beiden Seiten laufen konzentrische Leisten, von denen der innere mit dem starken Spindelcallus zusammenfliesst; auf dem Callus verlaufen vier starke, gedrehte Rippen.

Aufenthalt an den Maderen und Kanaren; Abbildung und Beschreibung nach Watson l. c.

63. Rissoa gibbera Watson.
Taf. 19. Fig. 11. 12.

Testa late umbilicata, ovato-pyramidata, gradata, solida, haud perspicua, alba vel fuscescens, plus minusve distincte quadrifasciata. Anfractus 4—5 convexi, supra quasi inflati, superi regulariter crescentes, ultimus dilatatus; sutura subcanaliculata, pone costas profunde excavata; costis angustis, acutis, flexuosis, super suturam tuberculatim prominentibus, basin versus decrescentibus, et in interstitiis fere duplo latioribus striis longitudinalibus spiralibusque sculpta. Apertura subsoluta, subregulariter ovalis, subtransversa, inferne patula; peristoma continuum; labrum callo crasso varicoso albo incrassatum, lira interna aperturam cingente. Umbilicus magnus, crista distincta circumdatus.

Long. 2 Mm.

Rissoa gibbera Watson Proc. zool. Soc. 1873 p. 371 tab. 34 fig. 7.
— gibberula Reeve Conch. icon. sp. 115.

Gehäuse weit und trichterförmig genabelt, fast dreieckig eiförmig mit treppenförmigem Gewinde, festschalig, nicht durchsichtig, weiss bis bräunlich mit vier mehr oder minder deutlichen Binden. Die 4—5 Umgänge sind gut gewölbt; sie erscheinen obenher fast aufgeblasen und dann zusammengezogen, die oberen nehmen regelmässig zu, der letzte dagegen ist ganz auffallend verbreitert, unten weit trichterförmig genabelt und um den Nabel herum von einer starken Kante umzogen. Die Naht ist fast rinnenförmig, hinter den Rippen tief ausgehöhlt. Die Skulptur besteht aus etwa 12 schmalen, scharfen, gebogenen Rippen, welche oben in Spitzen über die Naht vorspringen und nach der Basis hin abnehmen; sie werden durch doppelt so breite Zwischenräume geschieden, die nach beiden Richtungen gestreift sind; mitunter läuft über die Naht des vorletzten Umgangs ein Spiralreif, der auch auf dem letzten Umgang sichtbar ist. Die Mündung ist fast ganz gelöst, ziemlich regelmässig eirund, etwas schräg zur Achse gerichtet, oben kaum verschmälert, unten etwas offen; Mundsaum zusammenhängend, mit einem vorspringenden Rand rings um die Mündung; die Aussenlippe durch einen relativ kolossalen weissen Varix verdickt, oben mit einer Bucht.

Aufenthalt an Madera und Portosanto; Abbildung und Beschreibung nach Watson l. c.

64. Rissoa Macandrewi Manzoni.

Taf. 19. Fig. 13—15.

Testa solida, ovato-oblonga, spira conico-obtusa, concolore, fulvo-castanea. Anfractibus 6 regulariter convexis, suturis mediocriter profundis discretis; apicalibus laevibus, depresse involutis, reliquis elegantissime spiraliter funiculis exilissimis plicisque longitudinalibus instructis; in anfractu ultimo plicis 10 ad 12 basin versus evanidis; funiculis 10 (plicis interstitiisque transcurrentibus) undulatis, ad basin magis conspicuis et crebrioribus, callositatem (una cum 4 vel 5 tenuioribus in interstitiis medianis superadditis) excurrentibus. — Apertura subovata, mediocri, albicante; labro solido, extus valde calloso, intus laevi, margine interposito patulo, infra valde producto, arcuato; columella simplici, valida, arcuata; peristomate continuo, ad columellam et ad junctionem reflexo, ad labrum et ad basin erecto, fissuram tenuissimam linquente. — Manzoni. —

Long. 2,5, lat. 1,5 Mm.

Rissoa Macandrewi Manzoni Journ. Conch. 1868 p. 164 tab. 10 fig. 1. Watson Proc. zool. Soc. 1873 p. 372 tab. 34 fig. 8. Reeve Conch. icon. sp. 108.

Gehäuse festschalig, langeiförmig, mit stumpfkegelförmigem Gewinde, einfarbig kastanienbraun. Die sechs Umgänge sind regelmässig gewölbt, durch eine mässig tiefe Naht geschieden; die Embryonalwindungen sind glatt, flach eingewunden; die übrigen sind sehr elegant mit feinen Spiralreifen umzogen und haben (auf dem letzten Umgang 10—12) Rippenfalten, die nach der Basis hin verschwinden; die zehn Spiralreifen dagegen, welche über die Rippen und Zwischenräume gleichmässig hinweglaufen, werden nach der Basis hin deutlicher und häufiger; eine stärkere und 4—5 schwächere laufen bis auf den Spindel-callus. Die Mündung ist ziemlich eirund, mittelgross, weisslich; der Mundrand ist fest-schalig, aussen sehr callös, innen glatt, mit einer flachen Zwischenpartie, unten sehr vor-gezogen, gebogen; die Spindel ist einfach, stark, gebogen; der Mundsaum ist zusammen-hängend, an der Spindel und an der Vereinigung umgeschlagen, an der Aussenlippe und der Basis aufgerichtet; er lässt eine ganz feine Ritze übrig.

Watson unterscheidet eine var. spreta (l. c. p. 373 t. 34 fig. 9), mit gerundeteren Windungen, reiner ovalerer Mündung ohne Ecke an der Basis und nicht so deutlicher weisser Färbung an Basis und Mündung.

Aufenthalt an den Kanaren und Madera; Abbildung und Beschreibung nach Man-zoni l. c.

65. Rissoa (Alvania) interfossa Nevill.

Taf. 19. Fig. 16.

Testa ovato-conoidea, solidula, pallide fulva; spira sat producta, apice acutiusculo; anfractus 6 convexiusculi, supra applanati, liris spiralibus granulatis 3 in anfractibus spirae, 5 in ultimo, liris-que duabus basalibus haud granulosis ornati; sutura profunde impressa; anfractus ultimus leviter in-flatus, spirae longitudinem subaequans. Apertura ovata, mediocris, supra acuminata, basi patula, labro incrassato, margine erecto interposito vix continuo.

Long. 2 Mm.

Rissoa interfossa Nevill in sched.

Gehäuse eiförmig-kegelförmig, ziemlich festschalig, blassbräunlich, mit ziemlich lang ausgezogenem Gewinde und spitzem Apex. Die sechs Umgänge sind ziemlich gewölbt, oben abgeflacht; sie werden von drei gekörnelten Reifen umzogen; auf dem letzten sind sieben nach der Basis hin an Stärke zunehmende Reifen, von denen die beiden untersten nicht gekörnelt sind. Die Naht ist tief eingedrückt. Der letzte Umgang ist etwas auf-geblasen, kaum so lang wie das Gewinde. Die Mündung ist mittelgross, eiförmig, oben spitz, unten ausgegossen; der Mundsaum ist breit, aussen verdickt, in der Mitte mit vor-gezogenem, aber nicht ringsum laufendem Rand.

Aufenthalt im indischen Ocean, die Abbildung nach einem Originalexemplar von Nevill. (Die nach dem Original angefertigte Beschreibung ging leider verloren. Die vor-stehende ist nach der Abbildung entworfen).

66. Rissoa (Cingula) tumidula Sars.

Taf. 20. Fig. 1. 4.

Testa tenuis, minuta, semipellucida, cornea, tumidula, fere globosa, spira brevi, apice obtuso; anfractibus 4 valde ventricosis, ultimo aequaliter convexo, spira longiore, sutura profundissima, apertura irregulariter orbiculari, subangulata, umbilico distincto, rimaeformi. Superficies lineis spiralibus numerosis tenuissimis ubique obducta. — Sars. —

Long. 2½ Mm.

Cingula tumidula Sars Moll. reg. arct. Norveg. p. 174 tab. 10 fig. 2 a. b. Kobelt Synopsis 1878 p. 37.

Gehäuse winzig klein, dünnschalig, halbdurchsichtig, hornfarben, aufgetrieben, fast kugelig, mit kurzem Gewinde und stumpfem Apex. Die vier Umgänge sind sehr bauchig, ganz dicht und fein spiralgestreift, durch eine sehr tiefe Naht geschieden; der letzte ist gleichmässig gerundet und länger als das Gewinde. Die Mündung ist unregelmässig kreisrund, leicht eckig, mit deutlichem, ritzförmigem Nabel.

Aufenthalt an Nordnorwegen. Abbildung und Beschreibung nach Sars l. c.

67. Rissoa (Cingula) castanea Möller.

Taf. 20. Fig. 2. 3.

Testa imperforata, solidiuscula, opaca, obscure fuscata vel castanea, sat ventricosa, forma ovata, spira parum elongata, apice obtuse rotundato; anfractibus 4½, aequaliter convexis, ultimo sat dilatato, dimidiam circiter testae longitudinem occupante, sutura profunde impressa, apertura ovata, labro externo aequaliter arcuato. Superficies cingulis distinctissimis sat latis aequidistantibus in anfractu ultimo circiter 12, in penultimo 7—8 obducta, anfractu primario laevissimo. — Sars.

Long. 4 Mm.

Rissoa castanea Möller Index Moll. Groenl. p. 9. Jeffreys Ann. Mag. N. H. 1876 p. 239.

Cingula — Sars Moll. arct. Norveg. p. 174 tab. 10 fig. 1.

Gehäuse undurchbohrt, ziemlich festschalig, undurchsichtig, dunkelbräunlich oder kastanienbraun, eiförmig, ziemlich bauchig, mit wenig verlängertem Gewinde und stumpf gerundetem Apex. Es sind 4½ Umgänge vorhanden; dieselben sind gleichmässig gewölbt, der letzte ziemlich verbreitert, halb so lang wie das Gehäuse; die Naht ist tief eingedrückt; die Mündung ist eirund, die Aussenlippe gleichmässig gerundet. Die Oberfläche ist mit ziemlich breiten, gleichweit entfernt stehenden flachen Reifen skulptirt, von denen auf dem letzten Umgang etwa 12, auf dem vorletzten 7—8 stehen; das Embryonalende ist völlig glatt.

Aufenthalt im hohen Norden; Abbildung und Beschreibung nach Sars l. c.

68. Rissoa turgida Jeffreys.

Taf. 20. Fig. 5. 8.

Testa minuta, tenuis, pellucida, uniformiter alba vel pallide flavescens, forma ovato-conoidea, spira breviuscula, apice obtuse rotundato; anfractibus 5 convexis, ultimo tumido basin versus latiore, $^2/_3$ testae longitudinis occupante, sutura distincte impressa; apertura oblique expansa, rotundato-ovata, labro externo aequaliter arcuato, tenui, laevi, varice nullo, interno supine inconspicuo, rima umbilicali distincta. Superficies laevissima, nitidula, ad peripheriam linea spirali singula distincta (in speciminibus arcticis tamen subobsoleta) obducta. — Sars. —

Long. 2,2 Mm.

Rissoa soluta var. laevis M. Sars·Bidr. Kundsk. Christianiafj. Fauna II.
— turgida Jeffreys Ann. Mag N. Hist. 1870.
— — G. O. Sars Moll. arct. Norveg. p. 183 tab. 10 fig. 12.

Gehäuse winzig klein, dünnschalig, durchscheinend, einfarbig weiss oder blassgelb, von etwas kegeliger Eiform, mit kurzem Gewinde und stumpf gerundetem Apex. Die fünf Umgänge sind gewölbt, der letzte aufgeblasen, nach der Basis hin verbreitert, zwei Drittel des Gehäuses ausmachend; die Naht ist deutlich eingedrückt. Die Mündung ist schräg ausgebreitet, rundeiförmig, die Aussenlippe gleichmässig gerundet, dünn, glatt, ohne Varix, die Innenlippe oben unsichtbar, unten eine deutliche Nabelritze freilassend. Die Oberfläche ist ganz glatt und glänzend, nur an der Peripherie steht eine einzelne Spiralleiste, die aber bei arktischen Exemplaren nicht selten obsolet ist.

Aufenthalt an Nordnorwegen. Abbildung und Beschreibung nach Sars l. c.

69. Rissoa (Onoba) aculeus Gould.

Taf. 20. Fig. 6. 7.

Testa solidiuscula, uniformiter albida vel pallide flavescens, subopaca, forma cylindro-conica, spira producta, leviter modo attenuata, apice obtusiusculo; anfractibus 6 sat convexis, ultimo spira breviore, basi leviter obliquata; sutura profunde impressa; apertura ovata inferne ampliore, labro externo plano, varice nulla. Superficies striis spiralibus bene conspicuis obducta, plicis longitudinalibus vero nullis. — Sars. —

Long. 4 Mm.

Cingula aculeus Gould Invert. Mass. Ed. 1 p. 266 fig. 172. de Kay New York Moll. p. 111 pl. 6 fig. 115.
Rissoa — Gould and Binney Invert. Mass. p. 222 fig. 172.
Onoba — Sars Moll. lit. arct. Norveg. p. 172 tab. 9 fig. 12.
Rissoa saxatilis Möller Moll. Groenl.
— arctica Loven.

Gehäuse undurchbohrt, ziemlich festschalig, walzig kegelförmig, einfach weisslich oder ganz blassgelb, ziemlich undurchsichtig; Gewinde lang ausgezogen, nur wenig verschmälert, mit ziemlich stumpfem Apex. Die sechs Umgänge sind ziemlich gewölbt, der letzte ist kürzer als das Gewinde, an der Basis etwas schief; die Naht ist tief eingedrückt. Die Mündung ist eiförmig, unten weiter, die Aussenlippe einfach, ohne Varix. Die Oberfläche zeigt zahlreiche Spirallinien, aber keine Falten.

Aufenthalt im nördlichen Eismeer, an Nordnorwegen, Grönland und Nordamerika bis Massachusetts herab; Abbildung und Beschreibung nach Sars.

Jeffreys erklärt diese Art für die arktische und amerikanische Varietät von Rissoa striata Adams, und zieht auch multilineata Stimpson und minutissima Mich. hierher.

70. Rissoa laevis Monterosato*).

Taf. 20. Fig. 9. 12.

Monterosato (Journal de Conchyliologie XXV. 1877 p. 36) sagt von dieser Art nur: „Une autre nouveauté des plages de l'Algérie. Sa solidité et les dents de son ouverture la rendent facile à distinguer de ses congénères". Die Abbildung Taf. 3 Fig. 9 zeigt aber gar keine Zähne und wird von Monterosato selbst (Enum. e Sinon. p. 27), wo er die Art zu seiner neuen Gattung Peringiella stellt, als schlecht bezeichnet. In seiner neuesten Arbeit im Naturalista siciliano führt er sie indess bei dieser Gattung nicht auf.

71. Rissoa aurita Monterosato.

Taf. 20. Fig. 10. 11.

Testa R. semistriatae Mtg. valde vicina, differt anfractibus spirae magis convexis et sculptura, impressiones punctiformes distinctissimas tantum exhibente.

Long. 2 Mm.

Rissoa aurita Monterosato Journal de Conchyl. XXV p. 35 tab. 3 fig. 7. Enumer. e Sinon. p. 25.

Diese Art ist in der Form der R. semistriata Mtg. sehr ähnlich, hat aber bauchigere Gewindeumgänge und ihre Skulptur besteht nur aus tief eingedrückten lochförmigen Vertiefungen. Grösse und allgemeine Gestalt ähneln sehr der R. Novarensis von den Kanaren.

---

*) Monterosato hat von dieser und den folgenden Arten nur kurze Charakteristiken, aber keine Diagnosen gegeben; wir können beim Mangel von Originalexemplaren nichts thun, als dieselben reproduziren.

72. Rissoa seminulum Monterosato.

Taf. 20. Fig. 13. 14.

Differt ab R. glabrata Mühlf. testa majore, apertura magis producta, peristomate rufomarginato. Monterosato.

Rissoa seminulum Monterosato Journal de Conchyl. XXV. 1877 p. 35 tab. 3 fig. 8. (Pisinna) Enum. e Sinou. p. 26.

„La forme, la nature du test et la coloration de cette coquille me font douter que ce puisse être une espèce de Barleeia et je pense que cette opinion pourra bien se confirmer lorsqu'on connaîtra l'animal et l'opercule". Mts.

Hab. Sidi Feruch, espèce littorale.

73. Rissoa abjecta Watson.

Taf. 20. Fig. 15.

Testa parva, conico-oblonga, solidiuscula, opaca, lutescenti-albida, unicolor, apice tantum saturatiore; anfractus 5—6 subplanati vix convexiusculi, sutura rectiuscula, subfilari, leviter canaliculata discreti, sub lento tantum lineis incrementi spiralibusque minutissimis sculpti. Apertura ovata, supra vix acuminata, labro externo tenui, regulariter arcuato, marginibus callo tenui continuis.

Long. 2 Mm.

Rissoa abjecta Watson Proc. zool. Soc. 1873 p. 385 tab. 36 fig. 23.

Gehäuse klein, langeiförmig, etwas kegelförmig, ziemlich festschalig, undurchsichtig, einfarbig gelblichweiss, nur der Apex etwas lebhafter gefärbt; die 5—6 Umgänge sind ziemlich flach, kaum gewölbt, doch unten zu einer leichten Kante neigend, durch eine ziemlich gerade, fadenförmige, leicht rinnenförmige Naht geschieden, nur mit ganz feinen, fast mikroskopischen Spiral- und Anwachslinien skulptirt. Die Mündung ist eirund, oben kaum zugespitzt; der Mundsaum ist zusammenhängend, die Aussenlippe dünn, doch nicht scharf, regelmässig gerundet; der Spindelrand lässt einen schmalen Nabelritz frei.

Aufenthalt an Madera. Abbildung und Beschreibung nach Watson l. c.

Reeve vereinigt diese Art mit R. perminima Manz.

74. Rissoa vitrea Montagu.

Taf. 20. Fig. 16.

Testa subcylindrica, tenuis, semipellucida, vitracea, pallide albido-flava, laevis, sub lente fortiore tantum subtilissime spiraliter striata; spira gracilis, elongata, subite truncata. Anfractus 6 convexi, oblique convoluti, inferi tres fere aequales, ultimus ¹/₃ spirae longitudinis aequans; sutura profunda.

Apertura exacte ovalis, parva, leviter expansa; labrum tenue, contractum, superne incurvum; labium reflexiusculum.

Long. 4 Mm.

Turbo vitreus Montagu Test. Brit. p. 321 tab. 12 fig. 3. Wood Index testac. tab. 31 fig. 52.

Rissoa vitrea Brown Illustr. Conch. p. 13 tab 9 fig. 31. Forbes and Hanley Brit. Moll. III. p. 125 tab. 75 fig. 5. 6. Sowerby Illustr. Index tab. 13 fig. 27. Jeffreys Brit. Conch. IV. p. 40 tab. 68 fig. 4. Monteros. Nuov. Riv. p. 28 Nr. 454.

Hyala vitrea Chenu Manuel I p. 305 fig. 2154.

Cingula vitrea Weinkauff Mittelmeerconch. II. p. 279.

— glabrata Fleming British Anim. nec Mühlfeldt.

Rissoa crystallina Brown et virginea Brown fide Jeffreys.

Gehäuse fast walzig, dünnschalig, durchscheinend, glasartig, ganz blassgelb, aber an der Luft rasch ausbleichend, glatt, nur unter einer sehr starken Vergrösserung eine feine Spiralstreifung zeigend. Das Gewinde ist ziemlich lang und schlank, oben ganz plötzlich abgestutzt, mit tiefer schräger Naht. Die sechs Umgänge sind gewölbt, etwas locker und schräg aufgewunden, die drei letzten sind gleichbreit, der letzte ist zwei Drittel so lang wie das Gewinde. Die Mündung ist genau eirund, klein, etwas ausgebreitet; der Aussenrand ist dünn, zusammengezogen, oben etwas eingekrümmt, die Innenlippe etwas umgeschlagen und mehr oder minder abstehend.

Aufenthalt von der Nordsee bis zum Mittelmeer; Abbildung und Beschreibung nach Jeffreys l. c.

75. Rissoa (Alvania) Jeffreysi Waller.

Taf. 21. Fig. 1. 4.

Testa alba, in speciminibus viventibus fusco-cinerea, semipellucida, forma conico-ovata, subturrita, spira leviter modo attenuata, apice obtuso; anfractibus 5 convexis, subangulatis, ultimo haud multo dilatato, dimidiam circiter testae longitudinem occupante; sutura profunda, canaliculata; apertura rotundato-ovata, labro externo sat arcuato, varice parum elevata. Superficies costellis obducta spiralibus sat prominentibus, in anfractu ultimo circiter 10, in penultimo 3, lineis longitudinalibus arcuatis minus elevatis in basi evanidis decussatis. — Sars.

Long. 3,5 Mm.

Rissoa Jeffreysi Waller Ann. Mag. N. H. (3) vol. XIV. p. 136. Jeffreys Brit. Conch. IV. p. 15 tab. 66 fig. 7. Proc. zool. Soc. 1884 p. 112.

— sororcula Granata Grillo fide Jeffreys.

Gehäuse bei lebenden Exemplaren graubraun, bei todten meistens weisslich, halbdurchsichtig, eiförmig-kegelförmig, etwas gethürmt, mit nur wenig verschmälertem Gewinde und stumpfem Apex. Die fünf Umgänge sind gut gewölbt, undeutlich kantig, der letzte nur wenig verbreitert, ungefähr halb so lang wie das Gehäuse. Die Naht ist tief und rinnenförmig. Die Mündung ist rundeiförmig, die Aussenlippe mit einem ziemlich flachen Varix. Die Skulptur besteht aus ziemlich vorspringenden Spiralreifen, von denen auf dem letzten Umgang etwa 10, auf dem vorletzten nur drei stehen; sie werden durch flachere gebogene, nach der Basis hin verschwindende Rippchen geschnitten.

Aufenthalt im Tiefwasser der Nordsee bis nach den Lofoten hinauf, doch auch im Mittelmeer; Abbildung und Beschreibung nach Sars l. c.

76. Rissoa (Alvania) cimicoides Forbes.
Taf. 21. Fig. 2. 3.

Testa solida, opaca, in speciminibus viventibus colore fuscato, forma conico-ovata, spira sat producta et attenuata, apice acuto; anfractibus 7 — 8 medio applanatis, ultimo dilatato spira paulo breviore; sutura profundius canaliculata; apertura rotundato-ovata, varice externa valida. Superficies conspicue cancellata, plicis longitudinalibus latiusculis basin versus evanidis, cingulis angustis, magis elevatis, undulatis, in anfractu ultimo circiter 10, in penultimo 4—5 decussatis, punctis intersectionis nodulosis. — Sars. —

Long. 5¹/₂ Mm.

Rissoa cimicoides Forbes Rep. Aeg. Invert. p. 189. Sowerby Illustr. Ind. Brit. Shell tab. 13 fig. G. Jeffreys British Conch. IV. p. 14.

Alvania — Weinkauff Mittelmeerconch. II. p. 304. Sars Moll. lit. arct. Norveg. p. 176 tab. 10 fig. 4.

Rissoa sculpta Forbes and Hanley Brit. Moll. vol. III p. 88 tab. 80 fig. 5. 6, nec Philippi.

— intermedia Aradas fide Monterosato.

Gehäuse festschalig, undurchsichtig, bei frischen Exemplaren bräunlich, eiförmig-kegelförmig mit ziemlich langgezogenem, verschmälertem Gewinde und spitzem Apex. Die 7—8 Umgänge sind in der Mitte abgeflacht und werden durch eine ziemlich tiefe Naht geschieden; der letzte ist verbreitert, etwas kürzer als das Gewinde; die Mündung ist rundeiförmig mit starkem Varix an der Aussenlippe. Die Skulptur ist deutlich gitterförmig, aus breiten, nach der Basis hin verschwindenden Rippenfalten und höheren wellenförmigen Spiralgürteln, von denen auf dem letzten Umgang 10, auf dem vorletzten 4—5 stehen, zusammengesetzt, die Kreuzungspunkte sind zu Knötchen verdickt.

Aufenthalt von Norwegen bis zum Mittelmeer herunter; die Abbildung nach Sars l. c.

77. Rissoa (Alvania) zetlandica Montagu.
Taf. 21. Fig. 5. 8.

Testa oblongo-ovata, solida, subturrita, opaca, albida, spira acute producta; anfractus 7 sensim crescentes, sutura profunda discreti, superne contabulati, dein angulati, costellis spiralibus longitudinalibusque distantibus, fere aequalibus fortiter cancellati, liris ad intersectionem fere muricatis; anfractus ultimus spirae longitudinem haud attingens, liris spiralibus 5, basalibus magis prominentibus, costiaque basin versus evanidis sculptus. Apertura rotundata oblique erpansa, labro sat incrassato, inferne aequaliter arcuato. — Sars.

Long. 5 Mm.

Turbo zellandicus Montagu Trans. Linn. Soc. XI. p. 194 tab. 13 fig. 3.

Rissoa cyclostoma Recluz Revue zool. 1843 p. 101.

Cingula scalariformis Thorpe Brit. mar. Conch. p. 42 fig. 69.

Rissoa zetlandica Loven Ind. Moll. p. 156. Forbes and Hanley Brit. Moll. III. p. 78 tab. 80 fig. 1. 2. Sowerby Illustr. Index tab. 13 fig. 7. Jeffreys Brit. Conch. IV. p. 20 tab. 67 fig. 5. Monterosato Nuova Rivista p. 27 Nr. 427.

Alvania — Weinkauff Mittelmeerconch. II. p. 314. Sars Moll. reg. arct. Norveg. p. 177 t. 10 fig. 7.

Gehäuse länglich-eiförmig, etwas gethürmt, festschalig, undurchsichtig, weisslich, mit spitz ausgezogenem Gewinde; die sieben langsam zunehmenden Umgänge sind durch eine tiefe, fast rinnenförmige Naht geschieden, obenher abgeflacht, dann kantig, und sehr scharf gegittert; die Skulptur besteht aus entferntstehenden, ziemlich gleichstarken Rippen und Spiralreifen, welche an den Schnittpunkten förmlich gestachelt sind. Auf dem letzten Umgang, der etwas kürzer ist als das Gewinde, sind fünf Spiralleisten sichtbar; die unteren sind stärker, fast lamellenförmig; die Rippen verschwinden dagegen nach der Basis hin. Die Mündung ist rundlich, schräg ausgebreitet, die Aussenlippe erheblich verdickt und nach unten gleichmässig gerundet, nicht abgestutzt.

Aufenthalt von Norwegen bis zum Mittelmeer herab, auch fossil im Wiener Becken und im englischen Crag. Die Abbildung Copie nach Sars l. c.

78. Rissoa clathrata Philippi.

Taf. 21. Fig. 9. 12.

Testa oblongo-acuta, solidula, fuscescens, spira sat producta; anfractus 7 rotundati, regulariter crescentes, regulariterque clathrati; anfr. spirae liris spiralibus tribus, utrinque a sutura magis remotis quam inter se, ultimus liris 6 costellisque angustissimis circa 12 sculptus. Apertura ⁷/₉ longitudinis spirae superans, labro extus incrassato lineis transversis excurrentibus abbreviatis circa 9 sculpto.

Long. 3³/₄, lat. vix 2 Mm.

Rissoa clathrata Philippi Enum. Moll. Siciliae II. p. 223 tab. 28 fig. 20. Monterosato Nuova Rivista p. 26 Nr. 420.

Gehäuse spitzeiförmig, ziemlich festschalig, hellbräunlich, mit ziemlich langem Gewinde und spitzem Apex. Die sieben gerundeten Umgänge nehmen regelmässig zu und sind sehr regelmässig und elegant gegittert; auf den oberen verlaufen drei Spiralreifen, die beiderseits von der Naht weiter entfernt sind, als von einander, auf dem letzten sind es sechs. Die Rippchen sind sehr schmal, auf dem letzten Umgang stehen etwa 12.

Die Mündung ist nur etwa zwei Drittel so lang wie das Gewinde, rundeiförmig, nur wenig zugespitzt, die Aussenlippe verdickt, aussen mit den durchlaufenden Spiralreifen, zwischen welche sich noch andere feinere einschieben, rauh skulptirt, innen mit etwa 9 kurzen erhabenen Linien versehen.

Anfenthalt in Mittelmeer und Adria; Abbildung und Beschreibung nach Philippi l. c.

79. Rissoa reticulata Montagu.

Taf. 21. Fig. 10. 11.

Testa imperforata, oblonga, solida, fere opaca, pallide luteofusca, interdum indistincte bifasciata, fascia supera prope suturam, infera infra peripheriam sita; spira acuta. Anfractus 6—7 convexiusculi, sensim crescentes, sutura anguste excavata discreti, costulis numerosis leviter curvatis lirisque distinctioribus filiformibus reticulata, intersectionibus interdum nodulosis; anfractus ultimus spirae $^3/_5$ aequans, quam penultimus vix latior. Apertura rotundato-ovata, subexpansa, labro intus striato, extus varice striato munito, labio interno laevi, reflexo, sulculum, sed minime perforationem relinquente.

Long. 4 Mm.

Turbo reticulatus Montagu Testac. Brit. p. 322 tab. 21 fig. 1.

Rissoa — Jeffreys British Conchol. IV. p. 12 tab. 66 fig. 5. Monterosato Nuova Rivista p. 26 Nr. 421. Weinkauff in Bull. malac. ital. III p. 131. Bucquoy Dautzenberg et Dollfus Moll. Roussillon t. 36 fig. 4—6.

— Beanii Forbes and Hanley Brit. Moll. III. p. 84 tab. 79 fig. 5. 6. Reeve Conch. icon. sp. 37.

Alvania Brocchii Weinkauff Mittelmeerconch. II. p. 450.

Gehäuse undurchbohrt, länglich, festschalig, fast undurchsichtig, blass gelblichbraun, häufig mit zwei nicht sehr deutlichen Binden, von denen die eine dicht unter der Naht, die andere unterhalb der Peripherie verläuft; das Gewinde läuft spitz zu. Die 6—7 Umgänge sind leicht gewölbt und nehmen regelmässig und allmählig zu; sie werden durch eine schmale, aber ausgehöhlte Naht geschieden. Die Skulptur besteht aus zahlreichen leicht gekrümmten, nicht sehr starken konzentrischen Rippen und ebenso zahlreichen, aber stärkeren fadenförmigen Spiralreifen, die an den Schnittstellen mitunter leichte Knötchen bilden, doch nur auf der Oberseite des letzten Umgangs; nach der Basis hin verschwinden auch die Rippen gewöhnlich ganz. Der letzte Umgang ist nur drei Fünftel so lang wie das Gewinde und kaum breiter wie der vorletzte. Die Mündung ist rundeiförmig, etwas nach aussen ausgebreitet, im Gaumen leicht den Spiralreifen entsprechend gefurcht; die Aussenlippe ist dünn und schmal, dahinter steht eine Rippe, die mitunter zu einem förmlichen Varix verdickt ist und von den Spiralreifen skulptirt wird; die Innenlippe ist etwas zurückgeschlagen, so dass hinter ihr wohl eine flache Grube, aber keine Perforation bleibt.

Aufenthalt im atlantischen Ozean und im Mittelmeer.

80. Rissoa algeriana Monterosato.

Taf. 21. Fig. 13. 16.

„Espéce appartenant au même groupe que les précédentes, à forme élancée, à côtes brusquement interrompues et à coloration tont spéciale. Var. rufula: même forme avec une coloration ronssâtre uniforme. Ces deux formes ont été trouvées l'une et l'autre à Alger et à Mustapha. On ne les connait point d'ailleurs. Espèce littorale". — Monterosato.

Rissoa algeriana Monterosato, Journ. Conch. XXV. 1877. p. 34 tab. 3 fig. 5. — Enum. e Sinonim. p. 24.

Der Abbildung nach wäre noch zuzufügen, dass die Färbung in einer unterbrochenen Binde unter der Naht und drei ähnlichen an der Basis des letzten Umganges besteht. Ob diese Unterschiede hinreichen, um ihre Abtrennung von R. Montagui zu begründen, steht dahin; mir scheint sie ganz gut als Varietät davon betrachtet werden zu können.

81. Rissoa (Alvania) Weinkauffi Schwarz.

Taf. 21. Fig. 14. 15.

Testa tenuis, albida vel flavida, subpellucida, nitidiuscula, conico-oblonga; spira acuta; anfractus sex convexi, superne scalati, costulis longitudinalibus spiralibusque profunde clathrati, sutura incisa sejuncti; anfractus ultimus costulis longitudinalibus 16—18 rectis et continuis instructus; apertura ovata; labrum erectum subsinuatum varice striis transversis nonnullis ornato incrassatum, intus laevigatum.

Long. 3, 1, lat. 1, 4 Mm.

Rissoa dictyophora Weinkauff Journal de Conch. X. p. 339, nec Philippi. — Monterosato Nuova Rivista p. 27 Nr. 424.

Alvania Weinkauffi Schwarz mss. Weinkauff Mittelmeerconch. II. p. 312. — Monterosato Journ. Conch. XXV. p. 34 tab 3 fig. 4. Natural. Sicil. III. p. 100.

Schale zart, halbdurchscheinend, weiss oder gelblich, ziemlich glänzend, konisch verlängert mit zugespitztem Gewinde und geraden Aussenlinien, mit stark gewölbten, oben etwas treppenförmig abgesetzten und sehr scharf und tief gegitterten Windungen, welche durch eine tief eingezogene Naht getrennt werden. Die beiden oberen Embryonalwindungen sind glatt, die folgenden mit zwei und die letzte mit 6 scharfen Querreifen versehen, welche von 16—18 geraden Rippchen gekreuzt werden und ein sehr schönes regelmässiges erhabenes Netz bilden. Die Längsrippchen setzen am unteren Theil der letzten Windung bis zur Mündung fort, nur bilden sie dort mit den Spiralreifen so kein ausgebildetes Netz. Die Mündung ist oval, gerade, im oberen Winkel zugerundet; die Aussenlippe ist aufrecht, etwas geschweift, aussen mit einem Wulst verdickt, über welchem noch die starken Spirallinien und zwischen ihnen auch ganz feine Längslinien sichtbar sind. Innen ist die Mündung glatt.

I. 22.

Aufenthalt im Mittelmeer, an Algerien und Sicilien. Exemplare von letzterem Fundort haben nach Monterosato dünnere Schale und feinere Skulptur, aber trotzdem stärker vorspringende Kiele.

82. Rissoa pagodula Bucquoy.

Taf. 22. Fig. 1. 4.

Testa clavata, turrita, fusca, solidula; anfractibus 6 planatis, in medio subcarinatis, costellis longitudinalibus (in ultimo anfractu 12) cingulisque transversis (in ultimo anfractu 5) instructis, cingulis duobus superioribus tubercula efformantibus; sutura profunda; apertura subrotunda, marginata, subeffusa, tertiam spirae partem aequante; umbilico nullo. — Jeffreys.

Long. 2 Mm.

Rissoa Philippiana Jeffreys — Capellini Test. Piem. p. 58 fig. 4. 5. — Jeffreys Ann. Mag. N. II. XVII. p. 183, nec. Nyst.

Alvania — Weinkauff, Mittelmeerconch. II. p. 311.

Rissoa Lanciae (non Calcara) Monterosato Nuov. Rivista p. 27 Nr. 425. — Jeffreys Proc. zool. Soc. 1844 p. 114.

Rissoa pagodula Bucquoy Dautzenberg et Dollfus Moll. Roussillon p. 296 tab. 56 fig. 23—26.

Gehäuse eiförmig-kegelförmig, fast keulenförmig, ziemlich festschalig, bräunlich, undurchbohrt. Sechs flache in der Mitte undeutlich gekantete Umgänge, welche gitterförmig skulptirt sind; auf dem letzten Umgang zählt man etwa 12 concentrische Rippen und 5 Spiralreifen, von denen die beiden oberen beim Uebergang über die Rippen knotig verdickt sind; die Naht ist tief. Die Mündung ist fast kreisrund, ein Drittel so lang wie das Gehäuse, nach unten etwas ausgegossen; der Mundrand ist zusammenhängend.

Aufenthalt im Mittelmeer; Abbildung und Beschreibung nach Jeffreys-Capellini l. c.

Monterosato nennt diese Art in der Nuova Rivista Lanciae Calc. und vereinigt Alvania tessellata Schw. als Varietät damit. Auch Jeffreys nimmt den Calcara'schen Namen an, obschon er selbst die Originalbeschreibung „too short" nennt. In seiner neuesten Arbeit im Naturalista Siciliano stellt M. sie dagegen in seine Section Alvinia, Lanciae dagegen zu Alvania; dieses Schwanken wäre natürlich eine Ursache mehr, den gutbegründeten Jeffreys'schen Namen beizubehalten, wenn dieser nicht bereits durch Nyst vergeben wäre. Die Herren Bucquoy, Dautzenberg, Dollfus waren somit im Recht, sie neu zu benennen.

83. Rissoa (Alvania) calathus Forbes and Hanley.

Taf. 22. Fig. 2.

Testa affinis R. reticulatae sed magis conica et rudius sculpta, striis longitudinalibus prominentioribus, anfractu penultimo quam ultimo angustiore et plerumque liris spiralibus 4 tantum (rarius 5 vel 6) sculpto. Color sicut in R. reticulata. — Jeffreys.

Long. 4 Mm.

Rissoa calathus Forbes and Hanley Brit. Moll. III. p. 82 tab. 78 fig. 3. — Jeffreys Brit.
Conch. IV. p. 11 tab. 66 fig. 4. — Hidalgo Journ. de Conch. XV. p. 391.
— Monterosato Nuova Rivista p. 26 Nr. 419.
Alvania calathus Weinkauff Mittelmeerconch. II. p. 304.

Gehäuse dem von R. reticulata ungemein ähnlich, besonders in Grösse und Färbung
sowie in der Mündungsbildung vollkommen übereinstimmend, aber etwas kegelförmiger
und gröber skulptirt, die Längsreifen vorspringender; auch stehen auf dem vorletzten
Umgang, der im Vergleich zum letzten schmaler ist, gewöhnlich nur vier, und nur aus-
nahmsweise auch 5 und 6 Spiralreifen.

Aufenthalt in Nordsee und Mittelmeer; Abbildung nach Jeffreys, welcher die Art
mit grossem Misstrauen betrachtet.

84. Rissoa scabra Philippi.

Taf. 22. Fig. 3.

Testa oblonga, conica, acuta, alba, maculis rufis magnis ornata; anfractus 6 parum convexi,
costulato-plicati, plicis circa 14 lirisque spiralibus in anfractu ultimo 7, in penultimo 4, in antepenul-
timo 2, ad intersectiones mamillatim tuberculatis sculpti, costis in anfractu ultimo evanidis. Apertura
ovata, spirae dimidiam vix superans, labro extus incrassato, intus sulcato. —

Long. 3 Mm.

Rissoa scabra Philippi Enum. Moll. Siciliae II. p. 126 tab. 23 fig. 8. — Requien Coq.
Corse p. 55. — Weinkauff Mittelmeerconch. II. p. 507. — Monterosato
Nuova Rivista p. 27 Nr. 437. Enumer. e Sinon. p. 25. Natural. Siciliano
III. p. 160.

Gehäuse länglich kegelförmig, mit spitzem Gewinde, weiss mit grossen röthlichen
Flecken. Die sechs Umgänge sind nur wenig gewölbt und sehr scharf gitterförmig skulptirt, mit sieben scharfen Spiralkielen auf dem letzten, vier auf dem vorletzten und zwei
auf dem dritten Umgang, sowie scharfen concentrischen Rippchen; an den Schnittstellen
bilden sie warzenförmige Höcker; die Rippen verschwinden auf dem letzten Umgang.
Die Mündung ist eirund, kaum halb so lang wie das Gewinde; der Mundrand ist aussen
verdickt, innen gefurcht.

Aufenthalt im Mittelmeer; Abbildung und Beschreibung nach Philippi l. c.

Diese Art steht zwischen R. rudis und Montagui; von ersterer unterscheidet sie sich durch die
verdickte, innen gefurchte Aussenlippe, von letzterer durch geringere Grösse und weniger zahlreiche,
entferntstehende Reifen.

85. Rissoa aspera Philippi.

Taf. 22. Fig. 5.

Testa oblongo-conoidea, solidula, albida, liris transversis pallide fulvis, fascia rufescente ad basin anfractus ultimi ornata; anfractus 6—7 valde convexi, liris spiralibus elevatis, regularibus, 6 in anfractibus spirae, 9 in ultimo, costisque 8—9 tumidis, convexis, superne inferneque evanidis sculpti. Apertura exacte ovata, utrinque rotundata, tertiam totius longitudinis partem occupans; labrum extus costa majore marginatum, intus dentato-sulcatum; labium valde distinctum, laeve, lilacinum.

Long. 6 Mm.

Rissoa aspera Philippi Enum. Moll. Sicil. II. p. 126 tab. 22 fig. 6. — Brusina Contrib. p. 27. — Monterosato Enum. e Sinonim. p. 24.

Alvania — Weinkauff Mittelmeerconch. II. p. 388.

Alvania costulosa (Risso) Schwarz teste Weinkauff.

Rissoa variegata Dan. e Sandri fide Monterosato.

Gehäuse langkegelförmig, ziemlich festschalig, weisslich mit braunen Spirallinien und einer röthlichen Binde an der Basis des letzten Umganges. Die 6—7 Umgänge sind sehr gewölbt, mit 8—9 starken gewölbten, nach oben und unten hin verschwindenden Rippen skulptirt und von hohen, regelmässigen Spiralreifen umzogen, von denen 6 auf den oberen Umgängen, 9 auf dem letzten stehen. Die Mündung ist rein eirund, oben und unten gerundet, ein Drittel so lang, wie das Gehäuse; die Aussenlippe durch eine dickere Rippe verstärkt, innen gefurcht und gezahnt, die Spindellippe sehr deutlich, glatt, violett.

Aufenthalt im Mittelmeer, von Sicilien, Dalmatien und Syrien bekannt, selten. Abbildung und Beschreibung nach Philippi l. c.

86. Rissoa subcrenulata Schwarz.

Taf. 22. Fig. 6. 7.

Testa ovularis, solidula, nitens, subhyalina, alba; spira conica, sutura leviter undulata. Anfractus 6 convexi, regulariter crescentes, ultimus major; embryonales laeves, sequentes costis fortibus lirisque spiralibus vix minoribus, usque ad labrum decurrentibus reticulati, ad intersectiones distincte tuberculati. Apertura ovata, supra acuminata, basi rotundata; labrum arcuatum, extus varice prominente, denticulato incrassatum, collumella arcuata, ad basin incrassata. — Operculum corneum, tenue, paucispirum (Bucquoy).

Long. 3, diam. 1¾ Mm.

Rissoa crenulata var. minor Philippi, Enum. Moll. Sicil. II. p. 126. — Brusina Contr. Fauna Dalm. p. 56.

? Rissoa granulata Requien Coq. Corse p. 56.

Alvania subcrenulata Schwarz mss. in Appelius Conch. mar tirreno p. 191.

Rissoa Oceani Aradas et Benoit Conch. viv. Sicilia p. 197. — Jeffreys Medit. Moll. p. 12, nec d' Orb.

Rissoa subcrenulata Monterosato Enum. e Sinonim p. 24. — Dautzenberg Coq. Cannes

p. 4. — Bucquoy, Dautzenberg et Dollfus Moll. Mar. Roussillon
p. 393 tab. 36 fig. 11–13.

Acinus — Monterosato Conch. litor. mediterr. p. 21.

Gehäuse eiförmig, ziemlich festschalig, glänzend, durchscheinend, weiss, bisweilen mit zwei braunen Binden; Gewinde kegelförmig mit gewellter Naht. Die sechs Umgänge sind gut gewölbt und nehmen regelmässig zu. Der letzte ist bedeutend grösser. Die Embryonalwindungen sind glatt, die folgenden mit starken Längsrippen und kaum schwächeren Spiralreifen skulptirt, welche eine regelmässige Gitterung mit quadratischen Zwischenräumen bewirken, deren Schnittpunkte als spitze Höcker vorspringen; die Spiralreifen laufen durch bis auf den Mündungsvarix und bewirken dort eine Zähnelung. Die Mündung ist eiförmig, oben spitz, unten gerundet ohne Andeutung eines Kanals; die Aussenlippe ist gerundet, durch einen vorspringenden Varix verstärkt, die Innenlippe gebogen, unten verstärkt. Die Skulptur schimmert im Gaumen durch.

Aufenthalt im Mittelmeer.

Philippi betrachtet diese Art als eine kleinere Varietät von Rissoa crenulata Michaud = cancellata da Costa; sie unterscheidet sich von derselben aber konstant, nicht nur durch die geringere Grösse, sondern auch durch das Fehlen der rinnenförmigen Zusammendrückung an der Mündungsbasis und des Höckers unten an der Spindel.

87. Rissoa cingulata Philippi.
Taf. 22. Fig. 8.

Testa ovata, ventricosa, solidula, subtransparens; spira acuta; anfractus 6 convexi, sutura lineari discreti, embryonales laeves, sequentes liris spiralibus ad 10 sculpti lineisque incrementi subobsoletis decussati; apertura ovata, supra acuminata, basi rotundata, labro simplici.

Long. 4 Mm.

Rissoa cingulata Philippi Enum. Moll. Siciliae I. p. 152. II. p. 128 tab. 23 fig. 14. —
Aradas et Benoit Moll. mar. Siciliae p. 204. — Petit Journal de Conch.
VIII. p. 217. — Monterosato Enum. e Sinonim. p. 25.

Alvania cingulata Weinkauff Mittelmeermoll. II. p. 314.

Gehäuse eiförmig, bauchig, ziemlich festschalig doch nicht dick, etwas durchscheinend, einfarbig fahlbräunlich; das Gewinde spitz, ziemlich kurz, mit linearer Naht. Die sechs Umgänge sind gewölbt, die embryonalen glatt, die folgenden mit deutlichen Spiralreifen — circa 10 auf dem letzten Umgang — umzogen und mit weniger deutlichen Längsrippchen undeutlich decussirt. Die Mündung ist eiförmig, oben spitz, unten gerundet, der Aussenrand einfach; die Streifen laufen bis zur Mündung durch.

Aufenthalt an Sicilien; Magnisi (Thapsus) bei Syrakus, l' Ognina bei Catania und Mondello bei Palermo. Abbildung und Beschreibung nach Philippi l. c.

88. Rissoa sculptilis Monterosato.

Taf. 22. Fig. 9. 12.

Monterosato (Journal de Conchyliologie XXV. 1877 p. 35) sagt von dieser Art nur: „Cette espèce a la forme generale du Canariensis avec la coloration et la nature de test du R. rudis". — Der Abbildung, die wir copiren, nach ist sie winzig klein, kaum $1\frac{1}{2}$ Mm lang, mit kantigen Umgängen und treppenförmigem Gewinde, mit dunklen Spiralreifen skulptirt, von denen circa 10 auf dem letzten Umgange stehen; die Mündung ist eiförmig, oben spitz, unten gerundet, mit scharfem, einfachem, nicht verdicktem Mundsaum und nur unten leicht verdicktem Spindelumschlag.

Aufenthalt an Algerien, selten.

89. Rissoa Watsoni Schwarz.

Taf. 22. Fig. 10. 11.

Testa oblongo-conica, tenuis, transparens, nitens, subgradata, alba, in interstitiis prope suturam fusco maculata; anfractus $4\frac{1}{2}$ regulariter crescentes, superne applanati, dein angulati, liris 9—10 prominulis rotundatis, quarum 3 majoribus cingulati, interstitiis duplo latioribus, subtilissime decussatis, spira producta, apice hemisphaerico; sutura distincta, sed haud profunda. Apertura subcircularis, labro acuto, extus remote parum incrassato; pariete aperturali vix callosa.

Long. 2 Mm.

Rissoa Watsoni Schwarz mss. Watson Proc. zool. Soc. 1873 p. 375 tab. 35 fig. 11. — ? Monterosato Nuova Rivista p. 27 Nr. 421.

Gehäuse länglich eiförmig, fast kegelförmig, dünnschalig, durchsichtig, etwas glänzend, treppenförmig aufgebaut, weiss, mit einer braunen Fleckenreihe unter der Naht. Der $4\frac{1}{2}$ Umgänge nehmen regelmässig zu; sie sind obenher abgeflacht, dann kantig, und werden von 9—10 vorspringenden, rundlichen Spiralreifen umzogen, von denen der oberste meist viel schwächer, die drei mittleren stärker sind. Die Zwischenräume sind doppelt so breit, wie die Reifen und fein gestreift, meist auch durch feine Rippchen gegittert. Das Gewinde ist ziemlich lang vorgezogen, der Apex rein halbkugelig; die Naht ist deutlich, aber meist tief eingedrückt. Die Mündung ist ziemlich kreisrund, nur wenig ausgeschnitten, mit scharfer, durch einen etwas zurückliegenden Varix verdickter Aussenlippe; der Spindelcallus ist nur ganz dünn.

Aufenthalt an Madera; Abbildung und Beschreibung nach Watson l. c. — Monterosato gibt die Art auch aus dem Mittelmeer an, doch bestreitet Watson die Identität, und

Monterosato selbst erklärt, dass die Mittelmeerexemplare erheblich schwächer gestreift sind, als die von Madera.

90. Rissoa Mayeni Friele em.

Taf. 22. Fig. 13.

Testa ovata, plus minusve rimata, conica, solida, rufescenti-brunnea; anfractus 5, inferi superne ira spirali cingulati, liris spiralibus rudibus, 5—8 in anfractu ultimo, in superis evanescentibus costisque concentricis prominentibus, ad liram spiralem interdum nodosis sculpti. Apertura ovato-rotundata, longitudinis ³/₇ occupans, infra subexpansa, cum columella rectiuscula angulum formans. Operculum ovale, leviter striatum, nucleo magno sublaterali. — Friele angl. —

Alt. 5, lat. 2 Mm.

Rissoa Janmayeni Friele Jan Mayens Moll. in Nyt Mag. Naturvid. 1878. Sep. Abz. p. 5 fig. 4 a. b.

Gehäuse eiförmig, mehr oder minder geritzt, kegelförmig, festschalig, röthlich braun. Es sind fünf Umgänge vorhanden, von denen der letzte oben durch eine Spiralkante umzogen wird; die Skulptur besteht aus vorspringenden concentrischen Rippen und 5—8 rauhen Spiralreifen, an der Kante bilden sie mitunter Knötchen. Die Mündung ist rundeiförmig, nicht ganz halb so lang wie das Gewinde, unten etwas ausgebreitet und mit der Spindel eine Ecke bildend. — Der Deckel ist eirund, leicht gestreift, mit grossem, etwas seitlichen Nucleus.

Aufenthalt im hohen Norden. — Abbildung und Beschreibung nach Friele l. c.

91. Rissoa (Alvania) subareolata Monterosato.

Taf. 22. Fig. 14. 15.

Testa imperforata, turriculata, translucens, fusca; spira turriculata, acuta, apice bulboso; anfractus 5 convexi, sutura profunda discreti, liris spiralibus circa 6 in anfractu ultimo, costulisque 13—14 strictiusculis subclathrata. Apertura ovata, basi rotundata, superne acuminata, labro extus incrassato; columella arcuata; area basali cingulata. — Monterosato ital.'

Long. 3, lat. 1¹/₂ Mm.

Alvania subareolata Monterosato Testac. nuov. Sicil. p. 9 fig. 3. (Alvinia) Natural. Siciliano III. p. 160.

Rissoa caribaea Monterosatato Nuova Rivista p. 27, nec. d'Orb.

Gehäuse undurchbohrt, klein, gethürmt, durchsichtig, bräunlich, mit gethürmtem spitzem Gewinde und etwas kolbigem Apex. Die f nf Umgänge sind gewölbt und werden durch eine tiefe Naht geschieden, sie haben eine Gitterskulptur, welche auf dem letzten Umgang aus etwa 6 Spiralreifen und etwa 13—14 fast gerade verlaufenden Rippchen zusammengesetzt ist. Die Mündung ist eiförmig, oben spitz, unten gerundet; die

Spindel ist gebogen, der Rand trägt aussen einen Varix. Die Basis wird durch einen Spiralreifen abgegrenzt.

Aufenthalt an Sicilien, sehr selten. Auch an Algerien und bei Neapel. Die Abbildung nach Montorosato l. c.

Monterosato vereinigt diese Art mit der allerdings sehr ähnlichen R. caribaea d' Orb. von Cuba; da diese aber weder von Watson noch von Manzoni gefunden worden, scheint die Vereinigung problematisch und Monterosato gibt sie neuerdings wieder selbst auf.

92. Rissoa tenera Philippi.
Taf. 22. Fig. 16.

Testa minuta, ovato-conoidea, tenuis, pellucida, alba; anfractus 5 parum convexi, sutura parum profunda divisi, supremi 1½ laevissimi, sequentes cingulis acutis 3, infimus cingulis 9—10 cincti, in interstitiis tenuissime longitudinaliter striati. Apertura ovata, superne angulata, spiram fere aequans; labrum simplex, cingulis excurrentibus denticulatum.

Long. vix 2 Mm.

Rissoa tenera Philippi Enum. Moll. Siciliae II. p. 128 tab. 23 fig. 15. — Monterosato Enum. e Sinonim. p. 25. Nuova Rivista p. 27 Nr. 440.

Alvania tenera Weinkauff Mittelmeerconchyl. II. p. 314.

Gehäuse klein, eiförmig kegelförmig, dünnschalig, durchsichtig, weiss, die fünf Umgänge sind nur wenig gewölbt und werden durch eine ziemlich flache Naht geschieden; die ersten 1½ sind glatt, die folgenden mit Spiralreifen umzogen, von denen auf den oberen Umgängen drei, auf dem letzten 9—10 stehen; die Zwischenräume sind fein gestreift. Die Mündung ist eiförmig, oben eckig, ziemlich so hoch wie das Gewinde; der Mundrand ist einfach, durch die auslaufenden Rippen gezähnelt.

Aufenthalt im Mittelmeer, bis jetzt, wie es scheint, nur von Philippi an der Halbinsel Magnisi (Thapsus) bei Syrakus gefunden. Abbildung und Beschreibung nach Philippi l. c.

93. Rissoa Fischeri Jeffreys.
Taf. 23. Fig. 1. 2.

Testa imperforata ovata, solidula, opaca, haud nitens; anfractus 5 modice convexi, rapide crescentes, primus laevis, secundus vix costatus, inferi costis distinctis 14—16 in penultimo, 16—18 in ultimo sculpti lirisque spiralibus aequalibus distinctis, 4 in penultimo, 6—8 in ultimo decussati, interstitiis obliquis; apice prominulo, laevi; pallide lutea vel sordide alba; sutura profunda; anfractus ultimus spirae longitudinem aequans. Apertura fere rotunda, labro tenui, intus laevi, labio super collumellam reflexo. — Jeffreys angl.

Long. 2,5, diam 1,1 Mm.

Rissoa Fischeri Jeffreys Proc. zool. Soc. London 1884 p. 113 t. 9 fig. 1.

Gehäuse weder durchbohrt noch genabelt, eiförmig, ziemlich festschalig, undurchsichtig, glanzlos; die fünf Umgänge sind mässig gewölbt und nehmen rasch zu, so dass der letzte dem Gewinde an Länge gleichkommt; sie werden durch eine tiefe Naht geschieden; der Apex ist leicht vorspringend und glatt, das Gewinde etwas schlank. Die Skulptur ist gitterförmig mit länglichen Zwischenräumen; vom zweiten Umgang an beginnen Rippenfalten, anfangs nur als Spuren, dann immer stärker werdend; auf dem vorletzten sind 14—16, auf dem letzten 16—18 vorhanden, über sie hinweg laufen auf dem letzten Umgang 6—8 gleiche starke Spiralreifen, auf dem vorletzten 4, auf dem dritten nur zwei, auf dem zweiten nur feine Spirallinien; sie erscheinen an den Kreuzungsstellen leicht knotig, auf dem letzten Umgang reichen die Falten aber nur bis zur Mitte. Die Färbung ist blassgelb oder schmutzig weiss. Die Mündung ist rundlich, fast kreisrund, die Aussenlippe dünn, innen glatt, die Innenlippe ist über die Spindel umgeschlagen.

Aufenthalt im atlantischen Ocean vor Tanger von der Porcupine, und vor Tunis von Capt. Nares und dem Shearwater gefunden. Abbildung und Beschreibung nach Jeffreys l. c.

Zunächst mit R. calathus verwandt, aber weniger schlank und mit tieferer Naht.

94. Rissoa parvula Jeffreys.

Taf. 23. Fig. 3. 4.

Testa imperforata, oblonga, solidula, subtranslucens, vix nitens; anfractus 4 leviter convexi, apice laevi, ultimus ²/₃ longitudinis aequans, spiraliter subtiliter lirati, longitudinaliter costati, costis in anfractu ultimo ad peripheriam evanescentibus, ad intersectiones haud nodulosis; sutura distincta, sed haud profunda. Apertura subcircularis labro tenui, intus laevi, labio reflexiusculo, subtus leviter incrassato. — Jeffreys angl.

Long. 2, diam 1 Mm.

Rissoa parvula Jeffreys Proc. zool. Soc. London 1884 p. 115 t. 9 fig. 3.

Gehäuse undurchbohrt, länglich eirund, ziemlich festschalig, etwas durchscheinend, kaum glänzend; die vier Umgänge sind leicht gewölbt, rasch zunehmend, so dass der letzte ²/₃ der Gesammtlänge ausmacht, durch eine deutliche, aber nicht tiefe Naht geschieden; der Apex ist glatt, die folgenden Umgänge sind anfangs fein, später stärker spiral gereift und mit Faltenrippen skulptirt, die auf dem letzten Umgang nur bis ungefähr zur Peripherie reichen; die Schnittstellen sind nicht knotig verdickt; die Zwischenräume sind quadratisch. Die Mündung ist fast kreisrund, die Aussenlippe dünn, innen glatt, die Innenlippe über die Spindel umgeschlagen und unten verdickt.

Aufenthalt vor Tanger, von der Porcupine gedrakt. Abbildung und Beschreibung nach Jeffreys.

Zunächst mit R. punctura verwandt, aber schlanker, mehr langeirund und nicht so deutlich gegittert.

95. Rissoa deliciosa Jeffreys.

Taf. 23. Fig. 5. 6.

Testa anguste rimata, conico-ovata, crassiuscula, semitransparens, vitracea, lacteo-alba; anfractus 5 convexi, regulariter crescentes, sutura profunda discreti, spira brevi, apice obtuse bulbaceo; costalis brevibus, acutis, subcurvatis 16—20 et lineis spiralibus magis numerosis, quorum 6 inferis distinctioribus, sculpti. Apertura rotundato ovata, labro simplici, tenui, sed extus varice incrassato, labio incrassato, cum labro peristoma continuum formante, ad basin concavo vel compresso. — Jeffreys angl.

Long. 2, diam 1, 2 Mm.

Var. multicostata, costis magis numerosis subtilibus, rectinsculis, striis spiralibus magis numerosis sed minus distinctis.

Rissoa deliciosa Jeffreys Proc. zool. Soc. London 1884 p. 121 t. 9 fig. 7.

Gehäuse ganz eng geritzt, etwas kegelförmig, ziemlich dickschalig, halbdurchscheinend glasartig, milchweiss. Die fünf gewölbten Umgänge nehmen regelmässig zu und werden durch eine tiefe Naht geschieden. Das Gewinde ist kurz mit stumpfem, etwas kolbigem Apex. Die Skulptur besteht aus kurzen, scharfen, leicht gekrümmten Rippenfalten, von denen auf den beiden letzten Umgängen je 16—20 stehen; ausserdem sind zahlreiche feine mitunter fadenförmige Spirallinien vorhanden, von denen die 6 untersten stärker sind; sie erzeugen indess doch kein gegittertes Ansehn, da sie viel schwächer und dichter sind, als die Rippen; diese reichen nicht über die Peripherie hinaus. Die Mündung ist eher rund als oval, die Aussenlippe einfach, scharf, ziemlich dünn, aber aussen durch einen Varix verstärkt; die Innenlippe ist verdickt und bildet mit dem Aussenrand einen zusammenhängenden Mundsaum; die Basis ist zusammengedrückt oder leicht konkav. Mit der Hauptform kommt eine andere vor, welche zahlreichere, feinere, gerade Rippen und dichtere, aber schwächere Spirallinien hat; sie ist indess durch Uebergänge mit ihr verbunden.

Aufenthalt: im atlantischen Ocean an verschiedenen Stellen, sowie auf der Adventure Bank im Mittelmeer von der Porcupine gedrakt, ausserdem vom Travailleur in Busen von Biscaya und vom Challenger an den Kanaren gefunden, auch fossil im Pliocän von Messina von Seguenza gefunden. Abbildung und Beschreibung nach Jeffreys.

96. Rissoa angulata Jeffreys.

Taf. 23. Fig. 7. 8.

Testa imperforata, regulariter breviterque conica, solida, opaca, subvitracea; anfractus 4 compressi, costis fortibus leviter curvatis 10—12 sculpti, spiraliter haud striati; ultimus spirae longitudinem superans, distincte angulatus, costis super peripheriam haud productis; sutura simplex. Apertura obtuse triangularis, labro acuto, intus haud crenato, labio columellari incrassato. — Jeffreys angl.

Long. 2, diam 1,2 Mm.

Rissoa angulata Jeffreys Proc. zool. Soc. 1884 p. 119 t. 9 fig. 5.

Gehäuse undurchbohrt, einen kurzen, regelmässigen Kegel bildend, dick, undurchsichtig, glasig; die 4 Umgänge sind zusammengedrückt, ohne jede Spiralstreifung, aber mit etwas gekrümmten, starken Rippen skulptirt, von denen auf dem vorletzten wie auf dem letzten Umgang je 10—12 stehen; der letzte Umgang übertrifft das Gewinde an Länge und ist deutlich kantig; die Rippen laufen über die Kante nicht hinaus; die Naht ist einfach. Mündung stumpf dreieckig, Aussenlippe scharf, innen gekerbt; der Spindelumschlag verdickt.

Aufenthalt im Mittelmeer auf der Adventure Bank, in anscheinend subfossilem Zustand von der Porcupine gedrakt. Abbildung und Beschreibung nach Jeffreys.

Anscheinend zunächst mit R. Ehrenbergi Phil. verwandt, aber regelmässiger konisch, mit nur 4 statt 6 Umgängen, weniger Rippen und ganz ohne Spiralskulptur.

97. Rissoa Testae Aradas et Maggiore.

Taf. 23. Fig. 9. 10.

Testa ovata, subelongata, solidiuscula, transparens, albida; spira subturrita, apice obtusulo. Anfractus 6 convexiusculi, sutura profunda dicreti, plicis elevatis sat distantibus, basin versus evanidis, lirisque spiralibus minus elevatis 8—9 in anfractu ultimo subcancellata. Apertura ovata, supra acuminata, basi effusa; labro acuto, extus varicoso.

Long. 3—4 mm.

Rissoa Testae Aradas et Maggiore Catalogo ragionato Catan. 1844 p. 207. — Monterosato Nuova Rivist. p. 27 Nr. 429. Enumer. e Sinon. p. 25, Conch. abissi p. 68. — Jeffreys Proc. Zool. Soc. 1884 p. 115 tab. 9 fig. 4.

— abyssicola var. conformis Jeffreys Ann. Mag. N. H. 1870 June p. 13.

Var = R. abyssicola Jeffreys Brit. Conch. IV. p. 19 V. t. 66 fig. 9. — Forbes and Hanley Brit. Moll. III p. 86 t. 78 fig. 1. 2. (Animal) pl. JJ. fig. 3.

Stat. juv. = Alvania asperula Brugnone teste Jeffr.

Gehäuse ziemlich länglich oval, etwas festschalig, durchscheinend, weisslich. Gewinde leicht gethürmt, mit nur wenig abgestumpftem Apex; sechs leicht gewölbte Umgänge, durch eine tiefe, doch nicht rinnenförmige Naht geschieden, mit ziemlich hohen, starken, gebogenen, nicht sehr dicht stehenden Falten und etwas schwächeren, doch deutlichen Spiralreifen — 8—9 auf dem letzten Umgang — gitterartig skulptirt. Die Mündung ist oval, oben spitz, unten deutlich ausgegossen, die Aussenlippe scharf, aber rasch durch einen Varix verdickt.

Aufenthalt im Tiefwasser der europäischen Meere. Im Norden herrscht die var. abyssicola mit feinerer Skulptur, kürzerem Gehäuse und etwas schrägerem Gewinde vor. Die Abbildung nach Jeffreys in Proc. Zool. Soc. 1884.

98. Rissoa turricula Jeffreys.

Taf. 23. Fig. 11. 12.

Testa minute rimata, turrita, tenuis, semitranslucens, subvitracea, spira acuta, apice leviter obliquo; anfractus 4 tumidi, regulariter crescentes, sutura profunde excavata divisi, costis leviter curvatis tenuibus circa 20--25 in anfractibus ultimo et penultimo sculpti, spiraliter hand striati; albida. Apertura rotundata, labro acuto, intus laevi, labio super partem inferiorem columellae reflexo.

Long. 1, 2, lat. 0,8 Mm.

Rissoa turricula Jeffreys Proc. zool. Soc. London 1884 p. 120 t. 9 fig. 6.

Gehäuse ganz wenig geritzt, gethürmt, dünnschalig, halbdurchscheinend, etwas glasig, mit spitzem Gewinde und etwas schief gerichtetem Wirbel, die 4 aufgeblasenen Umgänge nehmen regelmässig zu und werden durch eine tief ausgehöhlte Naht geschieden; sie haben keinerlei Spiralskulptur, aber auf dem letzten und vorletzten Umgang stehen je 20—25 gebogene schmale Rippen. Die Färbung ist weisslich. Die Mündung ist rundlich, die Aussenlippe scharf, innen glatt, der Spindelumschlag nur unten deutlich.

Aufenthalt im atlantischen Ocean, von der Porcupine auf Station 3 in zwei schlecht erhaltenen Exemplaren gedrakt, vielleicht fossil. Abbildung und Beschreibung nach Jeffreys l. c.

99. Rissoa subsoluta Aradas.

Taf. 21. Fig. 5. 8. Taf. 23. Fig. 13. 14.

Testa ovata, solidiuscula, albida, opalina, spira breviuscula, apice obtuso; anfractus 5 convexi, sutura profunda discreti, apicales laeves, sequentes costis tenuibus, supra peripheriam plus minusve obsoletis, ad basin distinctioribus sculpti. Apertura ovata, basi expansa, labro arcuato, extus varice incrassato.

Long. 2 Mm.

Rissoa subsoluta Aradas Memor. Malac. Sicil. III, p. 21. — Jeffreys Proc. Zool. Soc. 1884 p. 115 tab. 9 fig. 3.

— abyssicola var. obtusa Jeffreys Ann. Mag. N. H. 1870 p. 13.

— elegantissima Sequenza mss. — Monterosato Nuova Rivista p. 27. Nr. 430. Enum. e Sinon. p. 25. — Zona Abissi p. 68 Nr, 59.

— abyssicola G. O. Sars Moll. reg. arct. Norveg. p. 176. tab. 10. fig. 10 fide Monterosato.

Gehäuse eiförmig, ziemlich festschalig, weisslich, opalisirend, mit kurzem Gewinde und stumpfem, glattem Apex. Die fünf Umgänge sind gut gewölbt und werden durch eine tiefe, doch nicht rinnenförmige Naht geschieden, die obersten sind glatt, die folgenden mit gebogenen, schmalen, etwas schräg gerichteten Rippen und feinen Spiralreifen skulptirt, welche meistens nur unterhalb der Peripherie deutlich sind, besonders stark an der Basis des letzten Umganges. Doch wechseln die Skulpturverhältnisse sehr und mitunter verschwinden der Spiralreifen fast ganz. Die Mündung ist eirund, an der Basis stark ausgegossen, der Aussenrand wird durch einen Varix verdickt.

Aufenthalt im Mittelmeer und in der Bai von Biscaya, wo der Travailleur sie noch in 1800 Faden Tiefe drakte; falls die Identification mit abyssicola Sars richtig ist, auch bis nach Norwegen hinauf. Die norwegischen Exemplare (t. 21 f. 5. 8) zeigen übrigens eine erheblich stärkere Spiralskulptur; Jeffreys zieht sie zu R. testae Arad. — Sie findet sich auch fossil im Pliocän von Messina. — Abbildung und Beschreibung nach Jeffreys.

100. Rissoa affinis Jeffreys.

Taf. 23. Fig. 15.

Testa oblonga, gracilis, tenuiuscula, semitransparens, vitracea; albida; apice bulbaceo, subtruncato, sutura simplici; anfractus 5 convexiusculi, ultimus 2/3, longitudinis superans, striis spiralibus indistinctis circa 14 in ultimo, 7—8 in penultimo sculpti. Apertura triangularis, superne acuta, labro tenui, subexpanso, labio super columellam reflexo, incrassato. Jeffreys angl.

Long. 2 Mm.

Rissoa affinis Jeffreys Proc. zool. Soc. London 1884 p. 124 t. 9 fig. 8.

Gehäuse lang eiförmig, schlank, ziemlich dünnschalig, halbdurchscheinend, glasartig, weisslich; Gewinde ziemlich schlank, mit abgestutztem, leicht kolbigem Apex; Naht einfach. Die vier Umgänge sind ziemlich gewölbt, der letzte nimmt zwei Drittel der Gesammtlänge ein; sie sind mit wenig vorspringenden Spirallinien skulptirt, von denen auf dem letzten Umgang 15, auf dem vorletzten 7—8 stehen, die Mündung ist dreieckig, nach oben ganz spitz, die Aussenlippe dünn, etwas ausgebreitet, die Innenlippe etwas verdickt und über die Spindel zurückgeschlagen.

Aufenthalt: vor Vigo in Asturien von der Porcupine gedrakt; Abbildung und Beschreibung nach Jeffreys.

Verwandt mit R. striata, aber breiter, mit nur 4 Windungen und ohne Längsrippen.

101. Rissoa sibirica Leche.

Taf. 23. Fig. 16.

Testa turrita, elevata, rufa; anfractibus 5 costatis, costis 9—10 obtusis, in anfractu ultimo dimidiatis; anfractu ultimo longitudinaliter lineato, lineis 4 elevatis, validis; apertura subrotunda; labro simplici, edentulo. Leche. —

Long. 5, lat. 3, alt. anfr. ult. 2,5 Mm.

Rissoa sibirica Leche in Kgl. Vet. Akad. Handl. vol. 16 Nr. 2 p. 33 tab. 1 fig. 10.

Gehäuse ziemlich hoch gethürmt, einfarbig roth; es sind fünf Umgänge vorhanden, welche mit je 9—10 stumpfen Rippenfalten skulptirt sind, die auf dem letzten Umgang getheilt sind; der letzte Umgang zeigt vier starke, hohe Spirallinien in gleichen Abständen (nach der Abbildung verlaufen auch auf dem vorletzten Umgang noch zwei). Die Mündung ist rundlich mit einfachem, zahnlosem Aussenrand.

Aufenthalt im karischen Meer, in 20 Faden Tiefe. Abbildung und Beschreibung nach Leche.

Zunächst mit der fossilen R. crassi-striata S. Wood aus dem Coral-Crag verwandt, doch zeigt diese Spirallinien auf allen Umgängen und Zähne an der Aussenlippe.

102. Rissoa concinnata Jeffreys.

Taf. 24. Fig. 1. 2.

Testa breviter cylindrica, imperforata, vix rimata, subsolidula, semipellucida, laevis, striis incrementi remotis subtilissimis in anfractu ultimo tantum sculpta, albida; spira producta, apice obtuso; anfractus 4 convexi, sutura profunda divisi; apertura fere circularis, labro externo tenui, acuto, labio inferne adnato. — Jeffreys angl.

Alt. 1, lat. ²/₃ Mm.

Rissoa concinnata Jeffreys Ann. Mag. N. Hist. 1883. June p. 396 tab. 16 fig. 2.

Gehäuse einen kurzen Cylinder darstellend, undurchbohrt, nur mit einem ganz seichten Nabelritz, mässig festschalig, halbdurchsichtig, glatt, nur auf dem letzten Umgang mit einzelnen, entferntstehenden Anwachslinien, weisslich; Gewinde vorgezogen mit stumpfem Apex. Die 4 gut gewölbten Umgänge werden durch eine tiefe Naht geschieden und nehmen regelmässig zu. Die Mündung ist fast kreisrund mit dünnem scharfen Aussenrand, die Innenlippe unten fest angedrückt.

Aufenthalt im Mittelmeer, von Spratt südlich von Creta gedrakt. Abbildung und Beschreibung nach Jeffreys.

„Zunächst mit R. obtusa Cantr. verwandt, aber kleiner, ohne Spiralstreifung und mit tieferer Naht." Jeffreys.

103. Rissoa Kergueleni Smith.

Taf. 24. Fig. 3.

Testa ovata, semipellucida, vitrea vel lactea, ad apicem pallide rubescens, tenuis, imperforata; anfractus 6 convexi, politi, sutura angustissime marginata divisi; apex obtusus; apertura ovata, superne acuminata, longitudinis totius ⁶/₁₃ adaequans; peristoma continuum, leviter incrassatum et expansum — Operculum paucispirale, corneum, simplex. — Smith.

Long. 3, diam. 1,5 Mm.

Rissoa Kergueleni Edg. A. Smith Zoology Kerguelens Land, Mollusca p. 10 tab. 9 fig. 12. Ann. Mag. Nat. Hist. XVI. 1875 p. 69.

Gehäuse eiförmig, dünnschalig, undurchbohrt, halbdurchsichtig, glasartig oder milchweiss mit blass röthlichem Apex, mitunter glasartig mit milchweissen Striemen Die Umgänge sind gewölbt und völlig glatt; die Naht ist ganz schmal gerandet; der Apex ist stumpf. Mündung eiförmig, oben spitz, etwa fünf Zwölftel der Gesammtlänge ausmachend, der Mundsaum zusammenhängend, leicht verdickt und ausgebreitet. — Deckel hornig, einfach, mit wenigen Windungen.

Aufenthalt an Kerguelens Land in geringer Tiefe. Abbildung und Beschreibung nach Smith l. c.

104. Rissoa (Alvania) olivacea Frauenfeld.

Taf. 24. Fig. 4.

Testa ventricoso-conoidea, crassa, nitidula, fulva. Anfractus 6 plani, superiores laeves, inferiores plicis 25—26 sculpti. Sutura parum incisa. Apertura orbicularis, peristomate incrassato, continuo.

Long. 2, lat. 1 Mm.

Alvania olivacea Frauenfeld Novarareise Moll. p. 11 tab. 2 fig. 14.

„Schale bauchig keglig, derb, fettglänzend, hellbraun, manchmal mehrere Windungen verdüstert. Sechs Windungen, flach mit wenig eingeschnittener Naht; oberste glatt, unten mit Ausschluss des glatten Mundendes mit 25—26 Längsfalten. Mündung verdickt, rundlich". Frauenfeld.

Die Abbildung zeigt eine Schulter unter der Naht, welche in der Beschreibung nicht erwähnt wird.

Aufenthalt an Australien; Sidney und Botany Bay. — Abbildung und Beschreibung nach Frauenfeld l. c.

105. Rissoa (Alvania) salebrosa Frauenfeld.

Taf. 24. Fig. 5. 6.

Testa depresso-conica, crassa, nitidula, fusca. Anfractus 5¹/₂ plani, inferiores plicati, plicis 10—12 suturam versus nodosis. Apertura subdilatata, labio ad columellam late apresso. — Frauenfeld.

Long. 2,6, lat. 1, 6 Mm.

Alvania salebrosa Frauenfeld Novarareise, Moll. p. 11 tab. 2 fig. 15.

„Schale niedrig kegelförmig, derb, fettglänzend, braun. Fünf Windungen, flach, die oberen glatt, die unteren mit mit 10—12 Längsfalten, welche nahe an der tief eingeschnittenen Naht etwas knotig gewulstet sind, wodurch diese Windungen mitten eingedrückt erscheinen. Mündung etwas erweitert, mit an der Spindelwand breit anliegendem Saum".

Aufenthalt bei Sidney. Abbildung und Beschreibung nach Frauenfeld l. c.

106. Rissoa (Alvania) stigmatica Frauenfeld.

Taf. 24. Fig. 7. 8.

Testa ventricoso-conica, obtusa, crassa, lactea, subpellucida, lineis tribus vel quatuor spiralibus. Anfractus 5½ plani, ad suturam adstricti, plicati, plicis rectis 16—17. Apertura rotundata; labro varice incrassato. — Frauenfeld.

Long. 2, lat. 1 Mm.

Alvania stigmata Frauenfeld Novarareise Moll. p. 12 tab. 2 fig. 17 (stigmatica in tab.)

Schale kolbig-kegelig, stumpf, weiss, etwas glasig durchscheinend. Es sind über fünf Umgänge vorhanden; dieselben sind flach, an der Naht eingeschnürt, mit 16—18 senkrechten Falten skulptirt, die am oberen Theil der Windungen stärker sind, am unteren fast ganz verflachen. Auf den oberen Umgängen stehen 3—4 mehr oder weniger deutlich durchscheinende Spirallinien, auf dem letzten, um die Nabelgegend noch drei sehr markirte. Die Mündung ist rundlich, der äussere Mundrand gewulstet. Bei wenig abgeriebenen Exemplaren ist die Spindelrand rothbräunlich, auch die Embryonalwindungen haben einen röthlichen Anflug.

Aufenthalt an Kamorta, Nicobaren. — Abbildung und Beschreibung nach Frauenfeld l. c.

107. Rissoa flammea Frauenfeld.

Taf. 24. Fig. 9.

Testa conoidea, crassa, laevis, vivide latericea, nitida, subpellucida. Anfractus 5 parum convexi, subgradati, sutura incisa. Apertura subovalis labro parum incrassato. — Frauenfeld.

Long. 2, lat. 1,25 Mm.

Sabanaea flammea Frauenfeld Novarareise Moll. p. 12 tab. 2 fig. 18.

Schale kegelförmig, derb, glatt, glänzend, durchscheinend, hell ziegelroth. Fünf Windungen, kaum gewölbt, mit eingeschnittener Naht, unter welcher die Windungen etwas vortreten. Mündung ziemlich rundlich, oben gewinkelt. Mundsaum wenig verdickt, weisslich, hinter demselben ein weisser Striemen. Jüngere Exemplare sind in der Mündung glasig durchsichtig.

Aufenthalt: Botany Bay. — Abbildung und Beschreibung nach Frauenfeld l. c.

108. Rissoa incidata Frauenfeld.

Taf. 24. Fig. 10. 11.

Testa conoidea, crassa fusca, laevis. Anfractus 5 plani, sutura canaliculata. Apertura subovalis, margine incrassato. — Frauenfeld.

Long. 1,4, lat. 0,7 Mm.

Sabanaea incidata Frauenfeld Novarareise Moll. p. 12 tab. 1 fig. 19.

Gehäuse kegelförmig, derb, braun, glatt, schwach glänzend. Fünf Windungen, flach, mit beiderseits kantig eingezogenem Rande, so dass die Naht wie in einer vertieften Rinne liegt. Mündung unter der halben Höhe der Schale, rundlich, oben gewinkelt. — (Die Abbildung zeigt eine ganz auffallende vertiefte Furche über die Peripherie des letzten Umgangs, welche die Beschreibung nicht erwähnt; mir scheint fast, als habe der Zeichner die Nahtrinne auf eigene Faust über den Mundrand hinaus verlängert).

Aufenthalt in der Botany-Bay. — Abbildung und Beschreibung nach Frauenfeld l. c.

109. Rissoa (Setia) nitens Frauenfeld.

Taf. 24. Fig. 12.

Testa ovalis, laevis, nitida, alba, subpellucida, fasciis duabus pallide flavis. Anfractus 4 convexi, ultimo maximo; sutura incisa. Apertura ovalis, supra vix angulata. Umbilicus distinctus, interdum sordide violaceo cinctus. — Frauenfeld.

Long. 1,4, lat. 1 Mm.

Setia nitens Frauenfeld Novarareise Moll. p. 13 tab. 2 fig. 22.

Schale klein, oval, glatt, glänzend, weisslich, durchscheinend. Vier gewölbte rasch zunehmende Windungen mit eingezogener Naht, die letze sehr gross und bauchig mit zwei sehr blassen, oft kaum sichtbaren, gelblichen Binden. Die Mündung ist gross, weit, fast kreisrund, oben kaum gewinkelt; der Spindelrand ist meist tief violett gesäumt und auch der Nabel oft mit einem blass violetten Band umgeben.

Aufenthalt in der Botany-Bay Abbildung und Beschreibung nach Frauenfeld.

110. Rissoa (Cingula) Australiae Frauenfeld.

Taf. 24. Fig. 13. 14.

Testa acute conoidea, crassiuscula, cornea, subpellucida. Anfractus 6 subconvexi, superiores lineis tenuibus 4, ultimus 6—7 aequidistantibus sculpti. Apertura ovalis, tertiam spirae partem aequans. — Frauenfeld.

Long. 2,4, lat. 1,1 Mm.

Cingula Australiae Frauenfeld Novarareise Moll. p. 14 tab. 2 fig. 23.

Schale spitz kegelig, stark, hornfarben, matt, schwach durchscheinend. Die sechs Windungen sind schwach gewölbt, mit kaum eingezogener Naht, auf den oberen mit 4, auf der letzten mit 6—7 gleichweit entfernten, feinen, stark eingeschnittenen Spirallinien; Mündung ein Drittel der ganzen Höhe der Schale ausmachend, oval, oben nur schwach gewinkelt, unten gerundet. Mundrand stumpf, doch nicht besonders verdickt.

Aufenthalt bei Sidney. Abbildung und Beschreibung nach Frauenfeld l. c.

111. Rissoa (Setia) atropurpurea Frauenfeld.

Taf. 24. Fig. 15. 16.

Testa minutissima', ovalis, nitidissima, laevis, pellucida, atropurpurea. Anfractus 4 celeriter crescentes, ultimus maximus, fornicatus. Sutura incisa, umbilicus profundus. Apertura ovalis, margine obscuriore subincrassato. — Frauenfeld.

Long. 1,1, lat. 0,7 Mm.

Setia atropurpurea Frauenfeld Novarareise Moll. p. 13 tab. 2 fig. 21.

Gehäuse winzig klein, oval, sehr glänzend, glatt, glasig, durchsichtig, schwärzlich purpurroth, aus vier rasch zunehmenden Windungen bestehend, welche stark gewölbt, sind und durch eine eingedrückte Naht geschieden werden; der letzte Umgang ist sehr gross, mit tief eingedrücktem Nabel. Die Mündung ist länglich rund, oben etwas enger, doch nicht gewinkelt; der Saum dunkel und etwas verdickt.

Aufenthalt um Sidney in Australien. Abbildung und Beschreibung nach Frauenfeld l. c.

112. Rissoa Lia Benoit.

Taf. 25. Fig. 1. 2.

Testa ovato-elongata, solidula, opaca, brunneo-fulva, apice albo, spira conica, exserta, sutura profunda; anfractus 6 convexiusculi, embryonales laeves, ceteri costis rotundatis sat distantibus striisque spiralibus tenuibus sculpti, ultimus plerumque laevis, costis subobsoletis. Apertura ovato-rotundata, labro simplici, columella arcuata, alba, violaceo limbata. — Operculum tenue, corneum, pancispirum.

Long. 4; diam 1¹/₄ Mm.

Apicularia Lia Benoit mss. — Monterosato Conchigl. littoral mediterr. p. 17.

Rissoa Lia Bucquoy, Dautzenberg et Dollfus Mollusques marins Roussillon p. 267 tab. 32 fig. 8—10.

Gehäuse langeiförmig, ziemlich festschalig, undurchsichtig, fahlbraun mit weissem Apex und weisser, violett gesäumter Mündung; Gewinde kegelförmig, ausgereckt, mit tiefer Naht. Die sechs Umgänge sind nur leicht gewölbt, die embryonalen glatt, die folgenden mit gerundeten, ziemlich entferntstehenden Rippen und wenig auffallenden Spirallinien, der letzte Umgang meist mit ziemlich obsoleter Skulptur. Die Mündung ist rundeiförmig mit einfachem gerundetem Mundrand und gebogener Columelle.

Sie unterscheidet sich von R. similis, mit der sie seither vereinigt wurde, durch die weniger gewölbten Umgänge, die weniger vorspringenden Rippen, die regelmässig eiförmige Mündung und die Färbung. Es kommen auch Stücke mit dunkleren Flammenlinien vor (var. flammulata Bucq.).

Aufenthalt im vorderen Mittelmeer; Abbildung und Beschreibung nach Bucquoy etc l. c.

113. Rissoa (Peringiella) nitida Brusina.

Taf. 25. Fig. 3. 4.

Testa elongato-ovata, subcylindrica, solidula nitida, alba, vitracea, transparens; spira elevata, apice obtuso, sutura parum profunda; anfractus 6 convexiusculi, laeves, regulariter accrescentes; apertura ovalis, superne parum acuminata, peristomate continuo, sat incrassato, columella arcuata, labro rotundato, basi parum effuso, extus varice angusto parum prominulo incrassato.

Alt. 2¹/₄, lat. 1 Mm.

Rissoa glabrata var. nitida Brusina mss. in Monterosato Nuova Rivista p. 28.
Peringiella nitida Monterosato Enumer. e Sinonim. p. 27. Conchlig. litor. Mediterr. p. 29.
Rissoa nitida Bucquoy, Dautzenberg et Dollfus Moll. mar. Roussillon p. 314 tab. 37, fig. 22—26.

Gehäuse verlängert eiförmig, fast walzig, glänzend, hyalin, doch festschalig; Gewinde hoch mit stumpfem Apex und wenig eingedrückter Naht. Die sechs Umgänge sind nur leicht gewölbt, ganz glatt und nehmen regelmässig zu. Die Mündung ist eirund, oben nur wenig verschmälert, der Mundsaum zusammenhängend, ziemlich dick, die Spindel gebogen, der Aussenrand gerundet, unten etwas ausgegossen, aussen mit einem schmalen, niederen Varix; durch das Durchscheinen des Inneren entsteht ein milchweisses Band längs der Naht.

Monterosato hat diese Form, die er früher selbst nur für eine Varietät der R. glabrata ansah, neuerdings nicht nur spezifisch sondern sogar generisch davon getrennt und sie der Gattung Peringiella zugewiesen, während er für R. glabrata eine Gattung Pisinna errichtet. Ob die Unterschiede in der Mundsaumbildung dafür hinreichen, scheint mir mehr als fraglich; zur spezifischen Trennung mögen sie genügen. — Monterosato hat eine var. elongata (Fig. 4) unterschieden, ausserdem erwähnen Bucquoy etc. Exemplare mit Andeutungen von Binden.

Aufenthalt in Mittelmeer und Adria. — Abbildung und Beschreibung nach Bucquoy et Dautzenberg l. c.

114. Rissoa micrometrica Seguenza.

Taf. 25. Fig. 5. 6.

Testa minima, ovata, tenuis, laevis, subtransparens, lutescens, fasciolis tribus vel quatuor fuscis angustis in anfractu ultimo picta; spira mediocris, sutura profunda; anfractus 4 convexi, ultimus multo major, subinflatus. Apertura ovata, labro simplici, semicirculari, labio tenui, appresso, rimam minimam relinquente.

Alt. 1³/₄, lat. ³/₄ Mm.

24 *

Rissoa micrometricā Seguenza mss. Aradas et Benoit Conch. viv. mar. Sicilia p. 314
tab. 5 fig. 3. Bucquoy Dautzenberg et Dollfus Coq. mar. Roussillon p. 310 p. 37 fig. 10. 11. —
Setia fulgida var. micrometrica Monterosato Enum. e Sinonim. p. 27.
Microsetia micrometrica Monterosato Conchigl. litt. Mediterran. p. 52.

Gehäuse sehr klein, eiförmig, dünnschalig, glatt, halbdurchscheinend, gelblich, auf
dem letzten Umgang mit 3—4 schmalen scharfgezeichneten braunen Binden; Gewinde
mittelhoch mit tiefer Naht. Nur vier gut gewölbte Umgänge, der letzte viel grösser, aufgeblasen. Die Mündung ist oval mit einfachem gerundetem Mundrand und dünner an-
gedrückter Innenlippe, die eine winzige Nabelritze freilässt.

Aufenthalt in Mittelmeer und Adria. Abbildung und Beschreibung nach Bucquoy l. c

Diese Art steht der Rissoa fulgida Ad. mindestens sehr nahe, die Unterschiede liegen in mehr
regelmässig eiförmiger Gestalt, weniger aufgetriebenem letztem Umgang und abweichender Färbung.

115. Rissoa (Setia) Alleryana Aradas et Benoit.

Taf. 25. Fig. 7.

Testa minuta, oblongo-conica, subventricosa, apice obtuso, alba, tenuis, laevissima, pellucida;
anfractibus 4 convexis, imo inflatis, suturis profundis divisis; apertura rotundata, vix superne angulata, ²/₅ totius longitudinis occupante, peristomate continuo, simplici, labro leviter distincto, rimam umbilicalem quasi relinquente, basi convexa.

Long. 1 Mm.

Rissoa Alleryana Aradas et Benoit Conchigl. viv. Sicil. p. 211 tab. 4 fig. 11.
—   —   Monterosato Nuova Rivista p. 28.
Setia   —   —   Enum. e Sinon. p. 28.
Rissoa ambigua Brugnone fide Monterosato.

Gehäuse winzig klein, länglich kegelförmig, leicht bauchig, mit stumpfem Apex,
dünnschalig, ganz glatt, durchsichtig. Nur vier stark gewölbte, selbst aufgeblasene Umgänge, durch eine tiefe Naht geschieden; die Mündung ist rundlich, oben kaum mit einer
Ecke; sie nimmt etwa zwei Fünftel der Gesammtlänge ein; der Mundrand ist zusammenhängend, einfach, vom letzten Umgang durch einen ganz leichten Ritz gelöst, unterseits
gewölbt.

Aufenthalt an Sicilien. Abbildung und Beschreibung nach Aradas et Benoit l. c.

Monterosato unterscheidet eine var. solidula von Trapani und Mondello, und zieht auch R.
messanensis Seg. als Varietät hierher.

116. Rissoa Sciutiana Aradas et Benoit.

Testa minuta, ovato-conoidea, spira brevi, apice obtuso, laevi, vitrea, lucida, fulvo-castanea; anfractibus 5 convexis, contiguis, suturis mediocriter profundis divisis; apertura subrotunda, labro simplici, peristomate interrupto; basi imperforata, convexiuscula. Aradas et Benoit.

Long. —?

Rissoa Sciutiana Aradas et Benoit Conchigl. viv. mar. Sicil. p. 211 tav. 5 fig. 1 (R. Zancleana in tavol. ex errore).

Setia — Monterosato Conch. littor. medit. p. 30 Nr. 126.

Gehäuse sehr klein, eiförmig kegelförmig, mit kurzem Gewinde und stumpfem glattem Apex, glasartig durchsichtig, einfarbig kastanienbraun, ohne Binden. Fünf gut gewölbte Umgänge, durch eine mitteltiefe Naht geschieden; Mündung fast kreisrund, mit einfachem, aber nicht zusammenhängendem Mundsaum; die Basis ist leicht gewölbt und nicht durchbohrt.

Aufenthalt an Sicilien; Messina. — Abbildung und Beschreibung nach Aradas et Benoit l. c.

Monterosato vereinigte diese Form früher mit R. fulgida, sie ist aber konstant höher, grösser und mit weniger aufgeblasenen Windungen.

117. Rissoa Scillae Seguenza.

Testa parva, ovata vel ovato-oblonga, translucida, opalina, laevissima, nitida, succinea, interdum maculis vel strigis obscurioribus ornata; spira parum elevata, apice obtuso. Anfractus 4 mediocriter convexi, regulariter accrescentes, ultimus parum inflatus. Apertura ovato-circularis, $^2/_5$ longitudinis aequans, labro simplici, medio producto, obscurius limbato, basi leviter dilatato. — Aradas et Benoit ital. —

Long. vix. 1 Mm.

Rissoa Scillae Seguenza mss. — Aradas et Benoit Conchigl. viv. mar. Sicil. p. 315 tav. 5 fig. 4.

Parvisetia — Monterosato Conch. littor. medit. p. 32 Nr. 134.

Rissoa brutia Tiberi mss. fide Monterosato.

Gehäuse klein, eiförmig oder richtiger länglich, durchsichtig, etwas opalisirend, ganz glatt, glänzend, bernsteinfarben, bisweilen mit dunkleren Flecken oder kurzen Striemen und einem dunkleren Mundrand. Gewinde ziemlich kurz mit abgestumpftem Apex. Die vier Umgänge sind nicht sehr stark gewölbt und nehmen regelmässig zu; der letzte ist

nur wenig aufgeblasen, undurchbohrt. Mündung fast kreisrund, zwei Fünftel der Gesammtlänge ausmachend, mit einfachem in der Mitte vorgezogenem, an der Basis leicht
erweitertem Mundrand.

Aufenthalt im Hafen von Messina, auch fossil im Tertiär von Kalabrien. — Abbildung und Beschreibung nach Aradas et Benoit l. c.

118. Rissoa peloritana Aradas et Benoit.

Taf. 25. Fig. 11. 12.

R. testa solida, oblongo-pyramidata, spira acuta, concolore, castanea; anfractibus 6 regulariter
convexis, suturis mediocriter profundis divisis, longitudinaliter plicatis, plicis elevatis, transversim
striatis, ad basin magis conspicuis; apertura ovata, labro simplici. —

Long. — ?

Rissoa (Alvania) peloritana Aradas et Benoit Conchigl. viv. Sicil. p. 205 tab. 4
fig. 16. — Monterosato Conchigl. litoral. medit. p. 19.

Gehäuse festschalig, langeiförmig, etwas pyramidal, mit spitzem Gewinde, einfarbig
kastanienbraun. Die sechs Umgänge sind regelmässig gewölbt und werden durch eine
mittelmässig tiefe Naht geschieden; sie sind mit hohen Längsfalten versehen und von an
der Basis deutlicheren Spirallinien umzogen; die Mündung ist oval mit einfachem Mundrand.

Monterosato hat diese Form früher für eine Varietät von R. Montagui Payr. erklärt,
trennt sie aber in seiner neuesten Publikation wieder als selbstständig ab.

Aufenthalt im Mittelmeer, Messina, Palermo, Bona. Abbildung und Beschreibung
nach Aradas et Benoit l. c.

119. Rissoa (Cingula) harpa Verrill.

Taf. 25. Fig. 13.

Ich bin leider nicht in der Lage, die Originalbeschreibung dieser eigenthümlichen
Art in Proc. U. St. National Museum vol. III. p. 374 1880 zu vergleichen und muss mich
begnügen, die Abbildung Verrill's in Transact Connect. Academy vol. V (p. 523) tab. 58
fig. 6 zu kopiren. Die Schale ist höchst eigenthümlich, kurz kreiselförmig, genabelt, mit
kaum fünf stark gewölbten, selbst aufgeblasenen Windungen, welche mit zahlreichen konzentrischen Rippen skulptirt, aber ohne jede Spiralstreifung sind; die beiden oberen Windungen sind glatt. Die Mündung ist ziemlich kreisrund, nur wenig ausgeschnitten, mit
dünnem Mundrand. Die Skulptur scheint im Gaumen durch. — Die Länge beträgt
ca. 3 Mm.

Aufenthalt an der neuenglischen Küste in 160—500 Faden Tiefe.

120. Rissoa areolata Stimpson.

Taf. 25. Fig. 14.

Auch von dieser Art ist mir nur die Abbildung bei Verrill (Transact. Connecticut. Academy p. 524 tab. 43 fig. 2) zugänglich geworden. Stimpson hat sie ursprünglich als Turritella beschrieben (Shells of New England p. 55), aber seine Art ist von Gould and Binney unbeachtet geblieben bis Verrill in American Journal of Science 1879 XVII p. 311 wieder auf sie aufmerksam machte und sie zu Cingula rechnete. Neuerdings stellt er sie zu Alvania, wozu die Gitterskulptur allerdings besser passt.

Die Schale hat fast sieben ziemlich gewölbte, aber obenher etwas abgeflachte Umgänge, die durch eine etwas eingezogene Naht geschieden werden, sie sind durch ziemlich weitläufige Rippen und nur wenig engere Spiralreifen, von denen auf dem letzten Umgang 5, auf den früheren drei stehen, regelmässig gegittert. Die Gestalt ist ziemlich gethürmt mit abgestutztem Apex. Mündung unregelmässig eirund, oben wenig spitz, unten anscheinend etwas zusammengedrückt. Höhe 3,5 Mm.

Bis jetzt nur an wenigen Punkten der Küste Neu-Englands gefunden.

Species minus notae.

121. Rissoa albolirata Ph. Carpenter.

R. testa parva, alba, crystallina, normali; marginibus spirae undatis; anfr. nucl. 3 laevibus mamillatis; norm. 4 medio subconvexis, postice supra suturas planatis; basi subplanata, effusa, haud umbilicata; lirulis spiralibus crebris, obtusis, quarum circa 10 in spira monstrantur; apertura subovata peritremate continuo; labro arcuato, vix antice et postice sinuato, calloso; labio valido." (Ph Carpenter).

Long. 0,1, diam. 0,05. long. spir. 0,08 Mm.

Rissoa albolirata Phil. Carpenter Diagn. in Ann. et Mag. N. St. 3 Ser. XIII p. 476. idem in Smithsonian Misc. Coll. X. C. p. 8.

Hab. Cap St. Lucas (Xantus).

Scheint eine Rissoina zu sein?

122. Rissoa (Alvania) Carpenteri Weinkauff.

„A. testa parva, subturrita, rufo-fusca, marginibus spirae rectis; anfr. nucleosis 2 et dimidio, naticoideis, laevibus, tumentibus, apice mamillato; norm. 3 tumidis, suturis impressis; liris angustis distantibus, spiralibus circ. 12 (quarum 4—6 in spira monstrantur) et lirulis radiantibus, supra trans-euntibus, haud nodulosis, secundum intcrstitia incurvatis, eleganter exsculpta; interstitiis altis qua-dratis, peritremate continuo, subrotundato, acutiore.“ (Ph. Carpenter).

Long. 0,85, diam. 0,04, long. spirae 0,05".

Alvania reticulata Carpenter Diagn. in Ann. et Mag. Nat. hist. 3 Ser. XIV p. 429
idem in Smithsonian Misc. Coll. X. E. p. 7, non Montagu sp.

Hab. Neeahbai, Vancouver Distr. (Swan).

123. Rissoa (Alvania) circinata A. Adams.

Testa conica, subturbinata', imperforata, maculis minutis fuscis signata, anfractibus 4¹/₂—5 convexis, per longitudinem costatis transversimque tenuistriatis instructa; apertura ovata; labrum paululum incrassatum —

Alt. 3, lat. 1,6 Mm.

Alvania circinata A. Adams in lit. — Dunker Index Moll. maris japan. p. 119.

Hab. ad insulam Sado Japoniae.

124. Rissoa (Alvania) caelata A. Adams.

Testa ovato-conica, solidula, subrimata, pallide flava, anfractibus 5 convexiusculis longitudine crassicostatis, transversim tenuiterque striatis, conspicue sejunctis instructa; apertura ovata.

Alt. 2—2,4 Mm.

Alvania caelata A. Adams in lit. — Dunker Index Mollusc. maris japan. p. 119.

Hab. ad Japoniam.

In hac specie, quae praecedenti affinis est, costae in anfractus ultimi media evanescunt.

125. Rissoa (Alvania) filosa Ph. Carpenter.

„A. t. A. Carpenteri indole et colore, haud sculptura simili; multo majore elongata; anfr. nucl.? . . . (detritis), norm. 4; striis parum separatis circ. 18 (quarum circ. 12 in spira monstrantur) cincta; rugulis radiantibus posticis creberrimis, haud expressis, circa peripheriam evanidis; peritremate continuo; columella rufo-purpureo tincta.“ (Ph. Carpenter).

Long. 0,13, diam. 0,6, long. spirae 0,9 poll.

Hab. Neeahbai, Vancouver Distr. (Swan).

126. Rissoa Messanensis Seguenza.

Testa ovato-oblonga, subtranslucida, viridi-lutescens, maculis obscurioribus plerumque biseriatim dispositis ornata, laevigata, spira breviuscula, apice obtusulo; anfractus 5 convexi, regulariter crescentes. Apertura ovata, longitudinis $1/_3$ vix superans, labro simplici, labio appresso, fissuram umbilicalem minutam relinquente. — Aradas et Benoit ital. —

Long. 2 Mm.

Rissoa Messanensis Seguenza mss. — Aradas et Benoit Conchigl. viv. mar. Siciliae p. 314.
Setia ? — Monterosato Conchigl. littoral. med. p. 31 Nr. 133.

Aufenthalt im Hafen von Messina.

127. Rissoa (Alvania) perlata Mörch.

„T. parva solida ovato-oblonga, spiraliter sulcata, sulcis 8 in anfr. ultimo, 4 in anfractibus spirae, transversim decussatis, unde subnodosa et foveata in interstitiis; sulci basales approximati non decussati; fascia castanea in anfr. ultimo et suprasuturalis in anfr. spirae; apertura parva, fero orbicularis; sutura deflexa ad aperturam monilifera; labrum constrictum, postico gibbum; nucleus levis, mamillaris. Long. $2^3/_4$, diam. $1^1/_2$ Mill.; apertura vix $1/_6$ longitudinis aequans; anfractuum numerus 6. — Varietas datur unicolor alba." (Mörch).

Alvania perlata Mörch Mal. Bl. VII. p. 68.

Panama.

In der Mitte des letzten Umganges ist ein braunes Band, das auf der Spira halb über und halb (unsichtbar) unter der Sutur verläuft.

Gattung Eatoniella Dall.

(Eatonia Smith).

Testa formae rissoideae; apertura subcircularis; peristoma simplex, continuum, margine labrali haud incrassatum. Operculum ovatum, pauci-vel unispirale, nucleo subterminali a latere columellari paullulum remoto, subtus ossiculo prominenti a nucleo exsurgente et marginem columellarem versus directo munitum.

Gehäuse Rissoa-artig, mit fast kreisrunder Mündung und einfachem zusammenhängendem, am Aussenrand nicht verdicktem Mundrand. Der Deckel ist oval, kaum mit einer ganzen Windung; der Nucleus liegt am Innenrande ziemlich nahe am unteren Ende; der aus ihm entspringende Fortsatz ist nach innen gerichtet.

Diese Gattung unterscheidet sich von Jeffreysia durch den Deckel, der nicht aus konzentrischen Ringen besteht und dessen Fortsatz nach innen und nicht nach aussen gerichtet ist; — von Rissoina durch den Mangel des Basalkanals und der Verdickung an der Aussenlippe.

Dall hat Bull. U. St. Nat. Museum 1876 p. 42 den Smith'schen Gattungsnamen in Eatoniella umgewandelt, weil er in anderen Abtheilungen der Zoologie schon verwandt ist, und Smith hat (Zoology of Kerguelens Island, Mollusca p. 8) diesen Namen acceptirt.

1. Eatoniella kerguelenensis Smith.

Taf. 25. Fig. 16.

Testa ovato-conica, tenuis, olivaceo-nigresceus, labrum versus pallidior, semipellucida, vix rimata; anfractus 6 convexi, laeves, parum nitidi, lineis incrementi striati, sutura simplici sejuncti; apertura fere circularis, longitudinis totius $5/12$ aequans; peristoma simplex, continuum, ad regionem umbilicalem leviter incrassatum et vix reflexum. — Operculum ovatum, intus concavum, nucleo posteriore non tamen terminali, crassiusculum, super marginem externum lira incrassatum, unispirale, supra increment lineis valde striatum, infra ossiculo elongato a nucleo exsurgente munitum. — Smith. —

Long. 3, diam. $1^3/_2$ Mm.

Eatonia kerguelenensis Smith Ann. Mag. Nat. Hist. 1875. XVI. p. 70.

Eatoniella kerguelenensis Dall Bull. U. St. Nat. Museum III. p. 42.

— — Smith Zoology of Kerguelens Island, Mollusca p. 8 pl. 9 fig. 10.

Gehäuse eiförmig kegelförmig, dünnschalig, schwärzlich olivenbraun, nach der Mündung hin blasser und halb durchscheinend, kaum geritzt. Die sechs Umgänge sind gewölbt, wenig glänzend, glatt, nur mit den Anwachsstreifen skulptirt, durch eine einfache Naht getrennt; die Mündung ist fast kreisrund und nimmt circa $^5/_{12}$ der Gehäuselänge ein; der Mundrand ist einfach, zusammenhängend, nur in der Nabelgegend leicht verdickt und kaum umgeschlagen.

Der Deckel ist eirund, innen konkav, ziemlich dick, mit einem verdickten Randstreifen, deutlichen Anwachsstreifen und ziemlich langem Fortsatz.

Aufenthalt an Kerguelensland in 40 Faden Tiefe; Abbildung und Beschreibung nach Smith l. c.

2. Eatoniella caliginosa Smith.

Taf. 25. Fig. 15.

Testa ovata, modice tenuis, nigra, vix rimata; anfractus $4^1/_2$ convexi, laeves, vix nitidi, sutura simplici discreti, lineis incrementi obsolete striati; apertura fere circularia, superne paululum acuminata, longitudinis totius fere dimidiam aequans; peristoma continuum, levissime incrassatum, ad regionem umbilicalem albidum, aliquanto reflexum, et basin versus parum effusum. — Operculum ei E. kerguelenensis fere simile. — Smith. —

Long. 2 Mm., diam. 1 Mm.

Eatonia caliginosa Edg. A. Smith Ann. Mag. Nat. Hist. 1875. XVI. p. 71.

Eatoniella — Dall Bull. U. St. Nat. Mus. III. p. 43.

— — Smith Zoology Kerguelen, Mollusca p. 9 tab. 9 fig. 9.

Gehäuse eiförmig, ziemlich dünnschalig, schwärzlich, kaum geritzt, die $4^1/_2$ Umgänge sind gewölbt, glatt, kaum glänzend, nur mit undeutlichen Anwachsstreifen, durch eine einfache Naht geschieden. Die Mündung ist fast kreisrund, oben nur wenig zugespitzt, beinahe halb so lang wie das Gehäuse; der Mundrand ist zusammenhängend, ganz leicht verdickt, in der Nabelgegend weisslich, etwas umgeschlagen, mit einem leichten Ausguss an der Basis. — Deckel fast genau wie bei der vorigen Art.

Aufenthalt an Kerguelens Land; Abbildung und Beschreibung nach Smith l. c.

3. Eatoniella subrufescens Smith.

Taf. 25. Fig. 17.

Testa ovata, leviter conica, tenuis, semidiaphana, vix rimata, subrufescens, labrum versus albida; anfractus 4¹/₂ lente accrescentes, convexi, sutura subprofunda divisi, laeves nisi striis incrementi tenniter sculpti; apertura subcircularis, longitudinis testae ¹/₃ paullo superans; peristoma continuum, ad marginem collumellarem leviter incrassatum et reflexum, rimam umbilicalem indistinctam effingens. — Operculum ei E. kerguelenensis subsimile, ossiculo tamen fortissimo munitum. Smith.

Long. 1¹/₁₁, diam. ²/₃ Mm.

Eatonia subrufescens Smith Ann. Mag. N. H. XVI. 1875 p. 71.
Eatoniella — Smith Zoology Kerguelen Mollusca p. 9 tab. 9 fig. 11.

Gehäuse eiförmig, etwas kegelförmig, dünnschalig, halbdurchsichtig, kaum geritzt, durch die durchscheinenden Thierreste etwas röthlich gefärbt, nach der Mündung hin weisslich. Es sind 4¹/₂ Umgänge vorhanden, welche langsam zunehmen; sie sind gewölbt, durch eine etwas tiefe Naht geschieden, nur mit ganz schwachen Anwachsstreifen skulptirt. Die Mündung ist fast kreisrund, wenig länger als ein Drittel des Gehäuses; der Mundsaum ist zusammenhängend, nur am Spindelrand leicht verdickt und umgeschlagen, eine undeutliche Nabelritze freilassend. Deckel mit auffallend starkem Fortsatz. —

Aufenthalt an Kerguelensland; Abbildung und Beschreibung nach Smith l. c.

Erklärung der Tafeln.

Tafel 1.

1—3? Rissoa octona Nilss. — 4—6. R. membranacea Ad. — 7 - 10. R. cornea Loven. — 11—14. R. albella Loven. — 15—18. R. membranacea Ad. — 19—21. R. sertularium d'Orb. — 22—26. R. albella Lov. — 27—29. R. porifera Lov.?

Tafel 2.

1. 2. Rissoa pulchella Phil. — 3 - 6. R. monodonta Biv. — 7. 8. R. radiata Phil. — 9 — 12. R. auriscalpium L. — 13. 14. R. soluta Phil. — 15. 16. R. dolium Nyst. — 17 - 19. R. violacea Desm. — 20 - 22. Barleeia rubra Mtg. — 23 — 25. R. parva da Costa. — 26 — 28. Odontostoma elongata Phil.

Tafel 3.

1 — 3. R. cimex L. — 4. 5. R. lactea Mich. — 6—8. R. Montagui Payr. — 9 —12. R. crenulata Mich. — 13. 14. R. Ehrenbergi Phil. — 15. 16. R. similis Scacchi. — 17. 18. R. rudis Phil. — 19. 20. R. canariensis d'Orb. — 21. 22. R. radiata Phil. — 23. 24. R. soluta Phil. — 25. 26. R. costata Ad. — 27. 28. R. dictyophora Phil. —

Tafel 4.

1. 2. Rissoina striata Quoy. — 3. 4. R. gigantea Desh. — 5. 6. R. Orbignyi A. Ad. — 7. 8. R. striata Quoy. — 9 —11. R. decussata Mtg. — 12. 13. R. clathrata A. Ad. — 14 — 18. R. Bruguierei Payr. — 19—21. R. Chesneli Mich. — 22 — 24. Rissoa elata Phil. — 25 — 27. R. oblonga Desm. — 28 — 30. R. ventricosa Desm. — 31. 32. R. variabilis Mühlf. — 33 — 35. R. venusta Phil. — 36. 37. R. variabilis Mühlf.? —

Tafel 5.

1—4. Rissoina Inca d'Orb. — 5—7. R. distans Anton. — 8 — 10. R. Antoni Schwarz. — 11 - 13. R. Hanleyi Schwarz. — 14 —19. Rissoa parva da Costa. — 20 — 23. R. interrupta Ad. —

Tafel 6.

1 — 3. Rissoa splendida Eichw. — 4 — 6. R. lilacina Recluz. — 7 — 9. R. striatula Mtg. — 10 — 12. R. semistriata Mtg. — 13 — 15. R. decorata Phil. — 16 — 18. R. cingillus Mtg. — 19 — 21. R. doliolum Phil. — 22 — 24. R. Frauenfeldi Schwarz. —

Tafel 7.

1. Rissoina pyramidata A. Ad. — 2. R. fasciata A. Ad. — 3. R. monilis A. Ad. — 4. R. micans A. Ad. — 5. R. nivea A. Ad. — 6. R. elegantissima d'Orb. — 7. R. burdigalensis d'Orb. — 8. R. obeliscus Recl.

Tafel 8.

1. Rissoina costata A. Ad. — 2. R. canaliculata Schwarz. — 3. R. scalariana A. Ad.'— 4. R. subangulata C. B. Ad. — 5. 6. R. plicata A. Ad. — 7. R. scalariformis C. B. Ad. — 8. R. fortis C. B. Ad. —

Tafel 9.

1. Rissoa ambigua Gould. — 2. R. pusilla Brocchi. — 3. R. myosoroides Recluz. — 4. 5. R. dubiosa C. B. Ad. — 6. R. Montagui Wkff. — 7. R. subpusilla d'Orb. — 8. R. Bryerea Mich.

Tafel 10.

1. Rissoina firmata C. B. Ad. — 2. R. reticulata Sow. — 3. R. concinna A. Ad. — 4. R. multicostata C. B. Ad. — 5. R. bicollaris Schwarz. — 6. R. fenestrata Schwarz. — 7. R. pulchra C. B. Ad. — 8. R. cancellata Phil.

Tafel 11.

1. Rissoina nitida A. Ad. — 2. R. Sagraiana d'Orb. — 3. R. Deshayesi Schwarz. — 4. R. labrosa Schwarz. — 5. R. media Schwarz. — 6. R. erythraeensis Phil. — 7. R. striata Quoy. — 8. R. bellula A. Ad.

Tafel 12

1. R. nodicincta A. Ad. — 2. R. deformis Sow. — 3. R. striolata A. A. — 4. R. spirata Sow. — 5. R. albida C. B. Ad. — 6. R. semiglabrata A. Ad. — 7. R. insignis Ad. et Reeve. — 8. R. tridentata Mich. —

Tafel 13.

1. Rissoina bidentata Phil. — 2. R. culimoides A. Ad. — 3. R. coronata Recluz. — 4. R. Browneana d'Orb. — 5. R. laevigata C. B. Ad. — 6. R. Sloaniana d'Orb. — 7. R. vitrea C. B. Ad. — 8. R. sulcifera Troschel.

Tafel 14.

1. 2. Rissoina subconcinna Souv. — 3. 4. R. Artensis Montr. — 5. R. incerta Souv. — 6. R. fimbriata Souv. — 7. 8. R. Lamberti Souv. — 9. R. Duclosi Souv. — 10. R. exasperata Souv. — 11. R. spiralis Souv. — 12. R. funiculata Souv. — 13. 14. R. granulosa Pease. — 15. R. Montrouzieri Souv. — 16. R. laevis Sow.

Tafel 15.

1. 4. Rissoina scolopax Souv. — 2. 3. R. hystrix Souv. — 5. 8. R. insolita Desh. — 6. 7. R. Mohrensterni Desh. — 9. R. abnormis Nev. — 10. R. percrassa Nev. — 11. R. evanida Nev. — 12. R. minuta Nev. — 13. R. Rissoi Audouin. — 14. 15. R. Bertholleti Audouin. — 16. R. Seguenziana Isssel.

Tafel 15 a.

1. Rissoina japonica Wkff. — 2. R. semiplicata Pease. — 3. R. subulina Wkff. — 4. R. Adamsiana Wkff. — 5. R. mirabilis Dkr. — 6. R. Peaseana Nev. — 7. R. Nevilliana Wkff. — 8. R. miranda A. Ad. — 9. R. Hungerfordiana Nev.

Tafel 15 b.

1. Rissoina ornata Bfd. — 2. R. trochlearis Gould. — 3. R. triticea Pease. — 4. R. strigillata Gould. — 5. R. plicatula Gould. — 6. R. andamanensis Nev. — 7. R. Weinkauffiana Nev. — 8. R. subfuniculata Nev. — 9. R. subdebilis Nev.

Tafel 15 c.

1. Rissoina samoënsis Dkr. — 2. R. Seguenziana Issel. — 3. R. exigua Dkr. — 4. R. Jickelii Wkff. — 5. R. Stoppanii Issel. — 6. R. turricula Pease. — 7. R. sublaevigata Nev. — 8. R. Bombayana Bfd.

Tafel 15 d.

1. Rissoina pseudobryerea Nev. — 2. R. Nevilliana Wkff. — 3. R. miranda A. Ad. — 4. R. strigillata Gould var. — 5. R. triticea Pease. — 6. R. Blanfordiana Nev. — 7. R. Baxtereana Nev. — 8. R. pseudoconcinna Nev. — 9. R. crebrisulcata Sow. — 10. R. variegata Angas. — 11. R. cincta Angas. — 12. R. stricta Menke. — 13. R. flexuosa Gould. — 14. R. subvillica Wkff. — 15 R. costulata Pease. — 16. R. australis Sow.

Tafel 16.

1—3. Rissoa costulata Alder. — 4. 6. R. violacea Desm. — 5. R. ventricosa Desm. — 7. 9. R. oblonga Desm. — 8. R. grossa Mich. — 10. 12. R. mirabilis Manz. — 11. R. coriacea Manzoni.

Tafel 17.

1—3. Rissoa cornea Lov. — 4. 6. R. dolium Nyst. — 5. R. plicatula Risso. — 7—9. R. inconspicua Alder. — 10. 12. R. Guerini Recluz. — 11. R. lineolata Mich.

Tafel 18.

1. Rissoa aurantiaca Wats. — 2. 3. R. Moniziana Wats. — 4. R. novarensis Wats. —
5. R. pulcherrima Jeffr. — 6. 7. R. tenuisculpta Wats. — 8. R. perminima Manz. — 9.
R. albugo Watson. — 10. R. picta Jeffr. — 11. R. concinna Mtrs. — 12. R. depicta
Manz. — 13. 16. cristalinula Manz. — 14. 15. R. callosa Manz.

Tafel 19.

1. R. rosea Desb. — 2. R. striata Mtg. — 3. R. proxima Alder. — 4. R. punctura
Mtg. — 5. 8. R. Leacocki Wats. — 6. 7. R. crenulata Mich. — 9. 10. R. crispa Wats. —
11. 12. R. gibbera Wats. — 13—15. R. Mac Andrewi Wats. — 16. R. interfossa Nevill.

Tafel 20.

1. 4. Rissoa tumidula Sars. — 2. 3. R. castanea Möll. — 5. 8. R. turgida Jeffr. —
6. 7. R. aculeus Sars. — 9. 12. R. laevis Mtrs. — 10. 11. R. aurita Mtrs. — 13. 14. R.
seminulum Mtrs. — 15. R. abjecta Wats. — 16. R. vitrea Mtg.

Tafel 21.

1. 4. R. Jeffreysi Waller. — 2. 3. R. cimicoides Forbes. — 5. 8. R. abyssicola Fbs. —
6. 7. R. zetlandica Mtg. — 9—12. R. clathrata Phil. — 10. 11. R. reticulata Mtg. —
13. 16. R. algeriana Mtrs. — 14. R. Weinkauffi Schwarz.

Tafel 22.

1. 4. Rissoa Philippiana Jeffr. — 2. R. calathus Forbes. — R. scabra Phil. — 5. R.
aspera Phil. — 6. 7. R. subcrenulata Schw. — 8. R. cingulata Phil. — 9. 12. R. sculptilis
Mtrs. — 10. 11. R. Watsoni Schwarz. — 13. R. Mayeni Friele. — 14. 15. R. subareolata
Mtrs. — 16. R. tenera Phil.

Tafel 23.

1. 2. Rissoa Fischeri Jeffr. — 3. 4. R. parvula Jeffr. — 5. 6. R. deliciosa Jeffr. —
7. 8. R. angulata Jeffr. — 9. 10. R. testae Arad. — 11. 12. R. turricula Jeffr. — 13. 14.
R. subsoluta Ar. et Magg. — 15. R. affinis Jeffr. — 16. R. sibirica Leche.

Tafel 24.

1. 2. Rissoa concinnata Jeffr. — 3. R. Kergueleni Smith. — 4. R. olivacea Ffld. —
5. 6. R. salebrosa Ffld. — 7. 8. R. stigmatica Ffld. — 9. R. flammea Ffld. — 10. 11. R.
incidata Ffld. — 12. R. nitens Ffld. — 13. 14. R. Australiae Ffld. — 15. 16. R. atropurpurea Ffld.

Tafel 25.

1. 2. R. Lia Ben. — 3. 4. R. nitida Brus. — 5. 6. R. micrometrica Seg. — 7. R.
Alleryana Arad. — 8. R. Sciutiana Arad. — 9. 10. R. Scillae Seg. — 11. 12. R. peloritana
Arad. — 13. R. harpa Verrill. — 14. R. areolata Verrill. — 15. Eatoniella caliginosa
Sm. — 16. Eat. kerguelonensis Smith. — 17. Eat. subrufescens Smith.

Register.

I. 22.

Addenda et Corrigenda.

p. 105 Zeile 12. v. oben statt Labanaea lies Subanaea und
—— Monterosata lies Monterosato
p. 114   —   23   —   — Chioja lies Chiaje.
p. 128   —   13   —   — spendida lies splendida
p. 128   —   16 v. unten   — montrositas lies monstrositas
p. 137   —   5   ··   — nona lies nana
p. 139   —   5 v. oben   — 10 lies 16
p. 179 bei R. Testae var. abyssicola ist das Citat (Taf. 21 Fig. 6. 7) beizufügen.

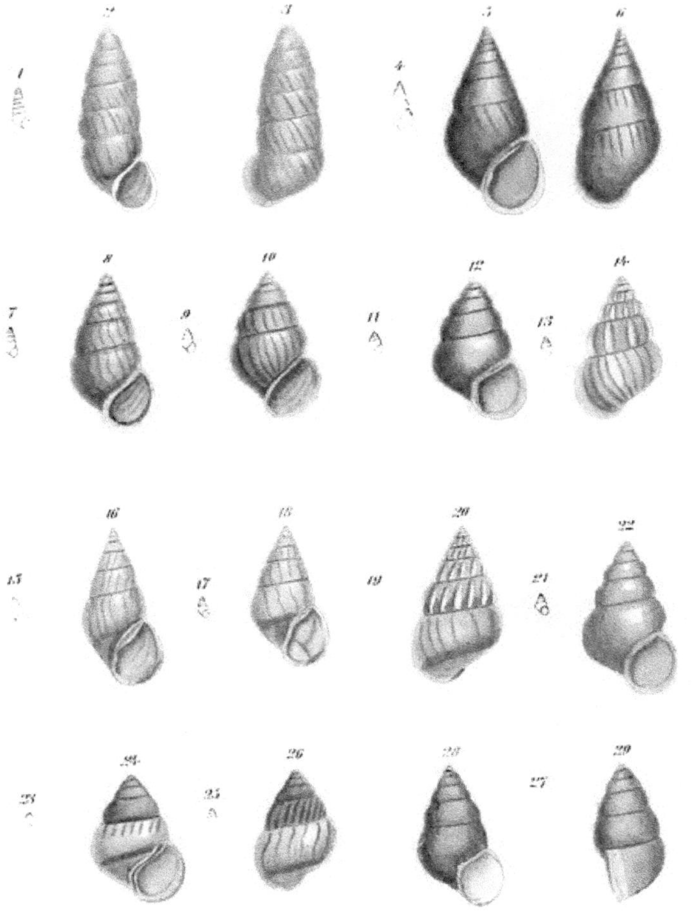

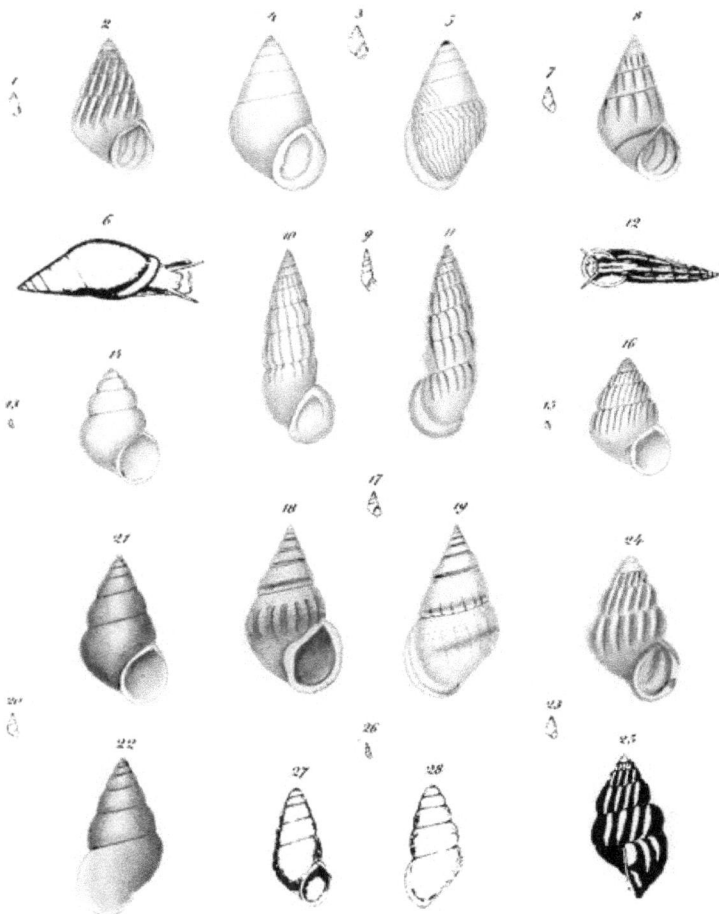

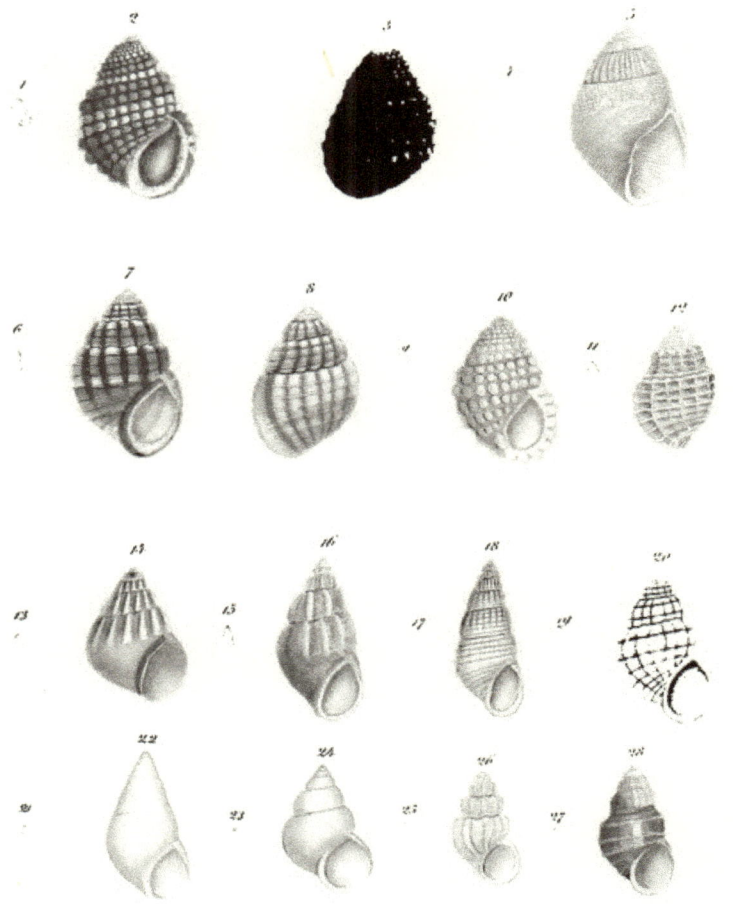

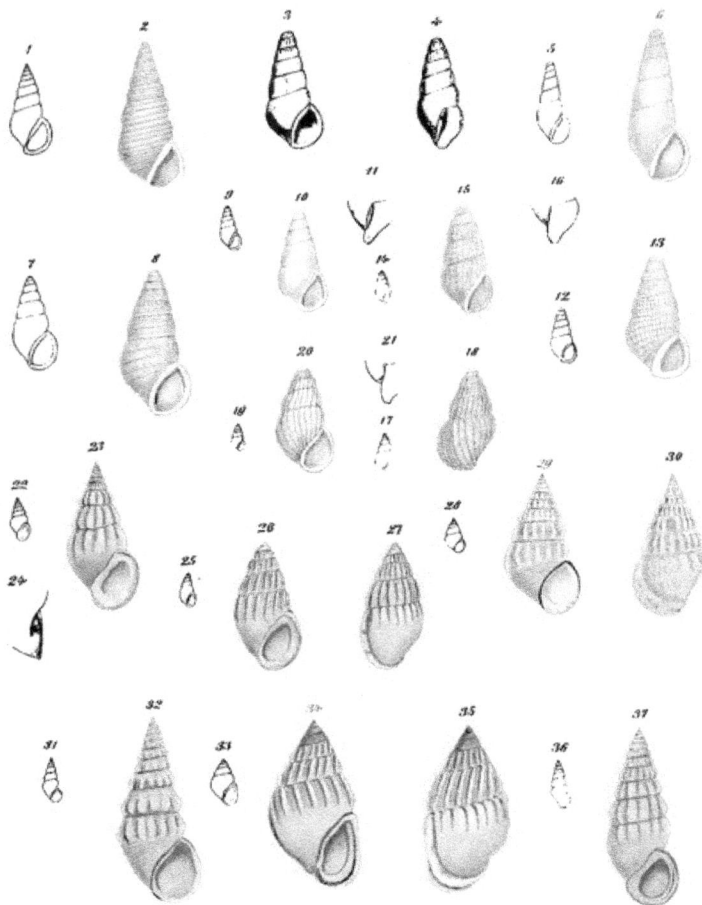

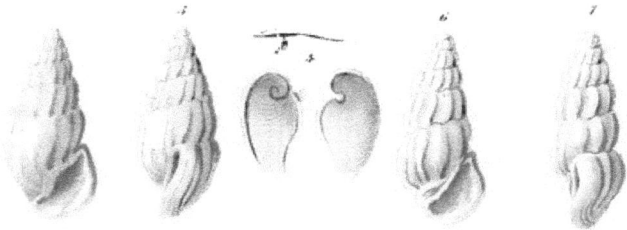

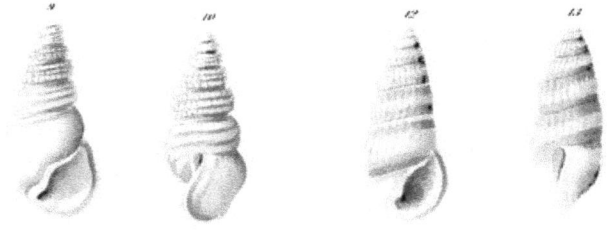

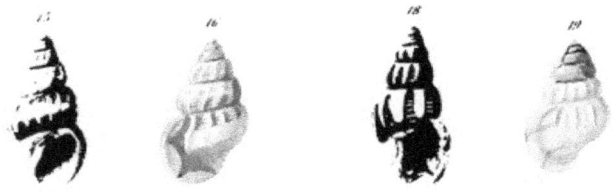

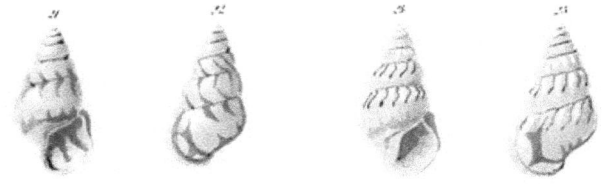

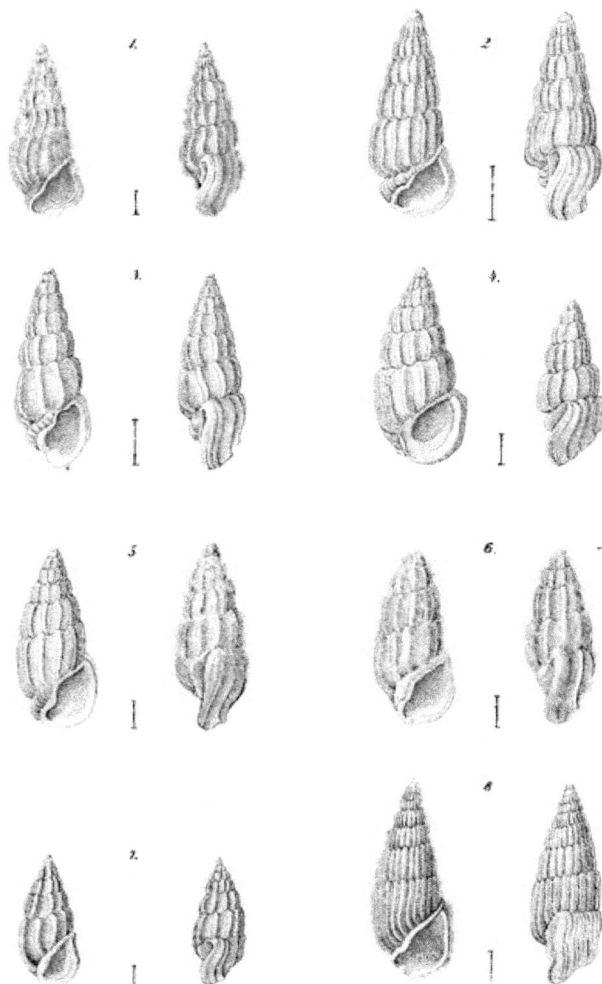

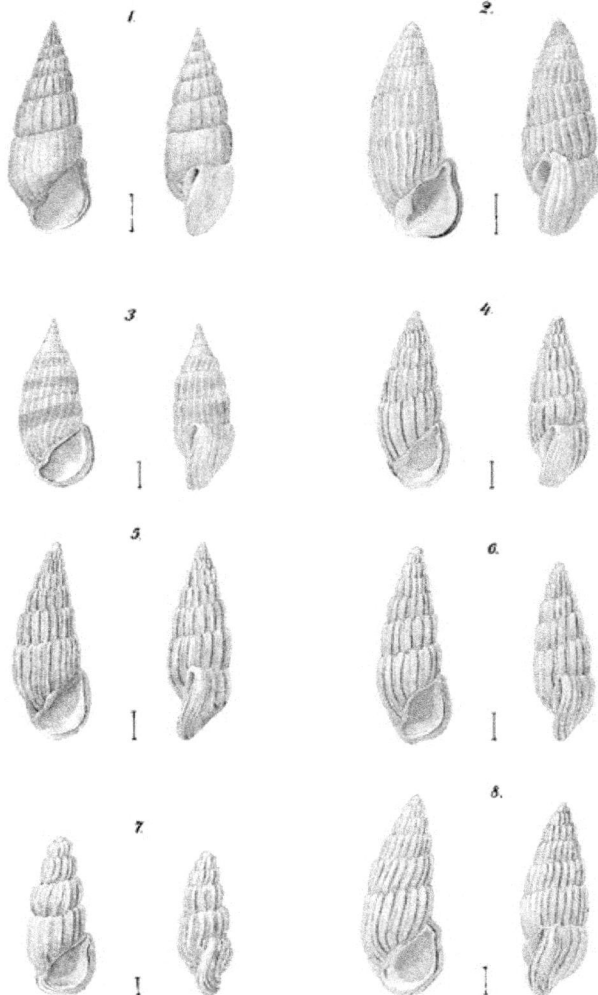

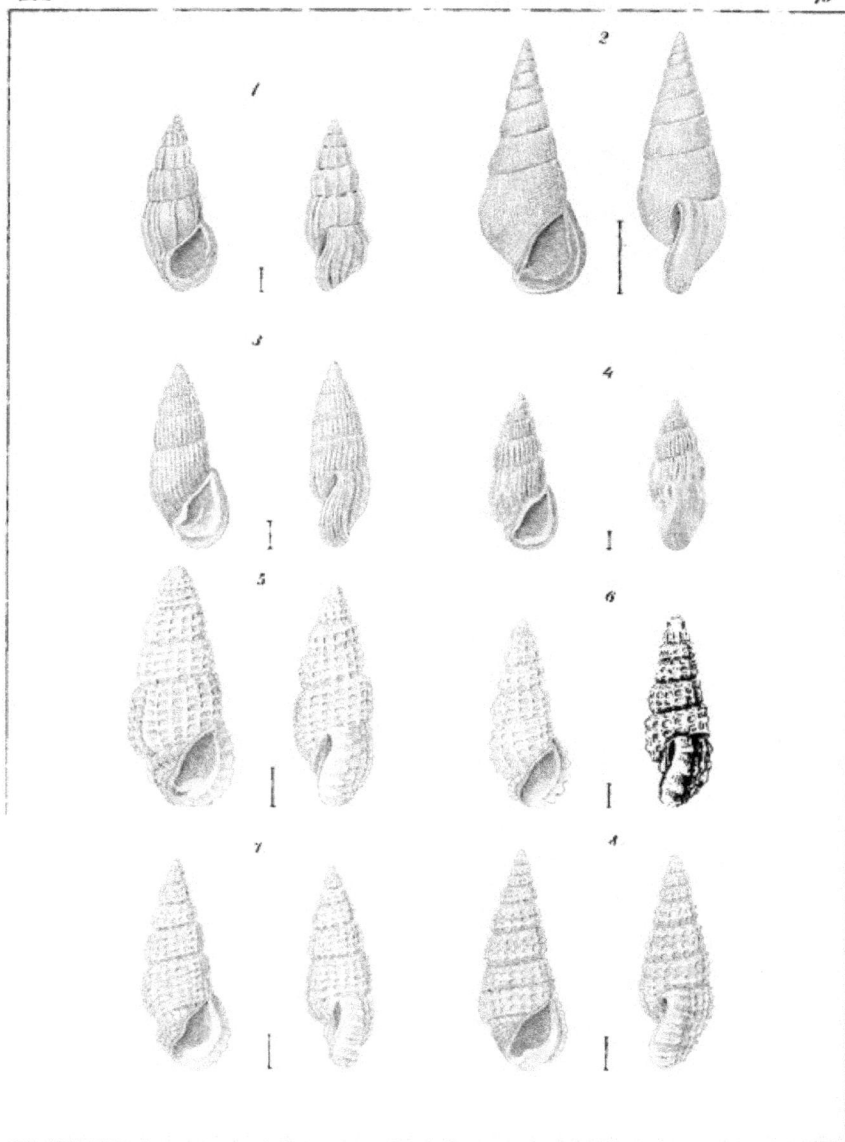

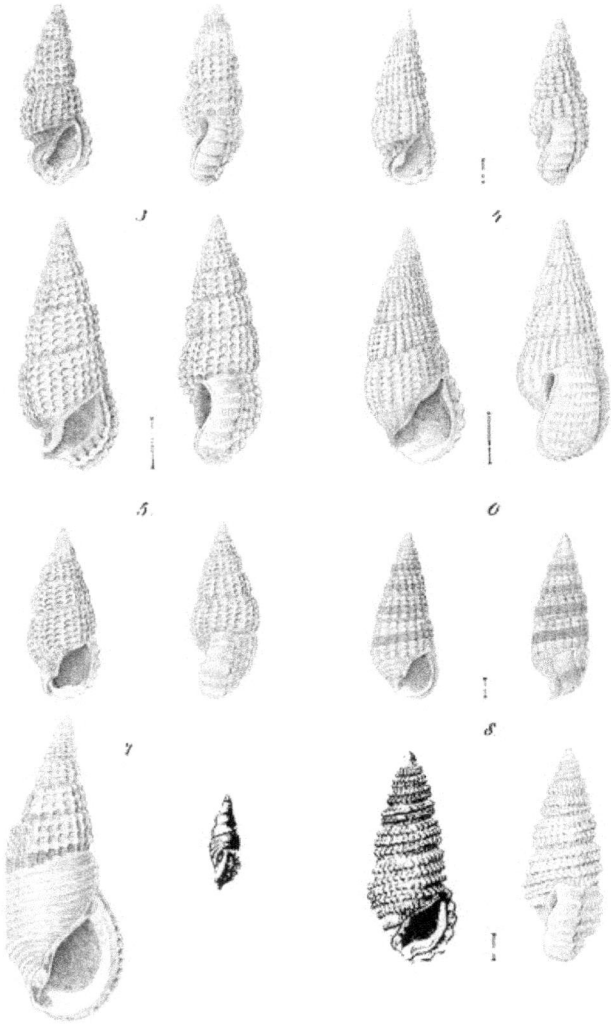

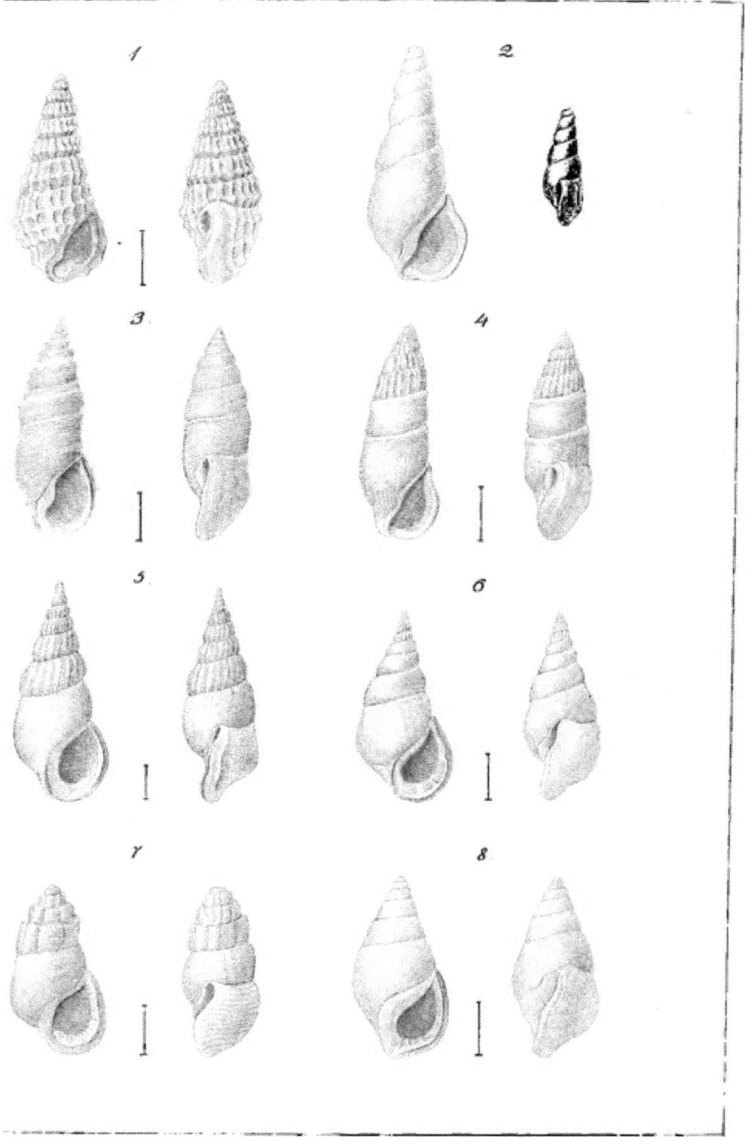

1.

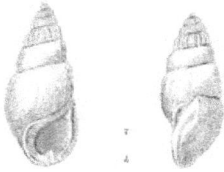

2.

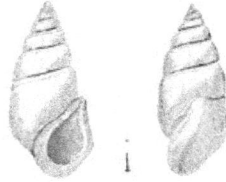

3.

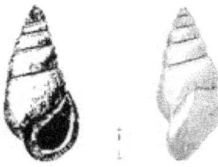

4.

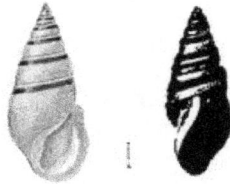

5.

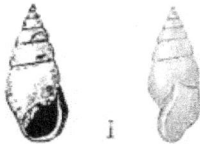

6.

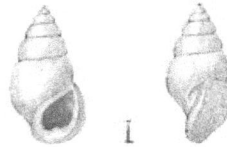

7.

8.

1.  3. 4.  2.

5. 6. 7. 8.

9.  10. 11. 12.

13. 14. 15. 16.

1.　　　2.　　　3.　　　4.

5.　　　6.　　　7.　　　8.

9.　　10.　　11.　　12.

18.　　14.　　15.　　16.

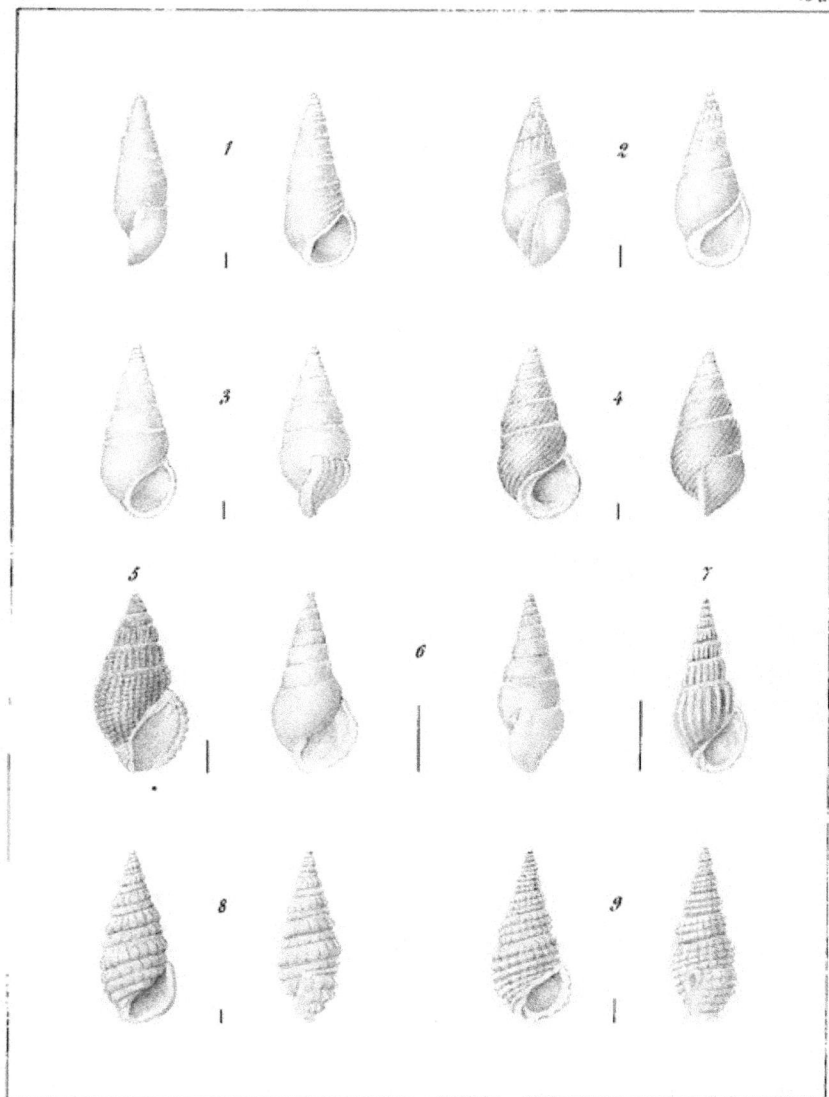

1

2

3

4

5

6

7

8

9

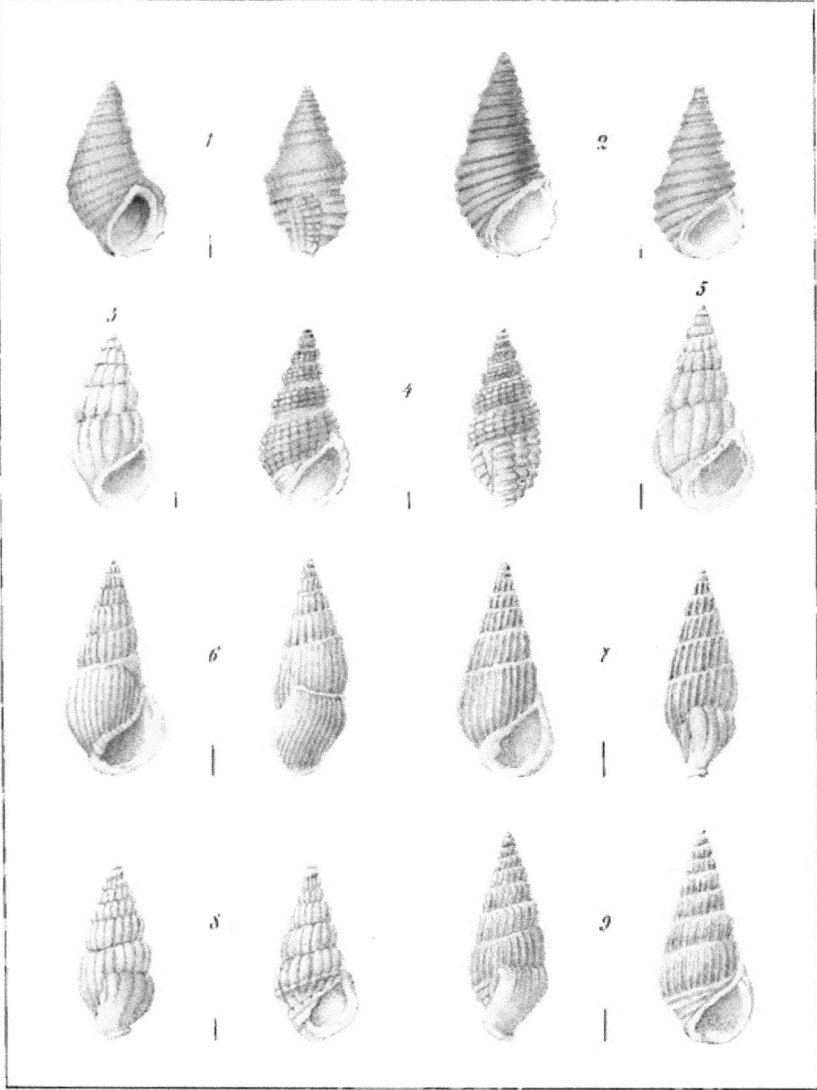

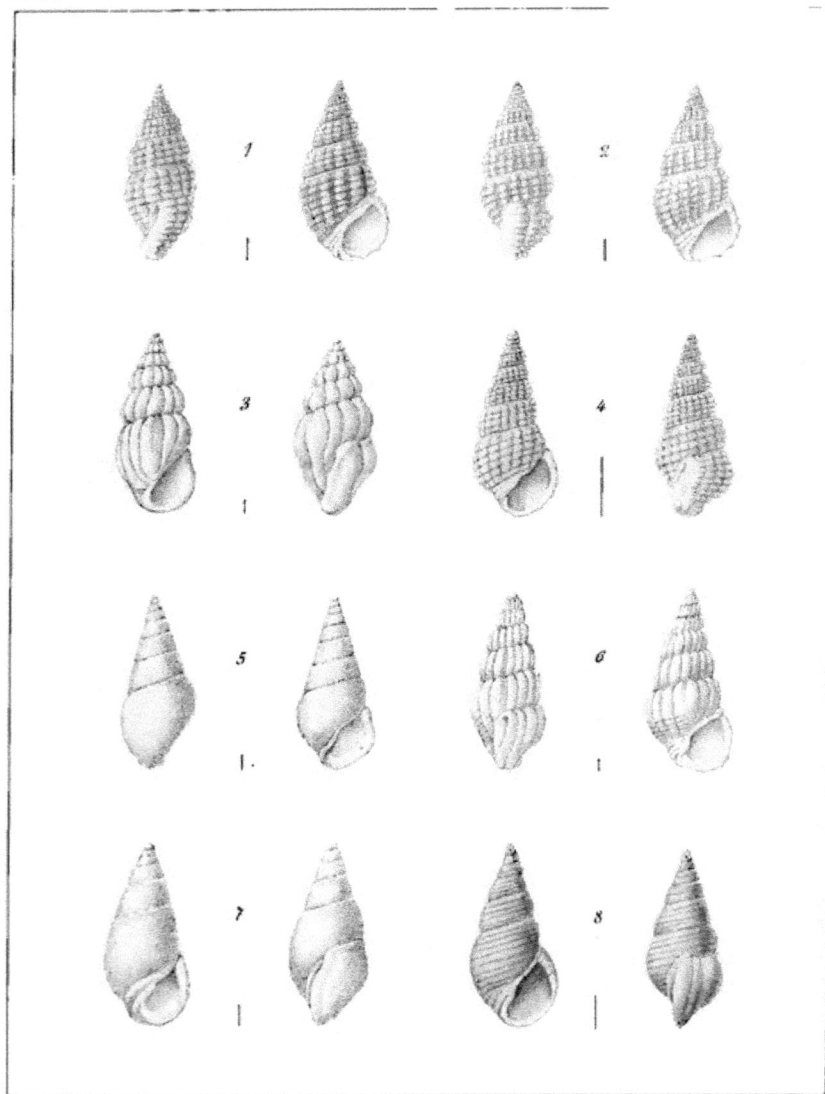

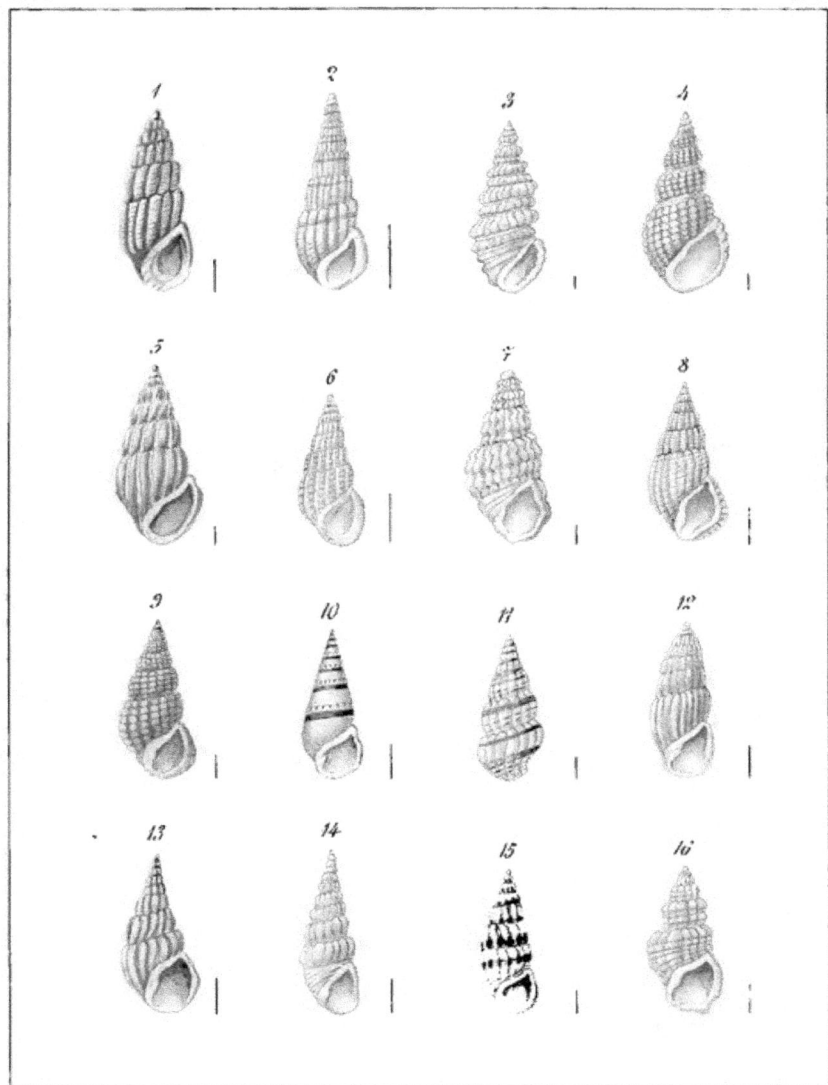

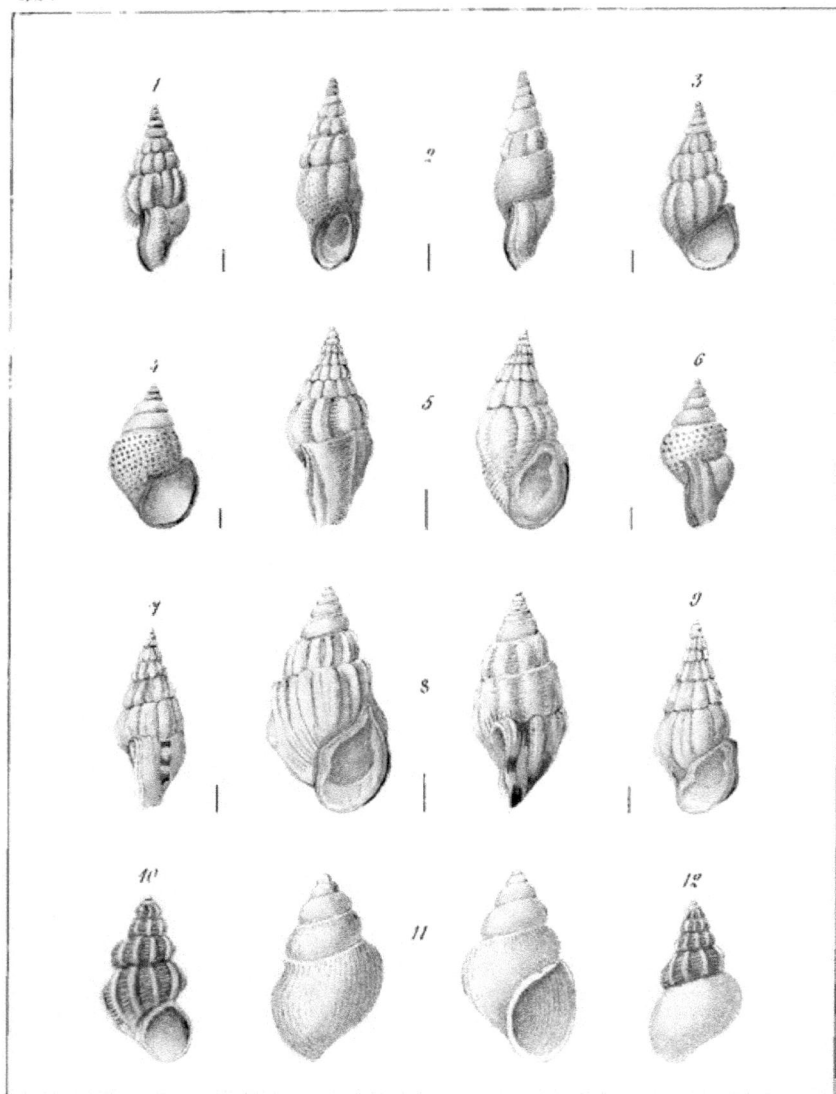

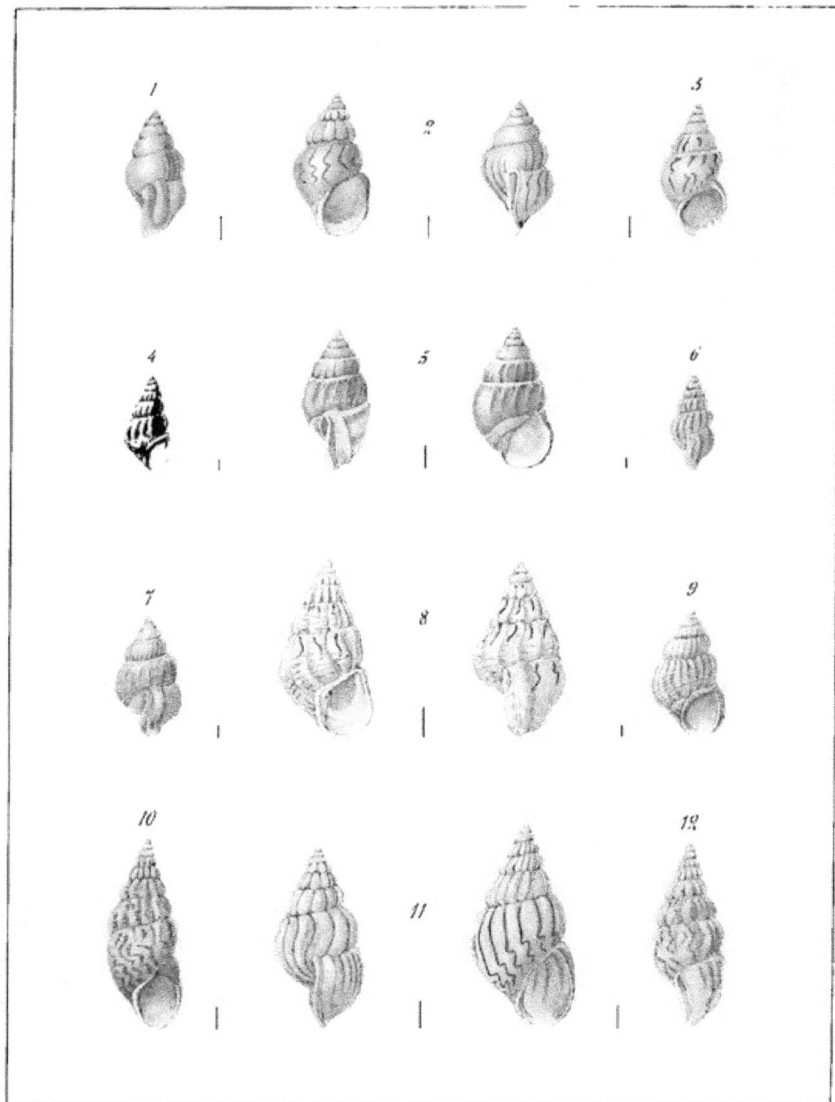

1

2

3

4

5

6

7

8

9

10

11

12

13

14

15

16

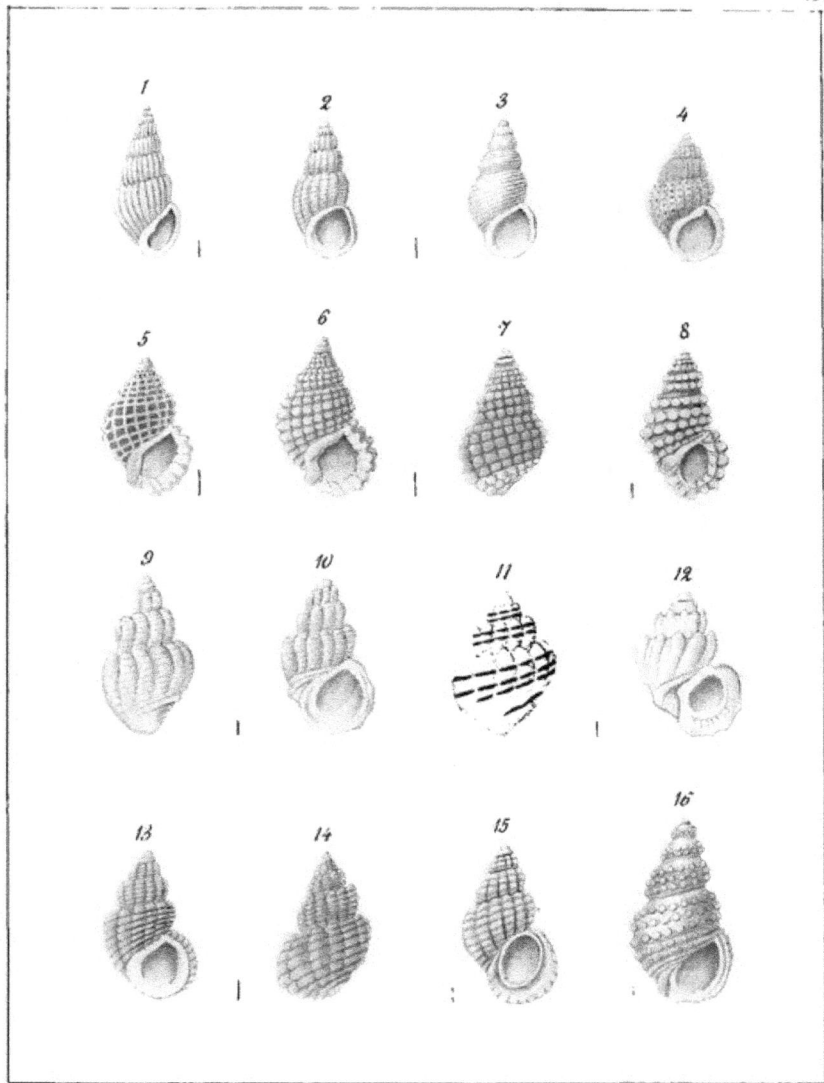

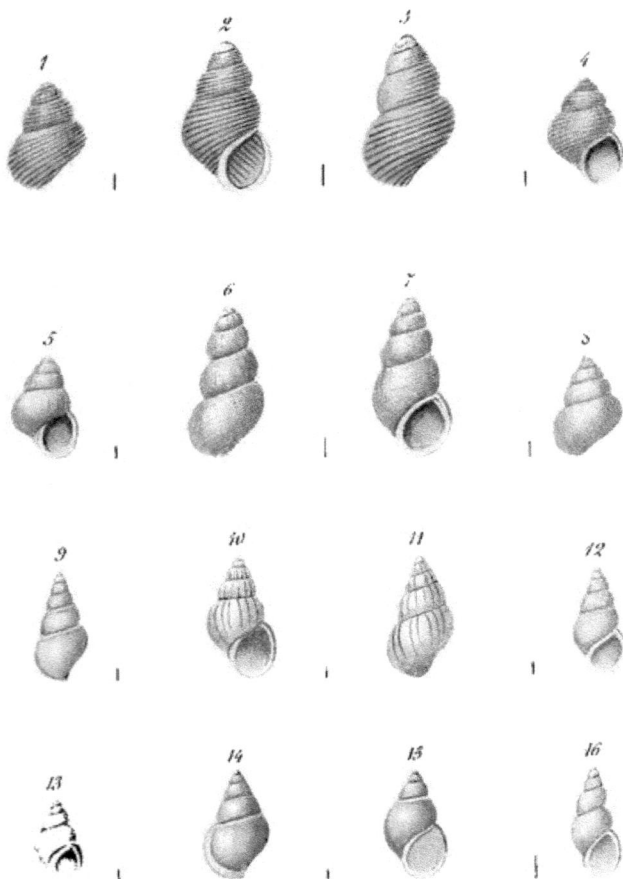

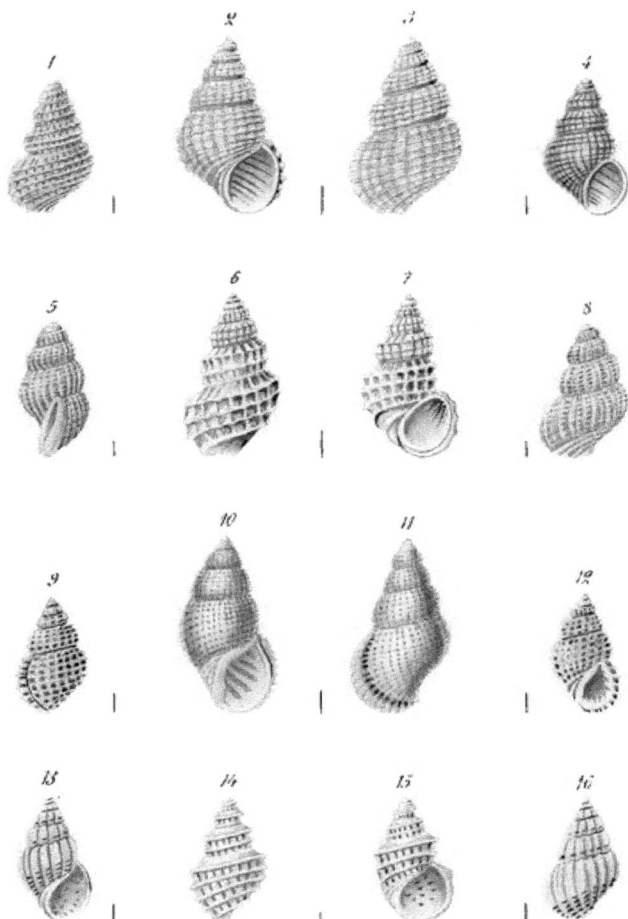

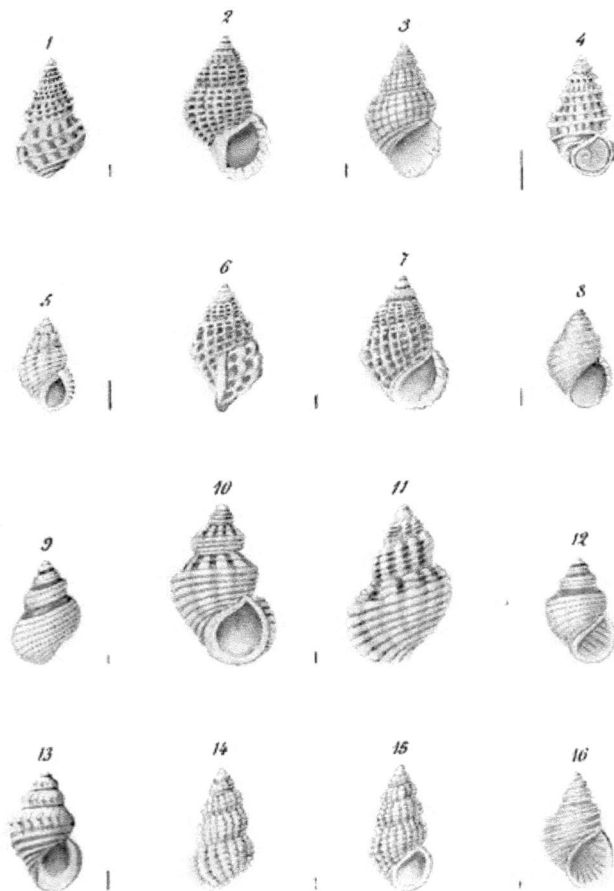

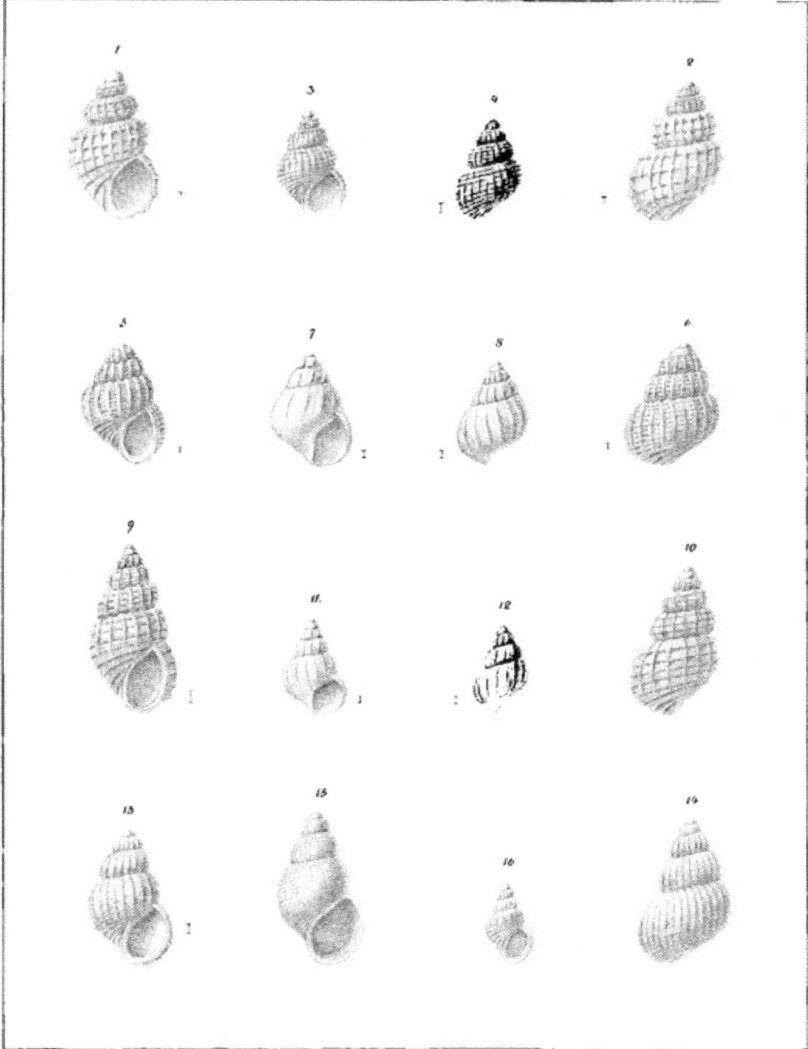

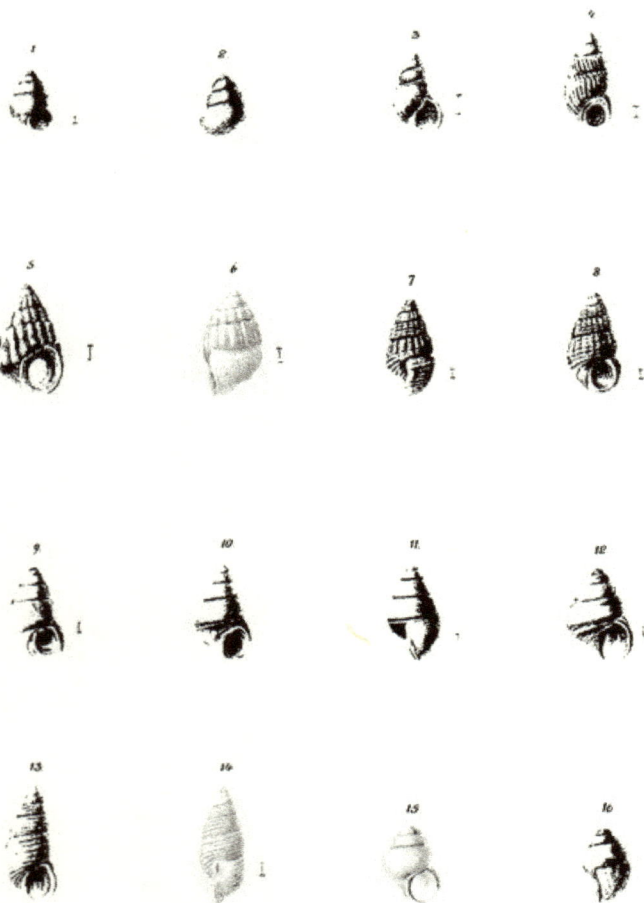

1.

2.

3.

4.

5.

6.

7.

8.

9.

10.

11.

12.

13.

14.

15.

16.

17.

www.ingramcontent.com/pod-product-compliance
Lightning Source LLC
Chambersburg PA
CBHW021948220326
41599CB00012BA/1361